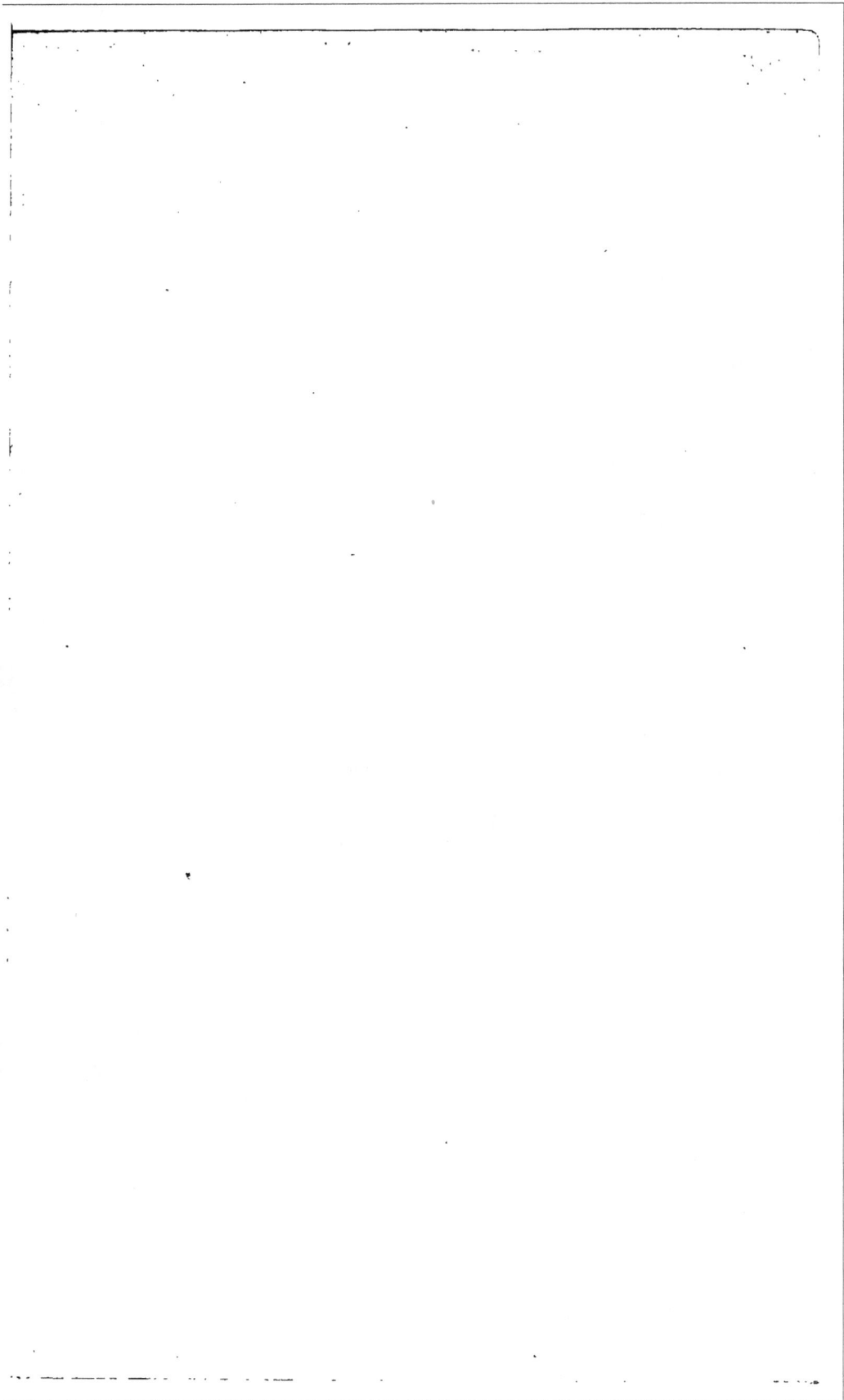

25809

FLORE

DES

MUSCINÉES

A LA MÊME LIBRAIRIE :

Etude des fleurs, Botanique élémentaire, descriptive et usuelle, par l'abbé CARIOT, 5ᵐᵉ édition, 3 beaux vol. in-12, avec 200 figures. — Prix : 15 fr.

Il n'est pas nécessaire de recommander cet intéressant ouvrage ; quatre éditions successives rapidement écoulées prouvent qu'il correspond à un besoin de notre temps et qu'il y satisfait pleinement. Cette cinquième édition est encore plus complète que la précédente. Nous espérons donc que les nombreux amis de la science des fleurs l'accueilleront avec la même faveur que les précédentes.

FLORE

DES

MUSCINÉES

SPHAIGNES, MOUSSES, HÉPATIQUES

**CONTENANT LA DESCRIPTION ABRÉGÉE DES ESPÈCES
CROISSANT SPONTANÉMENT EN FRANCE**

ET

Des clés analytiques pour la détermination des espèces spéciales
au bassin du Rhône (partie française)

Par M. L. DEBAT

Président de la Société botanique de Lyon, Membre de la Sociéé
Linnéenne de la même ville

AVEC 4 PLANCHES

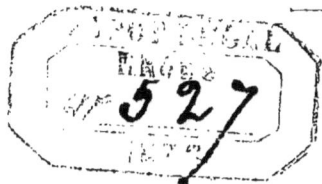

LYON

P. N. JOSSERAND, ÉDITEUR

3, Place Bellecour, 3

—

1874

PROPRIÉTÉ.

LETTRE

M. l'abbé A. CARIOT

Auteur de l'Étude des Fleurs

A L'AUTEUR.

J'ai reçu, Monsieur, avec le plus grand plaisir, le commencement de vôtre *Flore des Muscinées* que vous publiez. Il y a longtemps qu'un ouvrage de ce genre manquait et le vôtre vient de combler une véritable lacune. Pour ma part, je le désirais vivement, car mon *Etude de Fleurs* ne décrivant pas les Sphaignes, Mousses et Hépatiques, votre *Flore* en deviendra le complément indispensable. Je vous remercie donc du nouveau service que vous rendez à notre chère science, et fais des vœux bien sincères pour que votre travail soit récompensé par le succès.

L'abbé A. CARIOT.

Sainte-Foy-lès-Lyon, 27 août 1873.

AVANT-PROPOS.

L'étude des Muscinées a pris depuis quelques années un grand développement. Malheureusement, les ouvrages publiés jusqu'à ce jour sont d'un usage peu commode pour les débutants. Aussi beaucoup hésitent avant d'aborder l'observation et la recherche de ces intéressants cryptogames, ou même, pour la plupart, les laissent complètement de côté. Nous avons essayé de populariser cette étude, en offrant aux jeunes botanistes un ouvrage contenant sous un format réduit des descriptions suffisamment complètes et une méthode facile de détermination. La méthode n'est autre que l'emploi des clés dichotomiques dont les avantages sont suffisamment connus. Pour obtenir la réduction du format, nous avons dû multiplier les abréviations. Une table spéciale en fournit l'explication, et l'habitude permettra de les traduire sans difficulté.

Les classifications adoptées sont pour les Sphaignes et les Mousses celles du *Synopsis* de Schimper, pour les Hépatiques, celles de Nees ab Esenbeck. Nous avons puisé un grand nombre de renseignements dans les *Muscinées* de l'abbé Boulay, surtout en ce qui concerne les espèces nouvelles. Enfin nous devons à l'obligeance de plusieurs personnes, que nous remercions sincèrement, des indications précieuses sur les localités. Les clés seules sont notre œuvre propre. Nous n'avons rien négligé pour les rendre claires et précises, sans nous dissimuler cependant que toute étude nouvelle entraîne pour les commençants certaines difficultés dont ils doivent prendre l'habitude de triompher. Ces difficultés, du reste, à part celles qui proviennent de la petitesse des objets à étudier et qui exigent l'emploi d'un microscope de force médiocre (30-150 en grossissement), ne diffèrent en rien de celles que l'on rencontre dans la détermination d'un très-grand nombre de phanérogames. Il faut donc se garder de les exagérer à l'avance, et poursuivre ses débuts avec patience et résolution.

En combinant les caractères fournis par les clés et ceux énoncés à la suite des noms d'espèces, on aura de chacune une diagnose de tous les caractères de quelque importance.

Nous nous sommes borné aux synonymies les plus usuelles.

En ce qui concerne la répartition des espèces aux points de vue géographique et géologique, nous avons dû nous contenter d'indications un peu sommaires ; mais un travail spécial, qui sera ultérieurement publié par la *Société botanique* de Lyon, renfermera toutes les indications que nous aurons pu recueillir à ce sujet pour la flore du bassin du Rhône.

Nos clés dichotomiques ne s'appliquent qu'aux Muscinées croissant spontanément dans ce dernier bassin. Mais au moyen des additions placées à la fin des Mousses et des Hépatiques, notre cadre comprend toutes les espèces signalées en France. Pour qu'on puisse les consulter plus facilement, nous avons distribué ces espèces non décrites dans le premier travail en deux séries : 1° genres déjà

signalés dans la première partie; 2° genres nou-
veaux, qu'ils appartiennent ou non à des familles
déjà définies. Nous recommandons de ne pas arrê-
ter définitivement une détermination au moyen des
clés avant d'avoir consulté ces deux séries, et de
tenir compte des relations qu'elles établissent avec
les espèces fournies par la méthode dichotomique.

Nous avons l'heureux espoir que ce travail
pourra contribuer à propager le goût des études
cryptogamiques. S'il obtient ce résultat, nous se-
rons suffisamment récompensé de nos efforts. Tou-
tefois, prévoyant d'avance qu'il offre de nombreuses
imperfections, nous faisons appel aux lumières des
botanistes et les prions de nous adresser leurs avis
et renseignements.

Lyon, le 15 octobre 1873.

L. DEBAT.

ERRATA.

—✦—

Pag. 18. (Description de l'**H· Halleri**.) — (Ac. rec.); *dentic.* côte... *il faut ponctuer ainsi* : (ac.rec.), *dentic.* ; côte...

— 23. 4ᵉ ligne. *Au lieu de* dic., *lisez* dichot.

— 45. 5ᵉ ligne. *Lisez* app., *au lieu de* dist.

— 50. Synonymie du n° 89 : *Seligeri*, au lieu de *Seligleri*.

— 52. N° 94, 8ᵉ ligne. Op. conv. ap. ; *lisez* Op. conv. apic.

— 53. N° 95, 4ᵉ ligne. Au lieu de *dens.*, lisez *dent.*

— 56. N° 104, 9ᵉ lig. *Au lieu de* c. dist., *lisez* c. app.

— 76. N° 9 de la clé : **Tetraphisacées**, *au lieu de* **Tetraphidées**.

— 77. N° 20 de la clé : **Encalyptacées**, *au lieu de* **Encolyptacées**.

— 94. N° 180, 7ᵉ ligne, c. dist., *lisez* c. app.

— 112. N° 227, 6ᵉ ligne, c. dist., *lisez* c. app.

— 155. Le titre : GENRE FISSIDENS a été omis avant la clé qui en détermine les espèces.

— 165. N° 592, 5ᵉ ligne, pl. ou un peu révol., *lisez* planes ou un peu révol.

— 200. Le n° 535 **Trich·** littorale a déjà été décrit au n° 514 sous le nom de **Leptotrichum littorale**.

— id. A partir du genre ULOTA, les numéros des espèces sont inexacts jusqu'à la fin des additions aux Mousses et doivent être augmentés de 3 unités.

— 211. N° 4 de la clé : **Scapania**, *au lieu de* **ucapania**.

———

MUSCINÉES.

ORGANES DE VÉGÉTATION.

Pl. exclusivement cellulaires (on a constaté chez certaines espèces des traces de vaisseaux), à cellules chlorophylleuses pour la plupart ou au moins en notable partie, pourvues en général de racines, tiges et appendices foliacés ou se montrant sous l'apparence d'expansions foliacées, diversement lobées.

ORGANES DE REPRODUCTION.

On distingue les organes essentiels (*capsules* ou *fruits* et *anthéridies*), les organes accessoires (*enveloppes florales* et *paraphyses*). Les premiers peuvent être réunis dans la même fleur (*fleurs synoïques*), ou naître sur le même individu, mais au sein de fleurs distinctes (*fleurs capsulifères, fleurs anthéridifères*). La plante est alors *monoïque*; ou enfin naître sur des individus distincts, et la muscinée, dite alors *dioïque*, offre des *plantes capsulifères* et des *plantes anthéridifères*.

1

A l'intérieur se développent 1 ou plusieurs *Archégones* (*ovaire et pistil*), constituées par un sac (*épigone*) allongé en forme de bouteille à long col tubuleux et évasé au sommet, fixées sur l'axe florifère au moyen d'un pédicelle très-court, et renfermant à l'intérieur une utricule large, oblongue (*sporange*), qui devient plus tard le fruit. Fruit *capsulaire* contenant un nombre plus ou moins considérable de corps reproducteurs (*spores*).

Fleurs anthéridifères. — En général 2 enveloppes analogues à celles des fl. capsulifères, mais s'en distinguant presque toujours par certains caractères ; faisant parfois défaut.

A l'intérieur, 1 ou plusieurs *Anthéridies*, sacs ovales ou oblongs, à membrane très-délicate, généralement pédicellés, renfermant un très-grand nombre de petits utricules à parois hyalines, très-minces, et dont chacun contient un *Anthérozoïde*, corps filiforme, contourné en hélice, renflé à une extrémité, finement atténué à l'autre, près de laquelle sont insérés 2 longs cils très-ténus dont l'agitation détermine un mouvement gyratoire très-vif de l'anthérozoïde..

Archégones et Anthéridies sont souvent accompagnées de *Paraphyses*, petites lames foliacées filiformes ou spathuliformes. — Indépendamment des spores, on observe chez plusieurs espèces des *sporules* unicellulaires et des *tubercules*, petits corps pluri-cellulaires qui à la façon des gemmes peuvent reproduire la plante dès qu'ils tombent sur un sol convenable.

Les Muscinées se subdivisent en trois groupes.

1er Groupe. — SPHAGINÉES.

Nota. — La description s'applique au genre *Sphagnum*, le seul que nous ayons à considérer dans ce groupe.

Port. — Pl. pourvues de tiges, de rameaux et d'appendices foliacés (*feuilles*); croissant en touffes épaisses, affectionnant les lieux humides et tourbeux ; blanchâtres, jaunâtres, glaucescentes ou rougeâtres ; se gonflant sous l'influence de l'humidité.

1re *évolution*. — Une lame foliacée, sub-orbiculaire, lobée (*Prothallium*), disparaissant quand l'axe végétatif se développe.

Racines, tiges et rameaux. — Tiges émettant à la base et dans le premier âge seulement des radicelles pâles et très-délicates ; dressées, en général simples. Sur les tiges se développent dans un ordre pentastique des faisceaux de rameaux (1-6) assez courts, en général atténués ou flagelliformes, les uns appliqués étroitement ; les autres dressés, étalés ou incurvés, écartés de la base au sommet où ils sont serrés en cyme touffue. La tige se détruit par la base, est remplacée par un rameau (*innovation*) qui en tient lieu l'année suivante.

3 systèmes de couches cellulaires : 1° un cylindre intérieur plein, formé par des cellules larges, polyédriques, hyalines (*axe médullaire*); 2° extérieurement à ce cylindre, plusieurs couches (2-6) de cellules allongées, brunâtres, consistantes (*couche ligneuse*); 3° enfin, tout à fait à l'extérieur, 2-5 couches d'autres cellules, moins allongées que les précédentes, délicates et transparentes (*couche corticale*). Sur les rameaux, cette dernière couche se compose d'une seule série de cellules oblongues, ayant la forme d'une amphore à col recourbé et ouvert par un pore.

Feuilles. — Les *caulinaires* pentastiques, dressées ou réfléchies, écartées, en général appliquées, ovales, triangulaires ou sub-carrées, sub-aiguës, obtuses ou tronquées, denticulées ou frangées, plus rarement entières. F. *raméales* assez serrées, plus allongées et plus acuminées, de forme assez variable, mais en général ov.-lancéolées. Les unes et les autres constituées par une seule couche utriculaire, vert pâle ou rougeâtres, blanchâtres à la sécheresse, très-avides d'humidité, sans côte médiane. 2 espèces de cellules : les unes petites, étroites, chlorophylleuses; les autres allongées, vides, hyalines, formant des îlots dispersés au milieu des premières; à membrane très-extensible; munies de fibres annulaires ou spiralées et de pores plus ou moins nombreux et de grandeur variable.

Fleurs. — Axillaires. En général monoïques; rarement dioïques; se développant au sein de la cyme.

Fleurs capsulifères. — Sous forme de bourgeons allongés, assez nombreux. Polyphylles. F. *involuc.* à peine dist. des f. ram. F. *périgonial.* dépassant à la fin les f. involuc. 1-5 archég. avec paraph. très-long. et très-ramif. Pédicelle · (*pseudopode*) soulevant dans son développement l'archég. tout entier. La partie inférieure de l'épigone, lors de sa rupture, se soude avec l'extrémité supérieure du pédicelle à la base de la capsule et forme une vaginule en forme de bourrelet. La partie supérieure reste adhérente au sommet du fruit et constitue la *coiffe*. Chez les Sphaignes, elle est très-petite et très-fugace. *Capsule* globuleuse à parois épaisses, noire à la maturité, fermée à la partie supérieure par un petit couvercle circulaire (*opercule*) à peine saillant, et qui en se détachant laisse une ouverture libre pour l'émission des spores. L'axe de la capsule est occupé jusqu'à moitié de la hauteur environ par une colonne cellulaire (*columelle*) autour de laquelle sont placées les spores.

Fleurs anthéridifères. — En forme de rameau court, obtus, dont chaque feuille (*foliole périgoniale*) recouvre une *anthéridie* globuleuse à long pédicelle s'ouvrant au sommet : ouverture à bords révolutés.

Corps reproducteurs. — 1° *Spores tétraèdres*, jaunâtres ou brunâtres, engendrés 4-4 dans une cellule mère persistante jusqu'à l'époque de la germination; 2° *Sporules polyédriques*, plus petites, souvent mélangées avec les précédentes, ou quelquefois même remplissant à elles seules l'intérieur de capsules spéciales mais semblables.

2ᵉ Groupe. — MOUSSES.

(Voir la description précédente pour l'intelligence des termes déjà employés).

Port. — Pl. annuelles ou vivaces, munies en général de ti-ges et de rameaux, toujours de feuilles, croissant quelquefois isolées, ordinairement en touffes, gazons ou coussinets. Habi-tation variable.

1ʳᵉ *évolution.* — Sous forme de feutre filamenteux, assez épais et vert foncé (*Mycelium, Prothallium*), sur lequel nais-sent les bourgeons d'où sort la plante définitive.

Tiges, rameaux, racines. — Tige rarement nulle, aérienne ou quelquefois souterraine (*Rhizôme*), couchée ou plus ou moins dressée, tantôt simple dans toute sa longueur, ou sim-ple à la base et se ramifiant diversement à partir d'une cer-taine hauteur; tantôt (*tige primaire*) se subdivisant à peu de distance de son origine en plusieurs tiges *secondaires* ou *ra-meaux primaires*, lesquels peuvent être à leur tour simples ou variablement ramifiés : adhérant au support par des radicelles souvent fugaces, et offrant souvent soit dans une notable par-tie de la longueur, soit surtout à l'aisselle des rameaux des faisceaux de radicelles adventices persistantes. Tissu cellu-laire sensiblement homogène composé de cellules rectangulai-res allongées, assez rigides et de couleur plus foncée à la sur-face.

Feuilles. — Composées d'une seule couche utriculaire, à de rares exceptions près; en général alternes pentastiques, assez écartées à la base des tiges, plus serrées à la cyme et sur les rameaux. Vu l'importance des caractères basés sur l'étude des feuilles, on doit tenir compte 1° de leur forme; 2° de leur mode de terminaison à la base et aux extrémités ; 3° de leur mode de terminaison aux bords ; 4° du mode de courbure soit dans le limbe, soit sur les bords ; 5° de l'aspect du limbe ; 6° de leur direction par rapport à l'axe végétatif ; 7° de leur organisation cellulaire. La base présente souvent deux espaces plus ou moins triangul. situés à droite et à gauche du point d'insertion, et occupés par des cellules à forme spéciale (*oreillettes*). On dit alors que les feuilles sont *auriculées*. Mélangées aux f. caulin., se rencontrent assez souvent des f. *accessoires* très-petites, et à limbe soit en partie, soit en totalité, très-lacinié.

Fleurs. — Monoïques, dioïques ou synoïques. Tantôt terminales (*acrocarpes*), tantôt latérales sur la tige et sur les rameaux (*pleurocarpes*), plus rar. terminales sur des rameaux très-courts (*cladocarpes*).

Fleurs capsulifères. — En général, un involucre et un périgone polyphylles. Archég. et paraph. en nombre variable. Le pédicelle du sporange se développe à l'intérieur de l'archégone. La partie inférieure de l'épigone après sa rupture reste à la base du pédicelle et se soude avec l'extrémité de l'axe florifère pour constituer la vaginule. La coiffe est assez persistante ; tantôt *mitriforme* (recouvrant entièrement la partie supérieure de la capsule) ; tantôt *en éteignoir* (enveloppant la totalité du fruit) ; tantôt *en capuchon* ou *cuculliforme* (fendue latéralement et reposant obliquement sur l'extrémité de la capsule) ; bord inférieur entier, lobé, frangé ou lacinié ; surface lisse, plissée, papilleuse ou pileuse.

Le pédicelle rarement nul est variable de longueur et de direction ; lisse ou tuberculeux ; raide ou tordu. (La torsion est dite de gauche à droite, lorsque le pédicelle placé verticalement, la capsule en haut, il faudrait, pour produire la direction de torsion, faire le même mouvement que pour faire pénétrer une vis dans son écrou ; la torsion est de droite à gauche s'il fallait opérer le mouvement inverse. *Capsule* de forme variable, presque toujours terminée par une extrémité

acuminée, ou au moins saillante et papillaire; composée de
3 enveloppes dont l'extérieure est assez coriace, brune, lui-
sante ou rougeâtre, et dont l'intérieure constitue le véritable
sporange ; ce dernier n'occupant souvent qu'une partie de la
cavité capsulaire, la partie non occupée (*col capsulaire*) se res-
serrant souvent par la sécheresse, ou se renflant soit latéralement (*col goitreux*), soit sur tout le pourtour (*apophyse*). Déhiscence capsulaire variable : irrégulière (*cleistocarpes*), valvaire,
à 4-5 valves restant soudées au sommet (*schistocarpes*) ou oper-
culaire (*stégocarpes*).

L'opercule tombé, on aperçoit en général 1° *l'anneau*, série
simple, double ou triple de cellules à peine adhérentes, très-
élastiques, et dont la contraction aide à la chute de l'opercule; 2° le *péristome* simple ou double. Le simple, composé
de *dents* (4 ou un multiple de 4) cornées, rougeâtres, de forme
variable, en général subulées et articulées, et traversées par
une ligne médiane (*ligne divisurale*) dans le sens de la longueur. Le double, constitué 1° par les dents ; 2° soit par des
cils filiformes très-variables, soit par des dents hyalines très-
délicates (*processus*); soit enfin par des processus et des cils à
la fois, ces derniers lisses, ou noueux, ou spineux (*appendiculés*).

Lorsque les enveloppes capsulaires d'où émanent les dents,
les processus et les cils, sont visibles en dehors de l'orifice
du fruit, elles constituent des *membranes basilaires*. — Dans
l'intérieur du sporange, une columelle très-distincte, à fort
peu d'exceptions près.

Fleurs anthéridifères. — En général 2 enveloppes presque toujours polyphylles. Le Périgone, tantôt à folioles imbriquées
(*gemmiforme*), tantôt à folioles étalées, ouvertes (*discoïde*). Anthéridies oblongues, plus ou moins pédicellées, très-nombreuses
dans les périgones discoïdes; avec ou sans paraphyses. An-
thérozoïdes semblables à ceux des Sphaignes.

Corps reproducteurs. — 1° Spores généralement très-petites
et très-nombreuses, sphériques; 2° sporules, oblongs, unicel-

lulaires, isolées ou groupées sur les feuilles ou à l'extrémité
des tiges; 3° des tubercules, ovales, pluricellulaires, naissant
sur les radicelles.

3° Groupe. — HÉPATIQUES.

Port. — Pl. pourvues les unes de tiges et de feuilles (*hep.
foliacées*); les autres consistant en expansions foliacées plus ou
moins planes et lobées (*hep. frondiformes.*)

1re évolution. — Un prothallium soit filamenteux (filaments
courts et rares), soit analogue à celui des Sphaignes.

Hépat. foliacées. — *Tiges et rameaux.* — Tiges en général peu radiculeuses, souvent couchées, au moins à la base,
rarement dressées, peu ramifiées, parfois stoloniformes.

Tissu cellulaire ordinairement assez lâche : cellules vertes
en général et ordinairement arrondies ou sub-hexag. plus rar.
carr.

Feuilles. — Une seule couche utriculaire; tantôt orbiculai-
res, ovales, rarement acuminées, tantôt carrées ou rectangu-
laires; presque toujours lobées, bi-tri-pluri-fides, à lobes dentés ou ciliés. Assez généralement bilobées dont un lobe replié
sur l'autre, d'où la distinction entre le *lobe supérieur* (placé
au-dessus de l'autre) et le *lobe inférieur*; bords et limbe en
général planes, rarement partiellement incurvés; se crispant
souvent par la sécheresse; toujours distiques; assez écartées
sur la tige et à la base des rameaux; plus serrées vers la partie supérieure; *succubes,* si en regardant d'en haut la plante
dans sa position naturelle chaque feuille est recouverte en
partie par la feuille placée immédiatement au dessus : *incubes,*

si c'est au contraire la feuille inférieure qui recouvre en partie la feuille supérieure.

Feuilles accessoires (*amphigastres*) fréquentes, presque toujours différentes des caulinaires et des raméales.

Cellules arrondies ou carrées constituant un tissu plus ou moins serré.

Fleurs. — Monoïques ou dioïques, les capsulifères ordinairement terminales ; les anthéridifères plus généralement axillaires.

Fleurs capsulifères. — En général un involucre polyphylle à feuilles peu distinctes des f. caulinaires et un périgone monophylle (**Périanthe**), tubuleux, ovoïde, prismatique ou trigone, à ouverture rarement nue, le plus souvent dentée ou ciliée. Archégones peu nombreuses. Paraphyses rares. Epigone se rompant irrégulièrement : coiffe très-fugace, caduque avant l'évolution de la capsule hors du périanthe. Pédicelle souvent allongé, hyalin, très-délicat. Capsule globuleuse, noire à la maturité, assez molle, se fendant en 4-5 valves libres au sommet. Point de columelle.

Fleurs anthéridifères. — Anthéridies souvent nues à l'aisselle des rameaux, souvent solitaires ou géminées à l'aisselle des feuilles périgoniales imbriquées en un rameau court, obtus.

Spores globuleuses, petites, entremêlées de filaments simples ou doubles contournés en spire (*Elatères*), très-hygrométriques et contribuant à la dissémination des spores.

Hépat. frondiformes. — Généralement fixées par de nombreuses radicules, parfois flottantes à la surface des eaux. Frondes composées de plusieurs couches utriculaires constituant à la partie supérieure un tissu lacuneux très-développé, fréquemment recouvertes par un épiderme avec larges stomates saillants.

Fructification tantôt placée sur des réceptacles spéciaux en général pédonculées, tantôt sessile ou même immergée dans la fronde. Souvent deux sortes d'involucres ; les uns (*involucres communs*) renfermant plusieurs fleurs, ou placés à la base du réceptacle florifère ; les autres (*involucres propres*), constituant l'enveloppe extérieure de la fleur. Périgones souvent absents ; parfois multiples dans le même involucre. Coiffe très-fugace. Capsule brièvement pédicellée ; spores, élatères analogues à celles des hépat. foliacées (ces derniers faisant parfois défaut). — Anthéridies immergées dans des réceptacles sessiles sur la fronde, plus rarement pédicellés.

1er Groupe. — SPHAGINÉES.

Genre. — SPHAGNUM.

1 { F. caul. et ram. obt.; les ram. ov. et imbriq.... **S. cymbifolium**.
    F. ram. ov. lanc., ou acum., ou très-étal... 2

2 { F. caul. dress... 3
    F. caul. étal., refl. ou renvers. 4

3 { F. caul. obt., corrod. 4-6 r. dont 2-3 pend.... **S. squarrosulum**.
    F. caul. dentic. au som. 3-4 r. dont 1-2 pend..... **S. acutifolium**.

4 { F. caul. corrod., frang. ou presque ent......................... 5
    F. caul. 3-6 dent. au som................................... 7

5 { Pl. rouge vineux. F. caul. presque ent.............. **S. rubellum**.
    Pl. vert pâle, glauc. ou jaun.......................... 6

6 { F. caul. orbic., renvers. 2-3 r. dont 1 pend. Por. des f. ram. très-
     pet., nombr., sur 5 rangs..................... **S. rigidum**.
     F. caul. ligul., refl. 5-6 r. dont 2-3 pend. Por. gr. 3-10.
                                                        S. squarrosum.
     F. caul. obov.-spath., très-frang., étal. 3-5 r. dont 1-2 pend. 6-10
     por. assez gr...................... **S. fimbriatum**.

7 { F. caul. ov. obt., très-marg., 5-6 dent. 2-3 r. dont 1-2 pend.
                                                        S. molluscum.
    F. caul. ov.-triang., 2-4 dent, 3-5 r. dont 2 pend.. **S. cuspidatum**.

Fleurs monoïques.

1. **Sph. acutifolium.** — *Sph. capillifolium* (Hedvig). —
T. dress., simpl., de couleur var. 3-4 rangs de gr. cel. à la

couche cort. sans por. ni fib. 3-4 r.; rar. 5. 1-2 grêles, pend.;
2-3 arq., renfl. au mil. F. caul. dress., obl., ou obl. lig.; dentic.
ou même lacin. au som.; cel. hyal. courtes. Fib. et por. rares
ou nuls. F. ram. ov. ou obl.-lanc., à bords infl., faibl. imbr.,
à cel. hyal. infer. lin.; les sup. courtes et contourn.; toutes
avec fib. et por. assez grands. F. perig. engain., général. ent.,
à cell. munies de por. et fib. Cap. urcéolée à la maturité.

Tourbières. — Eté.

2. Sph. fimbriatum. — Touff. lâches, vert-pâle. — T.
dress., all.; couche cort. du précéd. 3-5 r. dont 1-2 grêles et
pend., 2-4 arq. décomb. F. caul. ov. spath., grandes, conc.,
frang. au som.; cel. hyal. super. sans por. ni fib. F. ram. ov.-
lanc., à bords infl., un peu dentic. au som.; cel. hyal. avec fib.;
les sup. avec 6-10 por. larges, en gen. unilat. F. périg. très-
allongées.

Forêts des mont. — Confondu avec le précéd.

3. Sph. cuspidatum. — Var. submersum. — (Schimp.).
— Touff. souv. flott., vertes à la surf. T. grêles, rig. et all.; couche cort. des précéd. R. 3-5; en gén. 4; 2 grel., très-allongés;
2-3 arq. et décomb. F. caul. refl., ov.-triang., faibl. auric., à
bords infl. et dent. au som.; cel. hyal. inf. all.; les sup. plus
courtes avec fib. et quelques por. petits. F. ram. lanc., lin.-
acum., étal., dentic. au som.; cel. hyal. all. avec fib. nombr. et
por. rares très-petits. F. périg. très-gr. engain., obt. ou bif.,
à margo large.; cel. hyal. sup. à fib. et por. rares. chat. anthéridif. orang. ou bruns.

Fossés des tourbières. — Eté.

Dans le type les T. sont dress. On le rencontre dans les Hautes-Vosges et le
Haut-Jura.

4. Sph. squarrosum. — Gaz. lâches, d'abord glauc.
puis blanch. — T. simples ou bif., robustes, raides et dress.
Couche cort. à 2-3 rangs de cel. gr. sans por. 3-6 r. dont 2-3
grel., pend. et très-all.; 1-2 renfl. au mil., arq. F. caul. refl.,

ov.-*lig.*, *rong.* au som.; cel. hyal. inf. obt., all.; les sup. quadr.
sans fib. ni por. F. ram. *imbr.*, *ov.-lanc.*, acum., *étal.*, à bords
invol., dentic. au som.; cel. hyal. moy. all., obt., avec fib. et
8-10 *por*, *très-gros.* F. pcrig. engain. corrod. au som. Chat. anthéridif. *vert-jaune.*

Lieux marecageux des for. — Juil. (Vosges, Bresse).

Pris pour une var. du précédent.

5. Sph. squarrosulum. — (Confondu avec le précéd.)
— Touff. *épais.* et prof., *vert-foncé* à la surf. T. rig., *grêle*,
couche cort. à 2-3 rangs de cell. med. R. 4-6. dont 2-3 pend.,
all., très-grêl.; les autres arq. décomb. F. caul. *dress.*, ov.-ligul.,
conc., *margo étr.*; à som. corrodé. Cel. hyal. *sans fib. ni por.*,
étr. et courtes. F. ram. larg. *obov.*, imbr., subit. acum. (ac.
canal, très-étal. et dentic. au som.), cell. hyal. all. à la b. avec
fib. et quelques por. *très-gr.*; celles de l'ac. à por. très-petits.
Fructif. inconnue.

Tourbières du Haut-Jura.

6. Sph. rigidum. — (*Sph. compactum* de quelques auteurs). — Touff. *dens.* vert-pâle, parfois *jaun.* T. dress., *raide*,
noir., parfois div. Couche cort. à 1-3 rangs de cel. sans por.
2-3 r. dont 1 pend., grêl.; 1 *ascend.*; l'autre très-court ou nul.
F. caul. *demi-orbic.*, *renvers.*, conc., frang. au som., *sans fib.
ni por.* F. ram. conc. et imbr. à la b. puis lanc., obt. et étal.,
raid., à bords infl., à peine dentic. au som., à margo très étr.
Cel. hyal. renfl., all., à fib. nombr., *et à 3 rangs de por. pet.
et rappr.* F. périg. obl., invol., acum. et all., *hom.* Chat. anthéridif. pend.

Lieux tourbeux, humides; tourbières desséchées dans les montagnes granitiques. — Eté.

Fleurs dioïques.

7. Sph. rubellum. — (Confondu avec l'*acutifolium.*) 2-3.
r. dont 1 *pend.*; cel. hyal. sup. des f. ram. à 2 *por. Couleur vi-
neuse* très-prononcée.

8. **Sph. cymbifolium**. — Touff. très-étend., moll. et *glauc., ou viol. pâles.* T. rob., dress.; couche cort. à 3-4 rangs de gr. cel. avec fib. et 1-2 *por.* R. 3-5, en gén. 4; dont 2 attén., pend.; les autres *épais*, diverg., arq. ou dress. F. caul. *ligul., obt.,* à bords infl., *renvers.*; cel. hyal. all. F. ram. imbr., ov., obt.. conc., à bords incurv. au som.; *à margo étr.,* cel. hyal. gr. à **2-3** *por. larges.* F. périg. *très-gr., pliss., assez eng.* Chat. anthéridif. *bruns ou rouges.*

Lieux humides dans les forêts des montagnes granitiques ou arénacées.—Été.

9. **Sph. molluscum**. — Touff. pet., moll., glauc. ou jaun. T. simp. grêl., assez rig., dress.; couche cort. à 2 rangs de cell. R. 2-3, dont 1-2 *grêl. et pend.;* 1 court., arq., obt. F. caul. étal. ou *renvers.,* ov., *obt., margo large;.* cell. hyal. très-all. vers la b.; quelques fib. et por. dans la p. sup. F. ram. ov. à bords très-infl.; dentic. au som.; cell. hyal. sup. avec quelques fib. et 2-3 *pores.* F. périg. all., enr., ent.

Tourbières des mont. — Été. (Vosges et Haut-Jura).

ADDITION. — *Espèce douteuse.*

10. **Sph. subsecundum**. — T. dress., en gén. simp., rig., *jaune foncé;* couche cort. à 1 *rang* de cell., sans por. R. 6., dont 3-4 grêl. et pend.; 2-3 arq., 1 *dress. et cont.* F. caul. ov.-triang., corrod. au som., étal., *auric., à margo large.* F. ram. ov. et conc. à la b., puis lanc., à bords infl., dent. au som.; arq. et hom.; cel. hyal. all. avec fib. et por. *nombr.; les por. pet.* F. périg. obl., eng.

Habitat. du précéd. — Été.

Var. *viride.* Port plus robuste; vert foncé. R. très-rapprochés, contournés. F. à 9-8 dents assez grandes. Pores moins nombreux.

Var. *contortum.* A touffes molles, rougeâtres. R. renflés au milieu. F. à 7-8 dents grandes. Pores très-nombreux.

2e GROUPE. — MOUSSES.

Les Mousses se divisent en 3 tribus.

1° Capsule à opercule s'ouvrant par une fente circulaire . . . . STÉGOCARPES.

2° Capsule à déhiscence irrégulière. . . . . . CLEISTOCARPES.

3° Capsule se fendant en 4-5 valves conniventes et soudées à la partie supérieure. . . . . SCHISTOCARPES.

Première tribu. — STÉGOCARPES.

Cette tribu se divise en deux ordres.

1° *Pleurocarpes.* — Fructification latérale. — Développement par l'allongement terminal des tiges ou des rameaux.

2° *Acrocarpes.* — Fructification terminale. — Développement par l'allongement des innovations latérales.

Ordre premier. — PLEUROCARPES.

1 { Périst. simple. 2
{ Périst. double. 5

2 { F. ov.-arrond., obt , cell. arrond. Dents du périst. pâles, souvent un peu fend. Coiff. à longs poils. . . . . . . **Leptodontiacées.** 9e famille.
{ F. ent., ov.-lauc , pliss.; cell. étr. Dents du périst. 2-3 fid. Coiff. liss. **Leucodontiacées.** 4' fam.
{ F. lacin. à cell. larg. Dents du périst. larg., rapproch. par paires dans la jeunes. Coiff. lisse. . . . . **Fabroniacées.** 10' fam.

3 { Pl. flott. R. filif. et dénud. F. carénées. Cap. presque sess. Périst ext.
de 16 dents très-long., rouges et conniv., l'int. de 16 cils anastom.
Fontinalacées. 11ᵉ fam.
Pl. en gén. terrestr. F. pl. ou moins conc. mais non carén. Cap. en
gén. pédic. Périst. avec dents et souvent des proc., avec ou sans cils. 4

4 { F. plus ou moins distiq. Péd. court ou méd., parf. charnu. Cap. dress. 5
F. conc., et si elles sont distiq., péd. long et flex. Cap. incurv........ 6

5 { T. charnue. Coiff. con. en mit., lob. à la base. Péd. épais. Cap. noir.
Hookériacées. 7ᵉ fam.
T. mince. Coiff. en capuc. Péd. mince. Cap. brun. **Neckéracées. 6ᵉ fam.**

6 { Coiff. en mit. Péd. très-court............. **Cryphéacées. 8ᵉ fam.**
Coiff. en capuc.. 7

7 { Périst. int. composé de cils filif. sans membr. basil.............. 8
Périst. int, composé de proc. carén., avec ou sans cils. Une membr.
basil... 9

8 { Dents lanc.; cils écart. plus courts que les dents. Tissu cellul. lâche.
Fabroniacées. 10ᵉ fam.
Dents subul.-carén., cils presque égaux. Tissu cellul. serré........
Leucodontiacées. 4ᵉ fam.

9 { F. papill. vert foncé ou noir...................................... 10
F. non papill. en gén. vertes ou jaunes, souvent soy............... 11

10 { Membr. basil. étr............................... **Leskéacées. 3ᵉ fam.**
Membr. bas. atteig. en long. env. la 1/2 des dents. **Thuidiacées. 2ᵉ f.**

11 { Coiff. gr. assez persist. Cap. presque dress. Membr. basil. assez étr. ...
Orthothéciacées. 5ᵉ fam.
Coiffe pet., fugace. Cap. en gén. cern. Membr. basil. atteign. la 1/2 des
dents.................................... **Hypnacées. 1ʳᵉ fam.**

1ʳᵉ Famille. — HYPNACÉES.

Bien que cette famille ait beaucoup d'analogies avec les familles suivantes, on doit lui assigner certains caractères inva-
riables et spécifiques :

Coiffe pet. en capuch., en gén. très-fugace. Cap. plus ou moins
cern., toujours ou obliq. ou horiz. Périst. d. parf. 16 dents
long., lanc.-lin., avec articul. serr., souv. lamell. Proc. longs,
carén. Membr. basil. large, pliss., général. accompagnée de
2-3 cils filif. égaux aux dents, noueux ou append. F. en général
lisses, brill. Tissu cellul. souv. serré à cell. lin. et vermif.

1 { F. apl.-distiq.......................... **Plagiothecium**
F. étal. ou hom............ 2

2 { Op. à bec subul.. 5
Op. con., obt., papill., apic. ou à bec court................... 5

3 { T. prim. ramp. émettant des t. second. dress., dendr., dénud. à la b.
ou recouv. de f. squammif........................ **Thamnium**
T. ramp. R. pl. ou in. nombr., arq. ou dress., avec f. vertes et molles. 4

4 { Fr. exclusiv. sur la t. prim. R. assez courts, dress. ou décomb. Tissu.
cellul. rhomb. all........................ **Rhynchostegium.**
Fr. à la fois sur la t. et sur les r. prim. ou sur les r. prim. seulem.
R. souv. all. F. en gén. ov.-triang., assez long. acum., dent. et souv.
pliss. Tissu cellul. hexag.-rhomb............. **Eurynchium.**

5 { Péd. plus ou moins papill.................................... 6
Péd. lisse..................... 8

6 { Tissu cellul. hexag.-rhomb. Cap. ov.-gibb....... **Brachythecium.**
Tissu cell. étr. à cell. lin. ou vermif. Cap. obl.................... 7

7 { F. ov.-obl., conc., non striées.................... **Scleropodium.**
F. long.-acum., raid., striées. Touff. jaune vif.. **Camptothecium.**

8 { Fr. exclusiv. sur les r. prim............................... 9
Fr. exclusiv. sur les t. prim. ou à la fois sur la t. et les r........... 10

9 { R. vagues, rar. fasc. Cap. en gén. horiz......... **Plagiothecium.**
T. second. dendr. à r. nombr., jul., très-arq. et à cap, dress. ou à r.
fasc., filif. et flagell............................ **Isothecium.**

10 { Cap. presque dress. F. écart., étal............. **Amblystegium.**
Cap. plus ou moins cern., obliq. ou horiz.................. ... 11

11 { T. ramp. Cap. ov.-gibb. Tissu cellul. hexag.-rhomb. **Brachythecium**.
T. en gén. dress. ou procomb. au som. Cap. ov.-gibb. Tissu cellul. étr.
à cell. lin............................ ..... **Hylocomium.**
Cap. ov.-cyl...... 12

12 { Tissu cellul. large. Cap. très-cern. à la matur. Op. large...........
Amblystegium.
Tissu cellul. étr., à cell. lin. ou vermif....................... 13

13 { Pl. marécageuses. Cap. en gén. très-cern. à la matur. Op. mamill.
Proc. presque ent. F. ov...................... **Limnobium.**
Pl. lignicoles ou saxicoles, rarement flott. Cap. un peu cern. Op. con.
Proc. en gén. très-fend. F. en gén. ov.-lanc.......... **Hypnum.**

GENRE HYPNUM.

1 { T. ou r. plus ou moins pinn................................. 2
T. irrégul. rameuses.................... 17

2 { T. ou r. recouverts par un épais duvet tomenteux.............. 15
T. et r. sans duvet tomenteux..... 5

3 { F. étal. au moins général. sur les r............................ 4
F. hom., en gén. falc. et courb. en hameçon.................'......... 7

4 { F. plus ou moins dent. ou dentic............................... 5
F. ent., ov. ou obt., briév. apic. ou non......................... 6

5 { Touff. vert glauque à l'état frais, puis rouss. ou noir. T. très-adh. au
sol. F. lanc.-lin. Proc. peu fendus................. **H. Halleri.**
Touff. vert pâle. T. assez dress. F. ov.-obl.; ac. court et infl. Proc.
très-fend.. **H. purum.**

6 { Pl. vert jaun. brillant. R. cuspid. An. très-large.. **H. cuspidatum.**
Pl. vert pâle. R. attén., incurv., flex. An. nul...... **H. Schreberi.**

7 { F. ent. ou à dents rares et au som. seulement..................... 8
F. très-const. à dents serr., au moins sur l'ac................. 10

8 { Côte nulle ou très-courte................................... 9
Côte forte dépass. le mil............... **H. aduncum.**

9 { Pl. d'un beau vert. F. ov.-lanc., long. acum..... **H. callichroum.**
Pl. jaune vif. F. ov. avec ac. subul. et recourb...... **H. Ravaudi.**

10 { Côte nulle ou courte et bif............................... 12
Côte atteign. au moins le mil.; ac. long, falc. et dent.............. 11

11 { Touff. un peu soy. T. flex., assez minces. Proc. peu fend...........
H. uncinatum.
Touff. rouss. T. raid., épaiss., rob., rug. Proc. très-fend...........
H. rugosum.

12 { F. dent. sur tout le contour............................ 13
F. dent. sur l'ac. seulement........................... 14

13 { Touff. bouff., souv. vert sombre. T. et r. courb. au som. R. serr., élé-
gam. pinn................................... **H. molluscum.**
Touff. vert pâle. T. all. R. grêl., peu serr............. **H reptile.**

14 { T. rob., dress., tr.-pinn. F. fort. pliss. An. simp. **H. crista-castrensis.**
T. ramp. R. couch. ou dress., surtout pinn. sur la circonf. F. lisses.
An. tr.................... **H. cupressiforme.**
Caractères du précéd. F. access. nombr. et lacin... **H. imponens.**

15 { F. striées... 16
F. lisses, dent. sur tout le contour. Les caul. étal.; les ram. extrèmes
falc. An. simp. Tr. fructif.. .... **H. filicinum.**

16 { Touff. jaune brillant. F. ent., étal., raid., très-soy...... **H. nitens.**
Touff. vert glauque. T. second. serr., souvent incrust. R. courts. F.
dent. au moins à la b., falc.. .... **H. commutatum.**
Comme le précéd. F. plus incurv. Côte plus courte. F. access. moins
nombr..... .... **H. falcatum.**

17 { F. étal. ou imbriq., avec ac. souvent renvers................ 18
F. au moins les ram. hom., en gén. falc............. 23

— 18 —

1. **H. Halleri**. — Touff. dens., déprim., rouss. ou *noir*. aux endroits exposés au soleil. T. *adh. au support*, un peu rig., à div. diverg. R. nombr., courts, *étal.*, un peu pinn. F. serr.; les inf. *ov.-dress.*; les sup. *lanc.-acum.* (ac. rec.); *dentic.* côte *bif.* et courte; qq. cell. carr. aux angles de la b. F. périg. *pliss.* avec ac. all., refl. et *dentic.* Mon. Ped. roug. tordu à g. à la p. sup. Cap. cern. très-obl., d'abord glauc.; r. brique à la maturité. Op. con. apic. An. d. Proc. ent. ou à peine fend., 2-3

cils ég. aux proc. Fl. anthéridif. nombr. et rapprochées des capsulif. à fol. ov., acum., dentic. 6-8 anth. avec quelques paraph. fil. plus long.

Calc. pierres, rochers. — Août. — Haut-Jura, Alpes calcaires. Signalé à St-
Bonnet-le-Froid ?

2. **H. Sommerfeltii.** — (*H. polymorphum.* (Boulay).
— *H. stellatum* Brid). — Gaz. déprim., serr. ou bouff., vert
souv. foncé, rar. jaun. T. très-minces, flex., à r. *vag.* dress. et
flex. F. ov. *auric.*, long. acum., *squarr., ou un peu hom., peu
dentic.*, côte *nulle* ou bif. F. Périg. all., *pliss., ac. fil.*, côte
mince dentic. au som. Mon. Péd. roug. *en c. de cyg.* Cap. obliq.,
cyl., resser. à l'orif. Op. con. obt. An. *tr.* Proc. un peu fend.
2-3 cils. Fl. anthéridif. du précédent.

Rac. des arbres, pierres, vieux murs. — Été — Assez répandu, mais peu
abondant.

3. **H. polymorphum.** — (H. *chrysophyllum* (Boulay), ou *stellatum* var. *tenellum* Brid). *H. squarrosulum*). —
Touff. déprim. jaune pâle vif ou *vert doré.* T. grêl., couch. à
div. vag. *pinn. ou bipinn.* R. arq. ou couch. F. ov.-triang., dress.
à la b. puis très-étal. et arq. avec *long ac. lanc.; côte dépas. le
mil.;* pl., *ent.,* auric. F. périg. à côte mince., squarr., lanc.,
pliss., *long. acum.* Di. Péd. assez long, genic., flex., roug.,
tordu à g. en haut. Cap. cern., cyl. Op. con. apic. An. *tr.* Proc.
ent. ou à peine fend. 2-3 cils. Fl. anthéridif. nombr., gemmif.;
fol. ov. acum. 8-10 anth. Paraph. fil.

Calc. Rochers des collines et des montagnes. — Août-septembre.

Var. *H. tenellum.* Touff. pl. dens. T. grêl. F. pet., étr., assez
hom.

4. **H. stellatum.** — Touff. molles, *prof.,* vert-jaun. à
l'ext., rouss. à l'int. T. en gén. *dress. robustes,* dénud. à la
base; 2-3 divis.; r. souv. fasc. F. caul. *ov.-triang., très-long.
acum.,* étal., en étoile à la partie sup.; *ent.,* à pet. oreill. hyal.;
côte bif. F. périg. *pliss.* sans côte; avec *ac. rec.* Di. Péd. pour-

prc, assez long, flex. Cap. obliq., obl., un peu cern. Op. con. *apic.* An. *tr.* Proc. peu fend. Pl. anthéridif. peu rameuses. Fl. à fol. ov.-acum., sans côte. 8-10 anth. à paraph. plus longues.

Prés humides et tourbeux. — Dessines. — Mai-juin.

Var. *protensum.* Pl. pl. grêle, pl. courte, mais pl. ramif.; en touffes assez raid., vert jaune brillant. F. larg., ov., très-étal., arq.; sans côte à la base.

5. H. incurvatum. — Touff. délic., étend., soy., parfois rouss. T. peu all., minces, *ramp.*; r. *rares* et *incurv.* F. caul. peu serr., obl. lanc., ent., côte bif. F. ram. serr., *hom., falc.*; côte *nulle ou bif.*, ent. ou dentic. au som., auric. F. périg. all. eng., acum.; à côte. Mon. Péd. roug., court. Cap. obliq. obl. cern. Op. con. à *bec court.* An. *d.*, large. Proc. fend. acum. 1-3 cils longs. Fl. anthéridif. à 8-10 fol. sans côte. 6-8 anth. Paraph. grêl. nombr.

Pierres, roc., vieux murs. — St-Rambert-en-Bugey; Loeches-les-Bains; Alpes du Dauphiné. — Mai-juin.

6. H. reptile. — Touff. étend., déprim., vert-pâle. — T. plus ou moins all., ramp.; 2 fois *pinn.*, dress. et *obt.* F. serr., imbr., *hom.*, conc., *revol.*, plus ou moins long. acum., *dent. surtout au som.*, un peu auric., 2 *côtes courtes.* F. périg. *très-pliss.*, ac. denté. Mon. Cap. *obliq.*, un peu cern. Op. gr., con., à *bec plus ou moins court.* An. *Tr.* Proc. fend. Fl. anthéridif. gemmif. fol. ov. apic. Anth. avec paraph.

Vieux troncs; rar. rochers, dans les Alpes. — Août.

Var. *H. perichœtiale.* F. caul. serr., ov., *peu dent.* F. ram. serr.; imbr. F. périg. *non pliss.* à bords *refl.* vers la base.

Alp. du Dauphiné. — considéré comme une espèce distincte.

7. H. fastigiatum. — (*H. hamulosum* de quelques auteurs). — Touff. *très-dens.*, étend., vert-jaun., parfois rouss. T. *entrel.*, med., flex., ramp. à la base, puis dress., dénud. en vieillissant. R. serr., *pinn. et incurv.* au som. F. serr.; *toutes hom. et falc.*, ov.-lanc., *finement acum.*, (ac. en ham.). conc., faibl. auric.; *sans côte* ou à côte *courte et bif.* peu visible ; presque ent. où même ent. F. périg. demi-eng., obl.-lanc., acum., pliss., à côte double et allongée. Mon. Péd. court, pourpre, tordu à g. en haut, à d. en bas. Cap. obl., subhoriz., cern., un peu striée en séch. Op. con. *à bec papill.* An. *d.* assez large. Proc. troués, acum. 2-3 cils longs. Fl. anthéridif. à fol. ov.-obl., acum., sans côte. 6-8 anth. Paraph. assez nombr.

Rochers sil. et calc. Pierres, roc, dans les mont. — Août. — Alpes du Dauphiné, Jura, bords de l'Albarine en Bugey.

8. **H. cupressiforme.** — Touff. courtes, souv. compr., vert-pâle ou oliv. T. ramp. R. vag. ou pinn., étal. ou incurv. *Les périphériques pinn. adhérents au support.* F. serr., imbr., *hom., falc., courbées en ham.,* conc., *lisses,* ent. ou dentic. au som., à oreill. *jaun. orang. Côte nulle ou courte et bif.* F. périg. eng., lisses., dentic. au som. Côte mince assez longue. F. access. rares, lin. et subul. Di. Péd. méd., pourpre, tordu comme chez le précéd. Cap. *presque dress.,* cyl., un peu cern. An. *tr.* Op. conv., obt. ou apic. Proc. peu ou pas fend. 1-3 cils courts. Pl. anthéridif. sembl. à fl. nombr.; fol. obl. acum. sans côte. 10-15 anth. Paraph. longues.

Troncs, pierres, rochers, murs, toits, terre; passim. — Printemps. Très-polymorphe. — Les var. principales sont :

V. *ericetorum.* Touff. mol., vert-pâle.

V. *tectorum.* Touff. rob., serr., rousse.

V. *longirostrum.* Très-rameuse. Op. subul.

V. *mamillatum.* Touff. déprim., soy., Op. mamill.

9. **H. callichroum.** — Souvent confondu avec le précéd. — Touff. moll., *entrel.,* plus ou moins déprim., *d'un beau vert à l'ext.,* décol. à l'int. T. couch. ou ascend., flex. R. vag. ou pinn., *falc.* F. serr., hom., *falc., courb. en ham.,* presque crisp., ov.-lanc., long. acum., *ent.* ou dentic. au som. Côte *nulle* ou à peine visible. F. périg. obl., dentic. au som., sans côte. Di. Péd. méd. flex., pourpre. Cap. incl. horiz., obl., cern. Op. conv., ap. *orangé.* An. *tr.* Proc. du précéd. 2-4 cils souv. adh.

Fl. anthéridif. très-pet.; fol. nombr., ov.-acum., sans côte.
3-6 anth. Paraph. rares ou nulles.

Rochers humides, terrains pierreux des mont. — Juillet et août. — (Alpes du
Dauphiné).

10. H. Ravaudi. — Touff. délic., jaune-vif. T. couch.
puis *dress.*, pinn. ou à r. pinn. R. dress., souv. fasc., *un peu arq.
au som.* F. serr., ov., rétrécies *en un long ac. subul.* et rec.
faibl. auric.; côte très-courte et bif. F. périg. ov., dentic.,
acum., sans côte. Di.

Découvert sans fructif. par l'abbé Ravaud à Villars d'Arène (Dauphiné), sur
des rochers au-dessus de la forêt.

11. H. imponens. — (Espèce douteuse se rapprochant de
la var. *mamillatum* du *cupressiforme*.) F. *access. assez gr. et
nombr., lacin. à la base.* F. périg. avec ac. subul. et denté.
1-2 cils append. Arch. nombreus.

Même habitat. et mêmes époques que le *Cupressiforme.*

12. H. molluscum. — Touff. humbl. ou *bouff.*, étend.,
intriq., vert foncé à l'ombre, *jaune d'or* au soleil. T. couch.,
ascend. au som., *élégamment pinn.* R. courts et grêl. F. caul.
ov.-triang., long. et fin. acum., dentic., pl., *falc.*, très-serr.,
un peu crisp. en séch., avec oreill. arrond. Côte *null.* ou bif.
F. ram. plus étr., fort. enroul. F. périg.. long. et fin. acum.,
obl., dentic. au som. Côte presque nulle. Di. Cap. cern., horiz.,
ov.-ventr. Op. gr., con., brièv. ap. An. *tr.* Dents, proc. 2-3 cils
développés et égaux. Membr. basil. *large.* Coiffe *à poils rares
et dress. dans la jeunesse.* Pl. anthéridif. grêl. Fl. pet., gemmif.;
fol. ov.-acum. Côte nulle. Anth. et paraph. courtes.

Pierres, rochers, racines. Passim. — Print. Assez polym.

Var. *gracile.* Touff. dens. T. court., à div. régul. pinn. F. peu
courb. au somm. des r. Les caul. ov.-triang., presque lisses,
à côte nulle ou très-courte. — *robustum.* Touff. épais., lu-
rides ou orang., à r. souv. fascic. F. ov.-acum., pliss. au
mil., à côte bif. — *squarrosulum.* Touff. lâches. T. all.,
grêle, régul. pinn. F. ov.-triang. étal. pliss., à côte bif. —
Winteri. Touff. déprim., vert oliv. T. court., pinn. R.

courts, croch. F. imbriq., ov., long. acum., un peu hom., pliss., dentic., côte en gen. nulle.

13. H. crista-Castrensis. — Touff. prof., *rig.*, lâches. T. dress., épais., *raid.*, simp. ou un peu dic. R. all., flex., *régul. pinn.* F. caul. flex., mol., enr. en dessous, ov.-lanc., long. acum. (*ac. dentic.*), *fort. pliss.*, côte *nulle* ou bif. F. ram. serr., *hom.*, plus étr., faibl. dentic., raid., sans côte. F. périg. obl. lanc., *fort. pliss.*, très-long. acum., dentic. au som. Di. Péd. ès-long, pourpre, flex., tordu à g. en h. à d. en b. Cap. cern., resque *horiz.*, cyl. Op. con. mut. An. *s.* étr. Dents larges dans a p. inf., subul. dans la p. sup. 5-4 cils très-longs. Fl. anthéridif. épais., à fol. ov., conc., acum., dentic. 4-8 anth. Paraph. fil. nombr.

Forêts des mont. — Fin de l'automne. — (Alpes de la Savoie).

14. H. uncinatum. — Touff. souv. *bouff.*, lâches, étend., vert clair jaun. T. couch. ou ascend. au som., *dénud. à la base*, flex. R. *écartés et pinn.*, *rig.*, *incurv.* F. *très-hom. et falc.* Les caul. lanc., *avec long ac. dentic.* et côte simp. évan. au mil., *sill.* Les ram. sembl. mais plus pet. F. périg. dress., *très-all.*, *tr.-fort. pliss.*, côte mince. Mon. Péd. long, tordu comme le précéd. Cap. cern., cyl. presque *dress.* dans la jeunesse, brun-foncé. Op. gr., con., *acum.* An. tr. Dents long. subul. Proc. subul., à peine fend. 2 cils très-longs. Pl. anthéridif. gémmif., à fol. ov., conc., long. acum., hom., à côte mince. 10. anth. Paraph. fil., plus longues.

Troncs, pierres sur les mont. — Grande-Chartreuse. — Eté, automne.

Cette espèce est assez polym. — Var. *plumosum.* F. avec ac. *filif. très-long.* — *plumulosum*, à r. courts, *déprim. attén.*, *très-crochus.* Péd. court.

15. H. revolvens. — Touff. moll., prof., rouss. ou noir. à l'int. T. dress., délic., pluri.-div.; R. vagues. F. serr., obl.-lanc., *long. lin.-acum.*, canalic., *enr.* en-dessous, *crisp.* à la séch.; *presque ent.*, falc., à peine plis., côte évan. aux 3/4. F. périg. *eng.*, *pliss.*, ent., ac., pilif., côte mince. Mon. Péd. assez long, tordu à g. en b., à d. en h. Cap. obl., cern., pliss. à la

maturité. Op. con., *peu ou point apic.* An. très-large. Proc. peu
fend. 2-3 cils élargis à la base. Fl. anthéridif. polyph. à fol.
brièv. acum., avec ou sans côte. 10-20 anth. Paraph. peu nombr.

Tourbières des mont., plus rar. dans les plaines. — Eté-automne. (Jura, environs de Grenoble).

16. H. fluitans. — Touff. moll., *flott.* ou couch., vert
sale. T. *très-all.*, à div. dich., peu rameuses, délic., dress. ou
couch. R. étal., un peu recourb. au som. F. caul. écart. pl.,
flex., brunes, long. lanc., en gén. *entières, lisses, à côte atteig.
presque le som.*, étal. Les ram. *hom.* et *falc.* F. périg. fin. acum.,
presque lisses, ent., côte dépass. le mil. Mon. Péd. très-long,
tordu à d. en h., *génic.* et flex. Cap. cern., *presque horiz.*, ov.-
ventr. Op. conv., ap. *obt.* An. nul. Proc. presque ent. 2 cils.
Membr. bas. assez étr. Fl. anthéridif. délic., nombr., à fol. ov.-
acum., conc., imbriq., ent., sans côte. 8-15 anth. Paraph. nulles.

Marécages dans les mont. — Printemps. (Jura).

Var. *falcatum.* Touff. raid. rouge foncé à la surf. T. courtes.
   R. courts, crochus. F. assez larges, un peu pliss. — *purpurascens.* Touff. assez développées, rouge foncé ou brun., à
   t. pinn. F. très-crochues, crisp. en séch., côte atteig. les 2/3.
   — *stenophyllum.* T. très-grêle et très-all. F. espacées, peu
   hom., acum. subul., dentic. au somm.; côte s'avançant dans
   l'ac.

17. H. aduncum. — Touff. mol., dress. ou couch., jaun.
à la surf., rouss. à l'int. T. *all.*, div. R. *fastig.*, méd. pinn.; jets
flagell. F. plus ou moins serr., *hom.*, *falc.*, ov.-lanc., ent., *auric.*,
lisses, à côte forte dépass. le mil. F. périg. très-délic., pliss.; côte
mince; ac. long. lanc. Di. Péd. très-long, tordu à g. en h. Cap.
cern., ov.-obl., *gibb.* Op. conv. *ap.* An. *tr.*, large. Périst. de
l'*uncinatum*, moins développé. 2-3 cils. Fl. anthéridif. très-
nombr. à fol. très-conc., acum. Anth. petit. avec paraph.

Prés marécageux. — Passim. — Eté.

Var. *gracilescens.* T. élancées, pinn. F. assez courtes, larges à
   la base, à tissu cell. assez grand. — *polycarpum.* T. procomb. à r. vagues. F. caulin. étal. Les rameaux hom. et

falcif. — *tenue.* T. et r. var. F. petit. Les caulin. faibl.
hom. Les ram. all. flex. et falcif. — *hamatum.* T. robuste,
dich., à r. pinn. et serr. F. serr., hom., obl.-lanc., assez
concaves. — *giganteum.* T. all., robust., flex., pinn. F.
serr., hom.-falcif., solides ; côte atteig. le som.

18. **H. commutatum.** — Touff. raid., souv. prof., *vert*
ochr., souv. incrust. T. plus ou moins dress., très-all., *toment.*
R. *courts,* fasc. et *pinn.* F. caul. peu serr., hom., *falc.,* incurv. en
ham., *triang. à la base* et long. lanc., *très-pliss.,* dentic. à la b.,
auric.; *côte forte atteig. presque le som.* F. ram. plus serr.,
plus pet., moins pliss. F. périg. lanc., ac. dressé, côte atteig.
le som. F. *access.* nombr. *lanc., acum. ou sub.,* dentic. Di. Péd.
très-long, tordu comme chez le précéd. Cap. cern., horiz., obl.,
gibb. Op. con. An. *tr.* Périst. développé. Proc. fend. 3 cils
très-longs. Fl. anthéridif. nombr., polyph. à folioles sans côte,
ov., conc. et dentic. 4-6 anth. Paraph. grêl. et courtes.

Lieux humides des mont. calc. — Dorlan, Tenay, Alpes du Dauphiné. —
Mai-août.

Var. *Fluctuans.* T. très-all., dénud., à côte des f. persistante.
Div. pinn. R. fasc. ass. all. F. solid., vert noir, à côte
très-épais. F. access. nulles.

19. **H. falcatum.** — (*Commutatum* var. *falcatum.* Schimp).
— F. caul. et ram. *très-falc.* Côte *plus courte.* F. access. *moins*
nombr. Péd. *génic.* An. simp.

Même habitat.

20. **H. filicinum.** — Touff. plus ou mois dress., *rig.,* vert
foncé jaun. T. all., couch. ou dress. au som., *très-toment.* R.
peu nombr., *courts,* pinn., *incurv.* F. caul. étal., lanc.-acum.,
lisses, dent. sur tout le cont., oreill. hyal. Côte *forte* atteign. le
som. F. ram. plus pet., lanc. Les sup. *falc.* F. access. *nombr.*
sur la t., très-pet., *souv. lacin.* F. périg. obl.-acum. Di. Péd.
long, flex., tordu à d. en h. Cap. cern., obl., subhoriz. Op. con.
An. *simp.* Périst. du précéd. Fl. anthéridif. nombr., gemmif.,
à fol. ov.-aiguës. Côte plus courte. 3-6 anth. Paraph. rares.

Terre, bois pourris, bords des ruisseaux. — Mai-juin. (Ecully, Voirons).

21. H. rugosum. — Touff. étend., raid., *jaune vif* ou vert jaun. T. non radic., rob., épais., couch. ou dress. R. peu nombr., irrégul. *pinn.*, obt., *souv. hom.* F. caul. serr., imbriq., hom., brill., ov.-lanc., révol. jusqu'au mil., *rug.*, dent. au som. (ac. long falc.); côte dépass. souvent le mil. F. ram. peu imbriq., étal., moins acum., à peine rug. F. périg. acum., dent., *pliss.; côte courte et mince.* Di. Péd. long, tordu à g. en h., à d. en b. Cap. cern., presque horiz., obl. Op. con. rost. An. *tr.* Dents et proc. long. subul. Proc. très-fend. 2 cils souv. adh. Fl. anthéridif. épais. à fol. ov., sans côte. Anth. obl. Paraph. filif.

Lieux arides, forêts sèches. — Dessines, Charbonnières, Tassin. — Juillet. Stérile dans nos environs.

22. H. arcuatum. — (Considéré comme une var. de l'*H. pratense*.) — Touff. mol. T. assez rob., *très-dichot.* R. vagues, épais, *en ham. au som.* F. *peu serr.*, lanc.-acum., incurv., conc., pl., *presque ent.* à oreill. hyal. Côte *nulle* ou bif. F. périg. pliss., ent., sans côte. Di. Péd. grêl., très-flex., pourpre. Cap. ov., *pliss.* à l'état sec. Op. convex.-con. An. *tr.* Proc. troués. 2-3 cils longs, adhér. à la b. Pl. anthéridif. sembl. aux pl. capsulif.

Prairies humides, bords des fossés. — Villars de Lans (Ravaud). — Juin.

23. H. scorpioïdes. — Touff. gr. prof., *vert noir.* T. dress., flex., *all., dénud.* à la b. R. écart., *incurv.* F. serr., imbriq., *hom., ov.-obl., obt. ou acum.*, à bords infl. au som., conc., *ent.*, côte simp. ou bif. peu visible. F. périg. ov., brièv. acum., ent., *très-pliss.*, à côte mince. Di. Péd. long et flex., tordu à d. en h. Cap. cern., obl. Op. con., *apic.* An. *tr.* Périst. développé. Proc. peu fend. 2-3 cils longs. Fl. anthéridif. gemmif. à fol. ov.-imbriq., apic. Anth. obl. Paraph. grêl. plus longues. — Les tiges sont quelquefois très-épaisses.

Terrains tourbeux aux environs de Lyon. — Cuves de Sassenage. — Print.

24. H. lycopodioïdes. — Touff. comme chez le précéd. mais *plus mol., jaune doré assez vif* à la surf. T. souv. *très-all.*, couch. ou dress. et flex. R. écart. et vagues, incurv. au som. F. serr., hom. et falc., obl.-lanc., *long.* acum., conc., *ent.* bords pl., côte *assez longue.* F. périg. lanc.-acum., *pliss.*, côte, mince. Di. Péd. long, 2-3 fois tordu à g. en h., à d. en b. Cap. obliq., cern., obl. Op. conv., *mamill. apic.* An. *tr.* Périst. du précéd. Fl. anthéridif. à fol. ov.-acum., sans côte. Anth. all. avec *paraph.*

Calc. Prés marécageux. — Eté. — En gén. stérile. (Jura.)

25. H. giganteum. (Confondu avec le *cordifolium* qui paraît étranger à notre flore.) — Touff. mol., *lâches*, vert *rouss.* T. couch. à la b., *dress. au som.*, irrégul. div. R. vagues, courts, *obt.* F. caul. gr., ov.-obl., obt., conc., *pliss.*, un peu invol., *auric., ent.;* côte *mince* atteign. le som. F. ram. lanc. F. périg. obl.-lanc., enroul., côte mince. Di. Péd. long, genic., tordu à g. en h. Cap. *orang.*, horiz., cyl., incurv. Op. conv. *apic.* An. *nul.* Périst. développé. Proc. presque ent. 2-3 cils longs. Fl. anthéridif. très-nombr.

Lieux tourbeux, humides. — Dauphiné, Bugey. — Print. — Stérile.

26. H. stramineum. — Touff. prof., lâches, vert jaun., *noir.* à la b. T. dress., *all., délic.* R. peu nombr., courts, fastig. *Jets filil. dress. partant de la b.* F. serr., étal., ov.-obl., obt., *courb. en cuiller à la p. sup., un peu pliss.*, ent., soy., à *oreill. hyal.;* côte évan. près du som. F. ram. plus pet. et plus étr. F. périg. ov.-lanc., *aig.*, conc., hyal., sinuolées, sans côte. Di. Péd. long., orang., tordu à g. en h. Cap. cern. horiz., obl., *orang.*, gibb. Op. con. ou *mamill.* An. *nul.* Proc. presque ent. Cils imparf. Fl. anthéridif. épais. à fol. ov.-lanc., dentic. au som., à bords recourb., sans côte. Anth. avec paraph.

Prés marécageux. — Print. — Rar. fructifère. (Haut-Jura, Alpes, Cévennes

27. H. trifarium. — Touff. prof., lâches, raid., brun. T. all. à innov. *dress.*, dichot., *cyl.* R. *simp.* et épais. F. serr., *imbriq.*, ov.-obl., très-conc., obt., ent.; côte simple ou bif., *évan. au mil.* F. périg. *aig.*, sillon., à côte mince. Di. Péd. méd. tordu à g. en h., à d. en b. Cap. cern., horiz. *ov.-ventr.* Op. con. An. *tr.* Proc. à peine fend. 2 cils inég. Fl. anthéridif. épais., à fol. obt. Paraph. long.

Lieux tourbeux. — Dessines. — Print. — En gén. stérile.

28. **H. cuspidatum.** — Touff. lâches, irrégul., jaun. ou *vert-doré*. T. all.. dress., *non radic.*, peu dénud. à la b. R. pinn., épais, *cuspid.* F. étal., *subscar.*, ov.-lanc., *obt.* ou brièv. acum., *lisses, ent.;* côte *bif.* peu visible. Les caul. avec *oreill. hyal.* F. ram. plus étr. F. périg. all., *aig.*, ent., *pliss.*, côte bif. Di. Péd. long, flex. Cap. cern., horiz., obl. ou *ov.-gibb.* Op. con., *mut.* An. tr., très-large. Périst. développé. Proc. fend. 3 cils longs, assez cohérents. Fl. anthéridif. à fol. orbicul.-acum., sans côte. Anth. gr. Paraph. nombr.

Prés humides, bords des fossés. — Dessines, Villeurbanne. — Aut.

29. **H. Schreberi.** — Touff. dress., rig., *pâles.* T. *roug.*, raid., dress., *dénud. à la b.* R. pinn., assez serr., *attén., souv. arq. et aig.* F. très-serr., *scar.* en vieilliss., ov.-obl., *obt.* ou à ac. obt., un peu striées, conc., *ent., à bords infl.* au som., à oreill. jaun. F. périg. obl., *eng.*, fin. acum.; côte mince assez long. Di. Péd. long, flex., tordu en h. à d. ou à g., souv. *en c. de cygne, pâle* vers le som. Cap. cern., horiz., obl. Op. con. An. nul. Proc. *très-fend.* 3 cils longs. Fl. anthéridif. épais. à fol. obl., fin. acum. 5-10 anth. courtes ainsi que les paraph.

Terrains à bruyère. — Dessines. — Aut.

30. **H. purum.** — Touff. *mol.*, étend., vert pâle. T. un peu dress., méd. longues. R. *julac.*, pinn., *obt. au som.* F. serr., à *imbric. ventr.*, ov.-obl., à som. *arrondi et apic.* (apicule *recourb.*), conc., *sill., dent. sur tout le contour;* bords revol. à la b., à oreill. vertes; côte *atteign. le mil.* F. ram. plus étr. F. périg. all., lisses, long. acum. Di. Péd. méd., flex., tordu à d. Cap. incl., ellipt. Op. *con.-aig.* An. *d.* Proc. *très-fend.* 3 longs cils. Fl. anthéridif. très-nombr., épais, à fol. ov.-acum., sans côte. Anth. et paraph.

Lieux ombragés. — Passim. — Aut. et print.

31. **H. nitens.** — Touff. serr., prof., soy., vert-jaun. *à reflets métalliques.* T. dress., rameus., *toment.* R. plus ou moins pinn. F. serr., raid., étal., *long. acum.*, révol., *profond. striées, ent.;* côte *s'évan. aux* 2/3. F. périg. *très-all., pliss.*, ent. dress.;

côte atteig. le som. Di. Péd. long, grêl., tordu à d. en h. Cap. cern., horiz., obl. Op. con., apic. An. *d.* Proc. *ent.* 3 cils longs. Fl. anthéridif. nombr. à fol. ov.-obl., imbriq.; côte mince. 10-12 anth. courtes. Paraph. nombr. plus longues.

Prés tourbeux. — Dauphiné (Ravaud). — Print. Eté. — Rar. fructif.

Genre LIMNOBIUM. (*Hypnum.*)

1 { F. ent. Op. con. An. nul.......................... **L. palustre.**
  { F. en gén. dent. ou sinuol. au com. Op. mamill. An. d............ 2

2 { F. ov.-lanc. presque hom. sur les r. Cap. obl........ **L. alpestre.**
  { F. ov.-arrond., souv. obt., étal., horiz. Cap. ventr. Côte nulle ou bif.
  L. molle.

32. L. palustre. — Touff. déprim., étend., *vert rouss.* T. assez longues, couch. ou dress. au som. R. plus ou moins nombr., *incurv.* F. serr., étal., *hom. et falc.* sur les r., *ov.-obl.*, conc., *ent.*, faibl. auric.; côte var. parfois bif. F. périg, obl.-lanc., acum., *pliss.;* côte *forte atteig. l'ac.* Mon. Péd. tordu à g. en h., à d. en b. Cap. cern., rouge brique. Op. gr., *con.* An. *nul.* Proc. presque ent. Fl. anthéridif. assez nombr., gemmif., à fol. ov. sans côte. Anth. et paraph. courtes, peu nombr.

Pierres et bois submergés des mont. Bords de la Gère (Vienne). — Print. Eté.

Var. *hamulosum.* Délicate. T. dress., peu ram., rouss. F. pet. hom. falcif. Cap. pet. — *laxum.* T. délicate, dénudée. F. écart., étal. — *subsphæricarpum.* T. simpl., procomb. à r. dress. et incurv. F. hom. falcif., tr.-concav. — *julaceum.* R. simpl., dress., julac. F. imbriq., concav.

33. L. alpestre. — Touff. couch. ou dress. T. all. souv. dénud. R. *all.* et *attén.* F. serr., étal., ov.-lanc., brièv. acum., *très-conc.*, ent. ou à dents obt. au som. Côte courte. F. ram. en gén. *plus ov. et courb.* F. périg. avec ac. *souv.* 1/2 *tordu;* côte bif. atteig. le mil. Mon. Péd. méd. tordu comme le précéd. Cap. cern., en gén. incl., *obl.* Op. *mamill.* An. d. large.

Proc. ent. ou peu fend. Fl. anthéridif. à fol. sans côte. Anth. et paraph.

Pierres des ruisseaux des hautes mont. — Eté.

34. L. molle. (*H. dilatatum.* Wilson.) — Touff. mol., plus ou moins dress. T. prim. *souv. en part. détruite,* all. R. *peu nombr., courts, gonfl., obt.* F. *très-étr.,* mol., *ov.-arrond.,* brièv. *acum.* ou *apic.,* ou *obt., ent., corrod.* au som., très-brièv. auric.; côte nulle ou bif. F. périg. all., eng., pliss., dentic. au som.; côte courte. Mon. Péd. assez court. dress. Cap. subhoriz., cern., ov.-ventr. Op. *mamill.* An. *et périst.* du précéd. Fl. anthéridif. à 5-6 fol. suborbic., conc., obt. 10-15. anth. assez gr. Paraph. rar. pl. longues.

Pierres des ruisseaux dans les mont. — Eté, aut.

GENRE **AMBLYSTEGIUM.** (*Hypnum.*)

1 { F. sans côte ou à côte peu visible............................ 2
{ Côte atteig. le mil. ou le dépass 3

2 { Touff. vert gai. Cap. presque dress. Cils nuls ou rudim. **A. subtile.**
{ Touff. vert sombre. Cap. incl. ou horiz. Cils tr.-vis. **A. confervoïdes.**

3 { Côte atteig. le som. ou même excurr. dans les f. caul........... 4
{ Côte dépass. à peine le mil.......................... 6

4 { R. en gén. assez pinn. T. rig., pl. ou m. dénud. à la b. **A. irriguum.**
{ R. vagues. T. couh. ou ramp........................ 5

5 { F. caul. ent. à côte délic. An. d................. **A. serpens.**
{ F. caul. souv. à dents obt., assez long. acum., à côte épais. An. tr. ..
{ **A. radicale.**

6 { F. dentic., ov.-lin.-subul. Côte s'arrêt. au mil.. **A. leptophyllum.**
{ F. ent., ov.-lanc., souv. étal. sur 2 rangs. Côte dépass. le mil. An.
{ très-large...................... **A. riparium.**
{ F. à dents obt., étal., ov.-obcord.; côte dépass. à peine le mil. Op. ma-
{ mill. An. d. etr.................. **A. curvipes.**

35. A. subtile. — *Leskea subtilis.* (Hedv.). — Touff. délic., étend., *très-adh.* au support, *vert gai.* T. *filif.* méd., ramp. R. nombr. *courts, serr.* et *dress.* F. *écart.,* assez étal., ov.-lanc., acum., conc., *ent.;* côte *nulle* ou très-courte. F. ram. *lanc.-lin.*, appliq. et courb. à l'état sec. F. périg. long. acum., pliss. Mon. Péd. méd., *pâle*, tordu à g. en b., à d. en h. Cap. obl., *presque dress.* Op. conv.-acum. An. *simp.*, très-étr. Proc. ent. ou à peine troués. Cils nuls ou rudim. Membr. bas. assez étr. Fl. anthéridif. nombr. sur la tige, à fol. obt., sans côte. 5-6 anth. très-courtes. Paraph. souv. nulles.

<small>Troncs d'arbres, surtout des hêtres. — Août.</small>

36. A. confervoïdes. — Touff. déprim., très-lâches, étend., *vert sombre.* T. *filif.*, ramp. R. *à peine pinn.*, flex., dress. F. *écart.* ou *hom.*, ov.-lanc., acum., appliq. à la b., pl., *presque ent.*, faibl. auric., *sans côte.* F. ram. *plus étr.* et plus dentic. F. périg. très-ov., *long. acum., pliss., dentic.* Mon. Péd. court, tordu comme le précéd. Cap. incl. *ou horiz.*, cern., *ov.- obl.* Op. *obliq. apic.*, corrod. à la b. An. *simp.* Proc. ent. 2-3 cils. Fl. anthéridif. à fol. oval., peu aig. Anth. obl.

<small>Calc. Pierres à l'ombre dans les mont. — Eté. — Confondu avec les esp. précédentes.</small>

37. A. serpens. — Touff. épais., pl., très-fructif., vert foncé. T. *très-adhér. au sol,* souv. all. R. serr., dress., étal. ou pinn., assez courts et flex. F. caul. *écart., étal.*, ov.-lanc., acum., ent.; côte *atteig. presque le som.* F. ram. plus serr., *souv. hom.*, lanc., *ent.* ou à peine dent.; côte ne dépass. pas le mil. F. périg. obl., long. acum., dentic.; côte assez longue. Mon. Péd. var. Cap. cern. cyl. Op. con. An. *d.* Proc. *ent.* 2-3 cils assez longs. Fl. anthéridif. très-pet., à fol. conc., ov., sans côte. 3-6 anth. courtes. Paraph. rar. ou nulles.

<small>Pierres, murs, troncs, racines, bois pourris. — Passim. — Eté.</small>

38. A. leptophyllum. — Ressemble au précéd., mais plus développé. F. *ov.-lin.-subul.*, dentic. Côte *mince ne dépass. pas le mil.* Cap. all., pâle.

<small>Découvert par Ravaud sur les rochers humides de Chamechaude. (Dauph.)</small>

39. A. radicale. — Port du *serpens*, mais *plus rob.* T. *très-radic.* R. serr. et dress. F. *serr.* plus ou moins étal. Les

eaul. *gr.*, ov.-lanc.-acum.; côte *forte atteig. le som.* Les ram.
ov.-lanc.; côte *dépass. à peine le mil.* Toutes *ent.* ou à dents
obt. F. périg. ov.-lanc.-acum., subpliss.; côte atteig. le som.
Mon. Péd. var., tordu à g. en h., à d. en b. Cap. cern., obl.
Op. con., souv. apic. An. *tr.*, Périst. du *serpens.* Fl. anthéridif.
gémmif. à fol. ov.-acum.; côte presque nulle. 6 Anth. pet.
Paraph. rar. et courtes.

Terre, pierres, passim. — Confondu avec le *serpens.*

40. A. irriguum. — Touff. lâches, souv. *étend.*, *vert.* ou
oliv. T. rig. R. nombr., *assez régul. pinn.* F. caul. *solides,*
décurr., auric., écart., assez étal., souv. détruites à la base.,
ov.-lanc., assez long. acum., grossièrement dent.; côte épais.,
excurr. ou évan. F. ram. non auric., obl.-lanc. F. périg. obl.,
à côte large. Mon. Péd. assez long., tordu à g. en h., Cap.
cern., horiz., obl. Op. gr., *acum.* An. *tr.* Périst. développé.
Proc. presque ent. 2-3 cils longs. Fl. anthéridif. à 5-6 fol.
ov., sans côte. 8-12 anth. obl., courtes. Paraph. rar.

Pierres humides des ruisseaux. — Juin. — Confondu avec l'*h. filicinum.*

41. A. riparium. — Port. var. Touff. *souv. flott.*, étend.
T. en gén. all., couch. R. *fastig.* étal. ou dress. F. écart., étal.
ou sur 2 rangs, ov.-lanc., *pl., tr. ent.*; côte *dépass. le mil.* F.
périg. all., eng., *subpliss., ent.; à côte.* Mon. Péd. tordu à g.
en b., à d. en h. Cap. cern., obl. ou ov.-ventr. Op. con. An. *tr.*
Dents *souv. trouées.* Proc. presque ent. cils longs en gén.
append. Fl. anthéridif. nombr., à fol. ov., hyal., sans côte.
Anth. pet. à péd. court. Paraph. rar., courtes.

Pierres, bois pourris, troncs caverneux des saules, terre humide. — Juin.

Var. *elongatum.* En vastes touff. vert-gai. T. all., non radic.
r. all. F. long. acum., aplan. — *radicans.* T. tr.-radic. R.
courts. F. apl. à côte dépass. le mil. — *subsecundum.* Touff.
vert jaun. T. court. à r. un peu vag. F. conc., lâch. imbriq.
plus ou moins hom., à côte longue. — *trichopodium.* Touff.
vert jaun. ou lurid. T. tr.-all. à innov. tr.-grêl. et tr.-long.,
assez dress. F. pl., tr.-étal. ou arq. hom., à côte évan. aux
3/4.

42. A. curvipes. — Port. du précéd. Touff. *plus délic.* et plus mol. T. courtes, couch. R. peu nombr. F. *tr.-écart.,* étal., *ov.-obcord.,* acum., à dents *obt.;* côte *dépass. à peine le mil.* F. périg. apic. Mon. Péd. génic., tordu à g. en h. Cap. cern., ov. Op. *mamill.* An. *d.* étr. Périst. du précéd. Proc. *ent.* Fl. anthéridif. petites.

Confondu avec le précéd. — Est peut-être étranger à notre flore.

Genre MYURELLA.

43. M. julacea. — (*Leskea julacea; hypnum moniliforme,* Wahlemb). Coussin. épais, un peu jaun. T. très-fragiles, penchées ou *dress.* R. dichot. ou fastig., *cyl.* F. serr., tr.-imbriq., papill. au dos, *ov.-arrond.,* en gén. *obt., dentic.* sur tout le contour; côte *courte,* parfois bif. F. périg. ov.-lanc,, acum., sans côte. Di. Péd. *court,* tordu à g. en h., à d. en b. Cap. *presque dress.,* cern., ov. Op. con. *souv. papill.* An. *d.* Proc. *ent.* 1-2 cils plus courts, inég. Fl. anthéridif. nombr. sur la t.

Mont. alpines. — Été. — Rar. fructif. (Alpes de la Savoie, du Dauphiné, Haut-Jura.)

44. M. apiculata. (*H. moniliforme* var. *apiculatum*). — Ressemble au précéd. Touff. *plus étend.,* moins scrr. T. plus courtes, *moins fragiles* : F. plus étal., plus pet.; avec *apicule long et refl.* Périst. moins développé, *plus pâle.*

Même habitat. — Été. — Moins rar. fructif.

Genre CAMPTOTHECIUM. (*Hypnum*).

45. C. lutescens. — Touff. étend., *jaune brillant.* T. dress., all., *dénud. en vieilliss.,* rig. R. *all.,* flex., *en gén.*

dress., plus ou moins écart. F. serr., imbriq. par la séch., souv. hom. sur les ramules, raid., *obl. lanc.*, *long. acum.*, *très-pliss.*, dentic.. au som., un peu révol., brillantes; *côte évan.* F. périg. *très-all.*, long. acum., *fort. dent.* au som. Di. Péd. assez long, flex. Cap. incurv., obl., *un peu obliq.* Op. con. à *bec court.* An. *d.* Dents subul. Proc. très-subul. *et fend.* 1-2 cils. Fl. anthéridif. gemmif., radicul., adh., aux pl. capsulif. à 8-10 fol. sans côte. Anth. pet., peu nombr. ainsi que les paraph.

Lieux pierreux, champs secs; passim. — Printemps.

46. C. aureum. (*H. aurescens*, Müller). — Pl. plus délic., d'un *jaune d'or plus vif.* T. *plus régul. pinn.* F. plus larges, *auric., moins pliss.* Op. con. *obt.*

Commun dans la région méditerranéenne.

Genre SCLEROPODIUM. (*Hypnum.*)

47. S. illecebrum. — Gaz. déprim., vert. *jaun. brillant.* T. procomb., *irrég. pinn.* R. arq., *obt., julac.* F. serr., *imbriq.* par la séch., *scar., ov.-obl., subit. acum.* ou apic. (ac. étal.) pl., dentic. surtout au som.; côte *dépass. le mil.*, souv. *bif.* F. périg. ov. et long. acum., presque ent.; côte mince. Di. Péd. court, un peu épais. Cap. cern., ov. *horiz.* avec *c. dress.* Op. con., apic. An. *d.* Proc. *très-fend.* 2-3 cils append. Pl. anthéridif. délic. Fl. nombr. sur les r., à fol. ov., apic., sans côte. Anth. obl. avec paraph.

Champs cultivés. — Environs de Vienne, assez commun dans le Midi. — Printemps.

Genre BRACHYTHECIUM. (*Hypnum*).

2 { Côte atteig. le som... 3
{ Côte ne dépassant pas les 2/3 de la f............................. 4

3 { F. dent. dans la moitié sup. seulement. Cap. sub.-horiz. An. simp....
{   **B. populeum.**
{ F. dent. sur tout le contour, auric. Cap. horiz. An. d. T. souv. dénud.
{   **B. reflexum.**

4 { F. dent. dans la partie sup. seulement. 5
{ F. dent. sur tout le contour.......... 6

5 { Pl. vert obscur ou jaun. passant au brun. Gaz. compacts...........
{   **B. plumosum.**
{ Pl. jaune brillant à la surface. Gaz. lâches.. ...... **B. campestre.**

6 { Proc. subul. souv. bif. Touff. soy............................. 7
{ Proc. fend. à la carène, non bif................................ 8

7 { F. ov.-lanc., sans ac. pilif. Péd. assez mince...... **B. velutinum.**
{ F. obl.-lanc., avec ac. pilif. Péd. court, épais. **B. trachypodium.**

8 { F. lisses............... 9
{ F. plissées... 10

9 { Pl. vert jaun. brillant à la surf. Cils append......... **B. starkii.**
{ Pl. vert obscur. Cils non append.................... **B. glaciale.**

10 { Touff. mol. R. en gén. procomb. Péd. très-papill ... **B. rutabulum.**
{ Touff. assez raid., soy. R. dress. Péd. peu papill.... **B. rivulare.**

11 { F. dent. sur tout le contour..................................... 12
{ F. ent. ou dent. seulement au som............................... 13

12 { Ac. pilif. Côte assez courte souv. bif............. **B salebrosum.**
{ Point d'ac. pilif. Côte atteig. le som.......... .... **B. salicinum.**

13 { Pl. croissant sur terre ou pierres, aux endroits découverts. Cils dé-
{   veloppés.. 14
{ Pl. croiss. sur les roches calc. Cils nuls ou rudim... **B. plicatum.**

14 { T. gr. R. un peu pinn. Touff. soy. jaune d'or..... **B. glareosum.**
{ T. délic. R. simp. Touff. blanch.................. **B. albicans.**

48. B. populeum. — Touff. *mol.*, peu étend., vert foncé ou *jaune brillant*, un peu soy. T. assez all., ramp. R. vagues, plus ou moins nombr., *atten.*, *dress. ou arq.* F. étal., *raid. par la séch.*, *obl.-lanc.*, *subul.*, acum., conc., faibl. révol., *dent. vers le som.*, larg. auric.; côte *atteig. le som.* F. périg. élarg., long. acum. (ac. étal. ou recourb.) presque ent.; côte mince et courte. Mon. Péd. méd., peu tordu, *tubere. vers le som. ou dans toute la long.* Cap. sub-horiz., cern., ov., gibb. Op. con. *acum.* An. *simp.* étr. Proc. *peu fend.* Cils souv. append. var., en partie coh. Fl. anthéridif. nombr. à fol. ov.-aig., sans côte; les ext.

à côte faible, dentic., avec ac. courb. 8-12 anth. Paraph. rares, pl. longues.

Pierres, troncs d'arbres. — Automne et hiver. — Passim.

Var. *longisetum*. T. robustes, ressemble au type ; péd. all. — *attenuatum*. R. courts, dress., grêl. ; en petites touffes vert-soyeux. — *rufescens*. Raide : R. courts, obtus. Touffes jaun., brillant. — *subfalcatum*. R. dress. arq. F. hom.

49. B. plumosum. — Gaz. épais, jaun. ou rouss. T. prim. *all.* et *dénud.* T. second. *assez rob.*, parfois *couch.* et *pinn.* F. serr., étal. ou *hom.*, ov.-acum., *décurr.*, auric., pl., *dentic. surtout au som.* Côte *atteig. à peine le mil.*, souv. bif. F. périg. long. acum., eng., dentic., ac. très-étal. et arq.; sans côte. Mon. Péd. méd., tordu à g. en h., *tubercul. vers le som.* Cap. du précéd., noire à la mat. Op. con., *un peu rost.* An. étr. Proc. *fend.* 2-3 cils rar. append. Fl. anthéridif. du précéd.; ac. des fol. étal. 12-15 anth. avec paraph. grêl.

Rochers, pierres et murs humides. — Oct.-nov. — Passim.

50. B. velutinum. (*H. intricatum*. Hadv.) — Touff. en gén. *intriq., très-soy.*, vert jaun. T. ramp. R. vagues, *dress. ou procomb.*, fasc. F. ov.-lanc. ou lanc., étal., faibl. décurr., à 2 *plis vers la b.*, pl.. *dentic. sur tout le contour*, à peine auric.; côte *dépass. le mil.* F. Périg. obl.-lanc., presque eng. Mon. Péd. méd., peu tordu, *tuberc. sur toute la long.* Cap. sub-horiz., cern., ov. Op. con., *aig.* An. d. Proc. *fend., subul.-bif.* 2-3 cils longs à peine append. Fl. anthéridif. des précéd., à fol. plus ov. 6-15 anth. assez courtes; paraph. grêl., assez nombr.

Terre, pierres, rochers, murs, arbres champêtres pourris; passim. — Printemps.

Var. *prælongum*. Touff. déprim. T. all. à r. peu épais. — *intricatum*. Touff. épais. T. assez courte à r. épais et pinn. F. serr., hom., falcif., tr.-dent. — *condensatum*. Touff. épais., jaun. et tr.-soy. T. et r. dress. F. raid. ou hom.

51. B. trachypodium. (*Isothecium trachypodium*, Brid. *H. sericeum*). — Touff. soy. vert jaune. T. ramp. R. serr., courts, *dress.* F. serr., assez étal , *obl.-lanc.*, (*ac. pilif.*), *pliss.*, *dent.* surtout au som., côte *dépass. le mil.* F. périg. courtes, ov., brusq.-acum., *dent. au som.*, sans côte. Péd. court, *épais. très-tuberc.* Cap. cern., horiz. Op. con. *obt.* An., périst. et fl. anthéridif. du précéd. Anth. avec paraph. plus longues.

Fissures des rochers granit, dans les montagnes. — Eté. — (Alpes du Dauphiné).

52. B. reflexum. — Touff. *déprim.*, mol., vert. au début puis jaun. T. délic., ramp., flex., *dénud.*, div. *plus ou moins pinn.* R. nombr., *grêl.* et *arq.* F. étal., *ov.-triang.*, long.-acum., *décurr.*, *auric.*, *dent. sur tout le contour;* côte *forte atteig. le som.;* imbriq. par la séch. sur la t., *hom.* sur les r. F. périg. hyal., *presque eng.* (*ac. dress.*), sans côte. Mon. Péd. méd. *tuberc. sur toute la long.*, tordu à g. en h. Cap. horiz., cern., ov.-gibb. Op. gr. con. An. *d.* Proc. *très-fend.* 2-3 cils longs append. Fl. anthéridif. à 10-12 fol. ov.-acum., côte courte, ac. étal. 4-6 anth. Paraph. rar. et grêl.

Troncs d'arbres dans les montagnes. — Automne. — (Alpes de la Savoie).

53. B. Starkii. — Touff. lâches, vert *jaun. brillant* puis décol. à l'int. T. all. couch., *radic. roug. et fasc.*, imparf. pinn. R. peu nombr., *arq.* F. peu serr., étal.; les caul. *larg. ov.-triang.*, acum. (*ac. 1/2 tordu*), *dentic. sur tout le contour*, auric.; côte *dépass. le mil.* F. périg. ov-obl., *brusq.-acum.* (ac. arq. par l'humid., presque ent.), sans côte. Mon. Péd. *épais*, court. *pourpre foncé, tr.-tuberc.*, tordu à g. en h. Cap. courte, cern., ov.-gibb. Op. convex.-con. An. *d.* Proc. *très-fend.* 2-3 cils très-append. Fl. anthéridif. à fol. ov.-obl., sans côte. Anth. et paraph. du précéd.

Terre et pierres dans les montagnes. — Novembre. — (Jura, Alpes du Dauphiné).

54. B. glaciale. — Ressemble au précéd. T. et f. plus mol. F. ov.-lanc., *pliss., long. et fin. acum.* Cap. ov., peu gibb., cils *non append.*

Chaîne du Mont-Blanc. — (Payot).

3

55. B. rutabulum. — Touff. étend., souv. dens., vert foncé ou jaune *brillant* à l'ext. T. *assez rob.*, all., à *div. pro-comb.* T. *access. souv. pinn.* R. nombr., assez longs, *un peu arq.,* attén. F. gr., peu serr., assez étal., *ov.* ou ov.-obl., *méd. acum., décurr.,* conc., un *peu pliss., dentic. sur tout le cont.,* à peine auric.; côte *dépass. à peine le mil.* F. périg., ov.-lanc., recourb., *à long ac. filif.,* sans côte. Mon. Péd., méd. *épais,* tordu à d. en h., *très-tuberc.* Cap. horiz., cern., gr., ov. Op. con. *apic.* An. *d.* Proc. *très-fend.* 2-3 cils développés. Fl. anthéridif. gr. à fol. ov., ent., long. acum., sans côte. 15 anth. Paraph. filif. nombr.

Pierres, terre, rochers, troncs d'arbres pourris, passim. — Hiver.

Var. *longisetum.* T. all., peu ram., à f. écart. Péd. tr.-all.
— *flavescens.* T. et r. all. et flasques. F. à b. large, pâles.
— *densum.* T. tr.-adhér. au sol, à jets flagellif., subpinn. F. serr. tr.-vertes. — *robustum.* T. couch.; r. dress., serr., robustes. F. larges, tr.-serr., tr.-vertes.

56. B. rivulare. (*H. rutabulum.* var. *rivulare.*).— Touff. *très-étend. et raid.* T. raid. et *plus régul. pinn.* F. *assez rig.,* à oreill. hyal. Op. *aig. Di.*

Pierres et terres au bord des cours d'eau dans les mont. — Mars. — Confondu avec le précéd.

57. B. salicinum. — Port du B. *velutinum,* mais plus pet. F. caul. *un peu hom.* F. ram. révol., *subdentic.;* côte *assez longue.* Péd. court. Op. gr., convex-apic.-*obt.* An. et périst. du *velutinum.*

Troncs de saules pourris au Mont-Cenis.

58. B. campestre. Gaz. lâches, *jaune brillant* à la surf. T. couch., flex., div. R. nombr., *all.* et *dress.* F. serr., dress., ov., faibl. décurr., *long. acum.,* révol., *dentic. dans la moitié sup., pliss.* surtout à la séch., étr. auric.; côte *dépass. au plus le mil.* F. périg. obl.-lanc., dentic. (*ac. long et filif.*); côte courte. Mon. Péd. *tuberc.,* assez long, tordu à d. *sous la cap.* Cap. subhoriz., obl., un peu cern. Op. con. *assez aig.* An. *simp.*

Proc. *très-fend.* 1-3 cils longs. Fl. anthéridif. comme dans le
rutabulum.

Champs incultes des collines. — Hiver. — Près de Montbrison. (Peyron.)

59. B. salebrosum. — Touff. déprim., mol., *vert soy.*
passant parfois au jaune. T. all., ramp., *très-radic.*, div., *plus
ou moins pinn.* R. courts, *dress. un peu arq.*, brièv. attén. F.
ram., serr., dress., *ov.-acum.-pilif.*, *sillonn.*, partiell. et étr.
révol., *faibl. dentic. sur tout le contour.*, à peine auric.; côte
bif., *dépass. au plus le mil.* F. périg. all., long-acum., *pilif.*,
lisses, à peine dent.; sans côte. Mon. Péd. méd., tordu à g. au
som. Cap. cern., ov.-gibb. Op. con. aig. An. *étr.* Proc. *peu fend.*
2-3 cils assez longs. Fl. anthéridif. à fol. ov.-acum., imbriq.,
sans côte. 15-20 anth. all. à péd. court. Paraph. plus long.

Terres, pierres et rac. — Print. — (Jura.)

Var. *densum.* T. couchée, all., assez régul. pinn. F. peu pliss.,
assez dentic.

60. B. glareosum. — Touff. mol., jaune d'or brillant et
soy. T. couch., flex., procomb., dénud. à la b., non radic. R.
fasc. ou pinn., épais, dress., sub-aig. F. très-serr., ov.-lanc.,
long. acum., dress., fort. pliss., révol. au som. (ac. tordu et
dentic.); côte évan. F. périg. obl., brusq. acum. (ac. filif.),
presque lisses, sans côte. Di. Péd. flex., var. Cap. obliq.,
obl., un peu cern. Op. long. con. An. très-étr. Proc. très-fend.
2-3 cils. Fol. des fl. anthéridif. ov.-acum., sans côte. Anth.
obl. Paraph. filif. plus long.

Terrains glaiseux, bords des routes. — Aut. et hiv. — (Jura, Dauphiné.) —
Confondu avec le suiv.

61. B. albicans. — Touff. déprim., lâches, jaune *pâle ou
blanch.* T. flex., couch. ou dress., *non radic.* R. vagues ou un
peu pinn. sur les t. second., *assez dress.* F. serr., ov.-obl., imbriq., conc., *brusq. acum.* (ac. *fin et long*), un peu *pliss.*, ent.
ou à peine dentic. au som.; côte *dépass. peu le mil.* F. périg.,
obl., *très-long. acum.*, *pilif.*, dress., parfois dent. au som.; *plis
et côte faibles.* Di. Péd. méd., flex. Cap. pet., subhoriz., cern.,

ov.-ventr., noire en. vieilliss. Op. con. aig. An. *étr.* membr.
basil. *jaune-orang.* Proc. *tr.-fend.* 2-3 cils longs. Fl. anthéridif.
à fol. ov.-acum., imbriq., sans côte. 10-20 anth. pet. Paraph.
rar., épais., pl. long.

Champs et terres un peu sableuses. — Print. — Rar. fructif. — (Jura, Dauphiné.)

62. B. plicatum. — Tap. étend. et serr. vert passant au
jaune et au brun. T. all., ramp., *çà et là radic.,* à div. couch.,
irrégul pinn. R. courts, peu nombr., plus serr. et *plus all. au
mil.,* arq. ou *incurv.* F. ov.-obl., *fin.* acumin. (ac. *un peu tordu),*
étal. par l'humid., imbriq. par la séch.; bords *ent.* et révol.,
dentic. sur l'ac., fort. pliss.; côte *atteig.* le som. F. access.
nombr., pet., lanc.-lin. et subul. F. périg. obl., lanc., brièv.
apic.; côte longue. Di. Péd. méd., souv. courb., fort. tordu à
g. en h. Cap. obliq. ou horiz., ov. ou obl., un peu cern., *rouge
foncé.* Op. con. An. *simp.* Membr. basil. *assez étr.* Proc. *très-
fend.* Cils *nuls ou rudim.* Fl. anthéridif. à fol. ov.-acum., hyal.,
sans côte. 10-15 anth. à péd. assez long. Paraph. rar. et courtes.

Alpes et Jura calc. — Hiver. Rar. fructif.

ADDITION.

63. B. Funckii. — Touff. dens., *bomb.,* vert clair et *doré.*
T. déprim., très-radic., à div. en gén. simp., dress., *julac.,
sub.-obt.* F. *ent.,* à *bords infl. au som.* Mucron égalant seulement le 1/3 de la f. Côte assez mince et pâle.

Alpes du Dauphiné. (Ravaud.) — Stérile.

64. B. cirrosum. — Touff. dens., étend., *vert doré* à la
surf., brun. ou décol. à l'int. T. déprim., *raid., dénud.,* à div.
rapprochées. R. *courts,* fasc., *renfl., julac.* F. ram. imbriq.,
conc., à *mucron lin. filif.,* dress. ou flex. égal. le 1/2 de la f.;
pl., *dentic. vers le som.,* un peu *pliss.* Côte verte *évan. avant
le som.,* souv. bif. ou trif.

Fissures des rochers, Alpes du Dauphiné. (Ravaud.) — Stérile.

Nota. — Ces deux dernières espèces sont placées avec doute parmi les *Brachythecium.*

GENRE ISOTHECIUM. (*Hypnum.*)

65. I. myurum. (*H. curvatum; Leskea myura.*) — Touff. peu serr., raid., *vert terne* ou jaun. T. prim. ramp., délic., à pet. f. écart. T. second. *dendr., dress., stolonif.* R. courts, *ju-lac.*, aig., *fasc., arq.* F. ram. ov.-obl., brièv. apic., *brièv. au-ric., arrond.*, révol. à la b., un peu incurv., *dentic. au som.* Côte *simp.* ou bi-trif. *dépass. le mil.* Fol. périg. eng., obl.-acum., à côte assez longue. Di. Péd. méd., tordu à g. en h. Cap. dress., obl.-cyl., régul. An. *tr.* Op. convex-con. Proc. *troués à la b.* 1-2 cils courts ou nuls. Fl. anthéridif. gemmif., à fol. ov.-acum., sans côte. Anth. peu nombr. avec paraph.

Pierres, rochers, rac. — Passim. — Printemps.

Var. *robustum.* Branches dress., tr.-ramif. R. épais. Port ro-buste. — *elongatum.* R. simpl., espacés.

66. I. myosuroïdes. (*Eurynchium myosuroïdes.*) — Port du précéd. T. très-all., *filif., très-radic.*, ramp., *très-stolonif.* Branches stériles 3-6 div. *à r. procomb.* Branches fertiles *dendr.* R. *fasc. en éventail,* souv. *filif.* et retomb. F. des stol. très-pet., hyal., *ent., ac. long et arq.; côte presque nulle.* F. ram. imbriq., *un peu hom.*, conc., lisses, lanc.-obl., fin. acum., *dent. sur tout le contour,* à oreill. jaune-orang. assez larg.; côte mince parfois bif. *dépass. le mil.* F. périg. eng., obl.; côte délic. ou nulle, ac. long, mince et dentic. Di. Péd. méd., souv. incl., tordu à d. Cap. *pet.*, ov., cern. Op. con. à bec *court.* An. *d.* Proc. lanc.-subul., *fend.* 2-3 cils imparf. Pl. an-théridif. délic. Fl. à fol. imbriq. conc., acum., dentic., sans côte. Anth. peu nombr. avec paraph.

Vieux troncs, rochers et terre dans les mont. — Dauph. — Print.

Genre EURYNCHIUM. (*Hypnum.*)

1 { Péd. lisse........... 2
{ Péd. plus ou moins papill......................... 5

2 { R. fasc. un peu pinn. Op. con. à bec 3
{ R. flex., étal. Op. à bec subul.. 4

3 { R. courts; stol. méd. F. à peine pliss .... **E. strigosum.**
{ R. julac.; stol. all., filif. F. pliss., ond........ **E. diversifolium.**

4 { F. long. acum., presque lisses. Cap obl.......... **E. striatulum.**
{ F. très-pliss. par la séch., ov.-lanc.-triang. Cap. sub-cyl..........
{ **E. longirostre.**

5 { R. assez uniform, pinn......................................, ... 6
{ R. étal. ou fasc., rar. pinn.................................... 7

6 { F. caul. triang. obcord.; ac. recourb...... .... **E. stokesii.**
{ F. ov.-acum., ac. pitif.............................. **E. piliferum.**

7 { F. presque ent.; côte mince................. . **E. velutinoïdes**
{ F. dent. dans la 1/2 sup.; côte épais........ . **E. crassinervium**.
{ F. dent. sur tout le contour. 8

8 { T. très-all., pinn. ou som. R. vagues. F. ov.-lanc. Cap. presque horiz.
{ **E. prœlongum.**
{ R. fascic. F. ov.-obl., ac. pilif. assez tordu. Cap. un peu incl........
{ **E. Vaucheri.**

67. E. strigosum. (*H. thuringicum*, Brid.) — Touff. humbl., parfois bouff. T. prim. ramp., *radic.*, minces, *stolonif.* à F. *espac.*, tr.-pet., *ov.-triang.*, étal., assez long. acum., *sillon.* par la séch.; côte souv. *nulle*. T. second. arq. R. pinn. ou peu nombr., courts et fasc. F. ram. assez serr., imbriq., *submut.*, tr.-conc, presque pl., *à peine pliss.*, *dent. sur tout le contour*; côte *forte atteig.* le som. F. périg. obl., sans côte; ac. long, subul., dentic., arq. Di. Péd. assez long, épais, tordu à d. au som. Cap. cern. horiz., obl., gibb. Op. con. à bec *fin*. An. *d.* Proc. *troués*. 2-3 cils var. Pl. anthéridif. gemmif. se fixant par les rac. aux pl. capsulif. Fl à fol. ov.-acum., sans côte. Anth. peu nombr., avec ou sans paraph.

Terre à l'ombre, racin. des arbr. Mont. du Dauph. — Print.

68. E. diversifolium. — Ressemble au précéd. *stol. filif.*, *tr.-all.* R. *julac.*, un peu arq. F. ram. *ov., pliss. ou ond., à dents serr.* 2-3 anth. Paraph. nulles.

Alpes du Dauph. (Ravaud.)

69. E. striatulum. — Ressemble au suiv. Pl. *grêl.* F. pl. serr., *long. acum., dents délic.*, presque *lisses.* Cap. pet., obl. An. *étr.* Di. Anth. avec longues paraph.

Alpes du Dauph. (Ravaud) — Print.

70 E. longirostre. (*H. striatum* des auteurs.) — Touff. lâches, peu adh. au sol, assez prof., *vert sombre.* T. all., rob. T. second. gr., arq., procomb., *s'enracinant au sol*, plus ou moins pinn. R. souv. fasc., étal., flex., *flagellif.* F. serr., *squarr., ov.-lanc.-triang., auric.*, un peu décurr., tr.-étal., *tr.-pliss.* à la séch., *fort. dent. surtout le contour;* côte *dépass. le mil.* F. périg. obl.-lanc., long. acum., dent.; côte *mince.* Di. Péd. épais, un peu tordu à g. en h. Cap. subcyl. ou obl.-ventr., subhoriz., cern. Op. conv. à *long bec arq.* An. *tr.* Proc. *assez fend.* 2-3 cils développés. Pl. anthéridif. comme dans le *strigosum*, ou isolées et gemmif. Fl. dans ce dernier cas ov.-acum , dentic. au som.; côte mince. Anth. peu nombr. avec ou sans paraph.

Var. *meridionale.* Touffes pl. serr. T. et r. pl. courts. F. pl. long. acum., un peu crisp. en séch. Péd. méd. (Toulon, Marseille.) Rar. fructif.

71. E. stokesii. — Touff. *épais., var.*, jaun. au soleil. T. prim. simp. à la b., peu div., dress. T. second. *procomb., pinn. ou bi-pinn.* R. nombr. étal. ou dress. F. caul. *écart., squarr., obcord., triang., dent. sur tout le contour;* ac. tordu, *auric.;* côte *dent. au som.* et atteig. *l'ac.* F. ram. pl. serr., *ov.-lanc., dress.* par la séch. F. périg. *tr.-long. acum.*, dentic., en gén. *sans côte.* Di. Péd. méd., dress. Cap. horiz., obl.-ventr. Op. conv.-con. à *bec droit.* An. *tr.* Proc. *troués.* 1-2 cils imparf. Pl. anthéridif. pl. grêl. Fl. à fol. ov.-acum , en gén. sans côte. 6-10 anth. avec paraph. pl. long.

Forêts ombragées et pierreuses. — Print. — Rar. fructif.

72. E. prælongum. — Tap. var., *peu adh. au sol., jaune vif* au soleil. T. délic., ramp., tr.-all., *long. div., faibl. pinn.* R. pl. ou moins serr., *étal. dans le même plan,* grêl. et courts. F. caul. *écart.,* ov.-lanc. F. ram. ov.-obl. (ac. *large et court*), pl., *un peu dist., dentic. sur tout le contour; côte dépass. le mil.* F. périg. obl.-lanc., *sans côte.* Di. Péd. méd. flex., tordu à d. Cap. var., horiz., cern. Op. à bec *fin. obliq.* An. *d.* large. Proc. *tr.-fend.* 2-3 cils brièv. append. Fl. anthéridif. à fol. ov.-obl., acum., dent. au som., sans côte. 6-10 anth. Paraph. plus long.

Vergers, prairies. — Passim. — Print.

Var. *atro-virens.* T. couch., dens., vert foncé. F. *brièv.* acum. — *pumilum.* Pl. petit., moll., à stol. filif. munis de f. tr.-pet. ov.-acum., en touff. délic. et garnies. F. étal. ov.-lanc., Cap. ov.-renflée. — *macrocarpum.* De gr. taille. R. écart. F. larg. ou.-lanc., squarr. Cap. gr., ov., souv. pend. — *abbreviatum.* Gaz. épais. T. ramp. à r. courts, serr. F. rapproch. ov.-lanc.-acum.; péd. court. Cap. ov.-renfl. Plante assez soy. — *rigidum.* T. raide, dénud. Touff. vert foncé. R. serr., arq. procomb. F. conc., raid., aig., fort dent. — *uliginosum.* T. et r. grêl. F. caul. ov.-acum. F. ram. obl.-lanc.-acum., finem. dent.

73. E. velutinoïdes. (H. *piliforme.*) — *Gaz. déprim.* passant au jaun. T. méd., pluri-div. R. vagues, *procomb., attén.* F. *serr.,* étal., *lanc.-acum.* (ac. 1/2 *tordu*), 2 *pliss.,* presque ent. Côte mince *atteig. le som.* F. périg. pl. larges. Di. Péd. court, *très-tuberc.* Cap. ventr. *obliq.* Op. gr., *conv. à bec obliq.* An. large. Proc. *troués.* 2-3 cils développés. Fl. anthéridif. à fol. ov.-lanc.-acum. (ac. droit), sans côte. Anth. peu nombr. avec paraph.

Signalé dans le Dauphiné.

74. E. crassinervium. — Touff. déprim., épais., soy. T. prim. couch., *stolonif.,* à f. *squammif. appliq.* T. second. *dress., arq.* R. courts, assez arq., *subcyl., attén.* F. ram. serr., conc., un peu imbriq., *pliss.* par la séch., *brièv. acum.* (ac. souv. 1/2 *tordu*), bords infl., dent *surtout au som.; côte épais.,* *évan. au-delà du mil* F. périg. ov.-obl., à côte *mince* (ac. assez dress.). Di. Péd. *tr.-tuberc.*, *dépass. à peine les r.* Cap. cern. à *c. dist.*, passant au noir. An. d. Op. conv. à *bec subul.*, *obliq.* Proc. *à peine fend.* 2-3 cils longs. Fl. anthéridif. à fol. nombr., ov.-acum. 10-12 anth. paraph. plus longues.

Pierres, lieux frais des collines. — Bords du Garon. — Hiver.

75. E. Vaucheri (*R. Tommasinii*, Lesquereux). — Touff. étend., bouff., soy., vert *émeraude ou blanch.* T. couch. R. fasc. *dress.*, aig., *souv. flagellif.* F. ram. serr., étal., ov.-lanc., avec *apic. pilif. un peu tordu; dentic. surtout le contour, sill.,* auric.; côte *dépass. le mil.* Di. Péd. méd., un peu tordu à d. Cap. cern., ov.-obl. ventr. Op. à bec souv. *court* et *obt.* An. et périst. du précéd. Pl. anthéridif. grêl. Fl. gemmif. à fol. ov.-obl. apic. Anth. nombr. avec paraph.

Roches calcaires ombragées. — Automne et printemps. — Fructif. rar., est peut-être étranger à notre flore.

76. E. piliferum. — Touff. *très-lâches,* et très-étend., *peu adh. au sol.* T. *all.*, couchées. Les second. *long. et procomb.*, assez pinn. R. acum., étal., assez all. F. peu serr., décurr., conc., étal., *brusq. acum.* (ac. fin., 1/2 tordu, *pilif.,* flex.), presque pl., *un peu pliss. par la séch., dentic. surtout au som.*, larg. auric.; côte *dépass. peu le mil.* F. périg. ov.-obl., *faibl. pliss., dentic au som.* Di. Péd. var. en long., *tuberc. surtout au som.* Cap. cern., horiz., var. Op. conv., à *bec subul.* An. d. **Proc.** *très-fend.* 2-3 cils longs. Fl. anthéridif. à fol. ov.-acum., sans côte. Anth. nombr. avec paraph.

Terre, prés, bois, vergers. — Hiver. — Rar. fructif. (Val de Travers, Jura).

GENRE THAMNIUM. (*Hypnum*).

77. Th. alopecurum. (*Isothecium alopecurum.* Wilson). — Touff. étend., raid., *vert foncé.* T. prim. stolonif., *très-radic.,*

3.

garnies de *très-pet. f. squammif.* T. second. épais., rob., all.,
dendr., simp. sur une long. assez gr. et couvertes de pet. f.
espacées, puis tr.-div. R. *pinn.* ou *bi-pinn., ou fasc., très-serr.,
arqués, hom., souv. flagellif.* F. caul. scar., ov.-triang.; côte
atteig. le som. F. ram. serr., ov.-lanc., étal., conc., dent., *à
dents gr. vers le som.; côte forte, dent., atteig. le som.* F. périg.
long. acum., *presque ent.;* côte plus courte ou *nulle.* Di. Péd.
méd., arq. Cap. ov., obliq. ou horiz. Op. con. à *long bec subul.
obliq.* An. d. Dents du périst. long. et subul. Proc. *fend.* 3 cils
long, append. Pl. anthéridif. pl. pet., peu rameuse. Fl. à fol.
largem. lanc., sans côte. Anth. peu nombr. avec paraph.

Forêts humides, rochers à l'ombre, lieux frais. — Dessines, vallon de l'Izeron, St-Rambert en Bugey. — Automne.

GENRE RHYNCHOSTEGIUM. (*Hypnum*).

1 { Pl. vert émeraude à reflets métall , côte nulle ou bif. peu visible..... **A. depressum.**
Côté atteig. le som... 2
Côte atteig. ou dépass. peu le mil........ 3

2 { Péd. lisse.................... .... **R. tenellum.**
Péd. tuberc. dans toute la long.. .... **R. Teesdalii.**

3 { T. à r. nombr. et pinn. F. ent. ou presque ent. ... ... **R. murale.**
T. à r. peu nombr. F. dentic. au som........ **R. rotundifolium.**
F. dentic. sur tout le contour... 4

4 { T. rig. tr.-dénud., noir à la b. Pl. croissant en gén. sur les pierres et les bois inondés.................... **R. rusciforme.**
T. mol., peu denud. Pl. croissant sur pierres, terres murs, racines d'arbres. 5

5 { F. ov.-acum., conc. Cap. ov .... **R. confertum.**
F. long. acum., presque pilif. Cap. subcyl... **R. megapolitanum.**

78. **R. tenellum.** (*Il. algerianum.* Balbis). — Gaz. pet.,
délic., *soy.,* vert *assez pâle.* T. courtes, ramp., *filif.,* dénud. R.
rares, *courts, dress.-arq.* F. ram. assez serr., conc., *lanc.-lin ,*
pl., *dentic. au som.;* côte *forte atteig. le som.* F. périg. dress.,
lanc., fin. acum., côte mince ou *nulle.* Mon Péd. court, tordu

à d. Cap. ov., cern.; subhoriz., à *c. court.* Op. gr., conv., à bec *pâle, rost.,* obliq. An. *d.* Proc. *peu fend.* 1-3 cils grêl. Fl. anthéridif. tr.-pet., à fol. ov.-acum., sans côte. 3-6 anth. Paraph. grêl.

Mortier des murs, grottes calc. — Print.

Var. *meridionale.* T. dress. à r. fascic. F. lanc., moins finem. acum.; côte évan.

79. R. Teesdalii. — Gaz. ass. dens., *vert foncé.* T. *grêl.,* couch., dénud. R. grêl., flex. F. lâches, étal., *lanc.-lin.,* aig., *à peine dentic.* dans la partie sup.; côte *atteig. le som.* F. périg. obl.-acum., *sans côte.* Mon. Péd. dress., flex., *tuberc. dans toute la long.* Cap. horiz., obl., léger. cern., à *c. court.* Op. conv.-con. à *bec subul.* An. *large.* Proc. *troués,* cils grêl. Fl. anthéridif. à fol. ov.-aig., sans côte. Anth. courtes. **Paraph.** presque courtes ou tr.-courtes.

Rochers humides près des ruisseaux et des cascades. — Sassenage. — Antom.

80. R. confertum. — Touff. pet., soy. T. ramp., grêl., *radic.* R. *peu nombr., procomb., presque simp.* F. peu serr., étal., conc., *ov.-acum.,* auric., *dent.,* bords pl. Côte *dépass. peu le mil* F. périg. obl., *dentic.* (ac. large et *assez long*); côte mince et *longue.* Mon. Péd. dress., méd., tordu à d. au som. Cap. subhoriz., ov., cern. Op. pâle à *bec. subul.,* obliq. An. *d.* Proc. *peu fend.* 2-3 cils longs. Fl. anthéridif. à fol., ov., tr.-conc., acum., sans côte. 10-15 anth. Paraph. grêl.

Pierres, murs, rac. — Passim. — Aut.-hiv.

81. R. megapolitanum. — Touff. étend., mol., vert jaun. T. assez all. R. *peu nombr., flex.* F. *assez long. acum.* (ac. *1/2 tordu*), revol. vers la b., auric. F. périg. *presque ent.* Péd. un peu tordu à g. Cap. subcyl., assez cern. Cils souv. append.

Pierres, terres, à l'ombre. — Environs de Grenoble. — Print. — Souv. confondu avec le précéd.

82. R. depressum. — Gaz. pet., assez serr., *tr.-adh. au sol., vert émeraude* à l'extrémité des r.; roux à l'int. T. couch., *radic.* R. courts, vagues ou pinn. F. serr., *un peu dist.*, peu étal., *obl.-lanc.-acum.*, ou un peu obt., conc., *dent. surtout au som.;* côte *nulle* ou bif. peu visible. F. périg. all., *assez long.-acum.*, *dent. au som.* Di. Péd. court. Cap. cern., ov., presque horiz. Op. fin. acum. An. *large.* Proc. *peu fend.* 1-3 cils souv. imparf. Fl. anthéridif. à fol. orbic., acum., conc., sans côte. 6-10 anth. pet., avec ou sans paraph.

Pierres, rochers, à l'ombre. — Passim. — Hiver.

83. **R. rotundifolium**. — Touff. *lâches*, pet., *vert foncé.* T. mol., déprim., tr.-div. R. *peu nombr.* F. *peu serr.*, étal., tord. en séch., un peu révol. à la b., ov.-obl., *briév. acum.*, pl., *dentic. au som.;* côte *évan. au mil.* F. périg. *long. acum.*, lisses, *sans côte.* Mon. Péd. méd., var. tordu. Cap. subhoriz., cern., ov.-ventr. Op. gr. conv., à *bec subul.*, *dress.* An. *d.* Proc. *tr.-fend.* 3 cils filif. Fl. anthéridif. à fol. obl. acum., sans côte. Anth. et paraph. peu nombr.

Pierres et troncs d'arbres. — Hiver. — Confondu avec le *confertum.*

84. **R. murale**. — Touff. *assez dens.*, pet., souv. tr.-déprim. T. prim. ramp., *tr.-radic.* T. second. *pinn.* R. courts, serr., *arq.*, *procomb., cyl.* F. serr., conc., étal. à la séch., obl., *contractées au som.*, apic. ou aig., pl., *ent.* ou tr.-léger. dentic.; auric. Côte *évan. au mil.* F. périg. obl., *presque ent.*, *sans côte.* Mon. Péd. dressé, méd., faibl. tordu à g. Cap. obliq., ov., pet., cern. Op. con. *à bec rost. obliq.* An. *d.* Proc. *tr.-fend.* 2-3 cils var. Fl. anthéridif. à fol. ov.-acum. 8-10 anth. Paraph. acum.

Murs, pierres. — Passim. — Hiver.

Var. *julaceum.* Robuste. F. arrond. au somm., apic., co-chléarif.

85. **R. rusciforme**. (*H. riparioides*, Hedw.). — Touff. *rig.*, *noir. à l'int.* T. var., *en gén. dénud., noires, à stol. filif.* F. caul. pet., *larges*, courtes, *étalées, hyal., sans côte.* R. *plus ou moins serr.*, *dress. ou arq.*, courts ou all. F. ram. ov. ou obl., *briév. acum.*, *fermes, tr.-dent.;* côte *forte dépass. le mil.* F. périg. obl., *sans côte.* (ac. large. *dentic., tr.-étal.*). Mon. Péd. méd.,

souv. flex., tordu à d. en h. Cap. *solide*, cern., ov., *noire* en vieill. Op. conv., à bcc *fin*, subul., dress. An. d. Proc. *peu fend.* 1-3 cils inég., Fl. anthéridif. à fol. ov.-obl.-acum., sans côte. 6-10 anth. Paraph. pl. long.

Pierres, rochers, bois inondés. — Passim. — Automne.

Var. *squarrosum* à r. nombr., fascic., courts et dress. F. étal. — *prolixum*. R. prim. tr.-all. à ram. courts et écartés. Pl. flottant. F. imbriq. — *laminatum*. R. déprim. à f. aplan. dist., vert tendre ou glaucesc. — *atlanticum*. T. raid., touj. dénud. Les r. de l'année seuls munis de f. F. serr., hom., larg. ov., finem. dent.

GENRE PLAGIOTHECIUM. (*Hypnum*)

1 { Foliaison rar. dist. Op. con. à bec court ou papill....   2
  { Foliaison dist. Op. à bec assez long, ou subul......................   6

2 { Touff. déprim. F. dist., ent , ou dentic. au som.; côte bif.. ....
  {   **P. denticulatum**
  { T. déprim. R. assez procomb. s'enracinant souv. à l'extremité. F.
  { assez étal. Côte souv. nulle............   3

3 { F. ent.................................   4
  { F. dentic. à partir du mil.   5

4 { F. presque pl. Cap. horiz. à la mat....?.......... **P. nitidulum.**
  { F. conc. Cap. dress. à la mat............ ... .. **P. pulchellum.**

5 { F. fin. acum., côte souv. null. Cap. lisse .... **P. silesiacum.**
  { F. tr.-long. acum.; côte courte et bif. Cap. striée. **P. Mulhenbeckii.**

6 { Touff. vert foncé. F. pliss. par la séch. An. simp.. **P. sylvaticum.**
  { Touff. vert blanch. F. toujours pliss. et ondul. An. d. **P. undulatum.**

86. P. pulchellum. (*H. pulchellum*, Dickson). — Diffère du suiv. par ses f. *conc.*, *moins long.-acum.*, serr., hom. et falcif., sa cap. obl.-cyl., *dress. à la mat.*, ses fl. anthéridif. pl. serr. Anth. peu nombr., tr.-pet. avec paraph.

Terre humide, fissures des rochers dans les montagnes. — Dauphiné. — Août. septembre.

87. P. nitidulum. — Gaz. déprim., *vert doré*. T. grêl., *flex.*, *s'enracinant par les extrémités*. R. *dress.*, arq., parfois stolonif., *radic. à la b.* F. sensibl. dist., peu serr., étal., étr.-lanc., *long.-acum.*, *ent.*, *sans côte*. F. périg. semblables. Mon. Péd. flex., tordu à g. en h. Cap. *subhoriz.*, ov., presque dress., à *c. distinct*. Op. con., *apic.* An. *simp.* Proc. *à peine fend.* Fl. anthéridif. à fol. peu nombr., ov.-acum. 2-6 anth. tr.-pet. Paraph. rar. et grêl.

Bois pourri dans les mont. — Dauphiné. — Eté.

88. P. Mulhenbeckii. (*H. filicinum*, *H. Seligeri*, *H. striatellum*, Müller). — Diffère du suiv. par ses touff. *tr.-dens.* et tr.-fructif., vert pâle, ses t. plus dress. F. *ov.-lanc.* (*ac. tr.-long.*) Cell. des f. *orang. à la b.* Cap. assez pet., ov.-obl., *str.* en séch. An. *simp.* cils moins longs. Anth. avec paraph.

Fissures des rochers dans les montagnes. — Eté. — (Alpes de la Savoie).

89. P. silesiacum. (*H. Seligleri*, Müller). — Touff. déprim., lâches, vert jaun. T. ramp., grêl., *radic.* R. simp., écart., *arq.*, *procomb.*, parfois fasc., *s'enracinant en général par l'extrémité.* F. lâches, étal., *dist.*, ov.-lanc., *long.-acum.*, en gén. pl.; *dentic. dans la 1/2 sup.*, dents espac.; côte *nulle* ou bif. F. périg. obl., *eng.* acum., *dentic.*, en gén. *sans côte*. Mon. Péd. assez long. flex., arq. Cap. *cyl.* cern., sub-horiz., *lisse.* Op. con. *obt.* An. *simp.* Proc. ent., 2-3 cils assez solides. Fl. anthéridif. à fol. ov.-acum., presque ent., sans côte. 8-10 anth. Paraph. rar. et courtes.

Troncs pourris dans les forêts de sapin. — Eté.

90. P. denticulatum. — Touff. lâches, déprim., vert *brillant* ou jaun. T. couch., assez courtes, *stol. rar.* T. second. déprim. R. assez nombr., *étal. dans le même plan.* F. ov.-obl., *cultrif.*, peu serr., pl., brièv.-acum. ou apic., *ent.* ou dentic. au som.; *côte bif.* F. périg. 1/2 eng. Mon. Péd. long, tordu à g. en h. Cap. subhoriz., cern., obl.-cyl. Op. con. An. *tr.* Dents subul., crénel. Proc. *souv. lacun. pl. longs que les dents.* 2-3 cils pl. courts. Fl. anthéridif. rapproch. des capsulif. à fol. ov.-acum. 2-3 anth. Paraph. rares.

Bois pourris; rar. sur terre et rochers. — Eté.

Var. princip. *densum* à r. fasc. — *Tenellum, laxum*, à f. all.

91. P. sylvaticum. — Touff. lâches, déprim., *vert foncé*. T. couch., *presque dénud., radic., tr.-stolonif.* T. second. var. R. *rares*, écart., *étal. dans le même plan.* F. écart., dist., ov-obl., *briév. acum.*, pl. ou un peu révol., *pliss.* à la séch., *ent.* ou à peine dentic. au som.; *côte bif.* F. périg. obl., *eng.,* acum., *un peu pliss.*; côte *atteig. le mil.* Di. Tr.-rar. mon. Péd. long, tordu à d. Cap. *cyl.*, cern., *à c. long , pliss.* quand elle est vide. Op. à *long bec obliq.* An. *simp.* Proc. *peu fend.* 2-3 cils longs. Fl. anthéridif. à fol. ov., conc.-acum.; côte presque nulle, parfois bif. 10-15 anth. mol. Paraph. courtes.

Rochers humides, terre dans les mont. — Aut.

Var. *orthocladium.* R. dress. et nombr. Cap. pet., ov.; presque dress. et cachée dans le feuillage. — *ræseanum.* R. dress., courts, obt. F. presque imbriq. Cap. subcylind. Op. gr. à bec droit ou obl.

92. P. undulatum. — Touff. déprim., *très-lâches, vert blanch.* T. presque *simp., all.,* flex., *émettant au som.* 3-4 r. *dress. ou incurv.,* obt. F. serr.; les latérales *dist. et pliées;* les inf. et les sup. *appliq.,* pl.; toutes ov.-obl., *subit. acum., dentic. au som.,* ondul. *et ridées.* Côte *courte* et bif. F. périg. obl., assez long-acum., *ent.;* côte *nulle* ou bif. Di. Péd. long, flex., tordu à d. en h. Cap. cern., *subcyl., à c. distinct.* Op. *pâle, con.* à bec. An. *d.* Proc. lanc.-lin., *souv. perf.* 2-3 cils longs. Fl. anthéridif. à fol. ov., sans côte. Anth. avec paraph. pl. long.

Terre humide des bois mont. — Eté.

Genre HYLOCOMIUM. (*Hypnum.*)

1 { Côte nulle ou 2 côtes minces........................... 2
  { Côte unique dépass. peu le mil. .... **H. Oakesii**

2 {
F. access. nulles sur la tige.... 3
Des f. access. sur la tige... 5

3 {
Touff. vert pâle décolorées à l'int............... 4
Touff. vert sale ou oliv. F. souv. hom. et plissées (ac. fort courbé).... .
H. loreum.

4 {
Côte bif. peu visible. Touff. gr. et robust. F. triang., étal., demi-tordues, ac. flex............................. **H. triquetrum.**
Côte bif. ou nulle. Touff. gr. et moll. R. courts. F. obl.-acum., avec ac.
fort. infléchi........................... **H. squarrosum.**

5 {
F. caul. fin. dentic. F. access. filamenteuses. 6
F. caul. à dents larges, écart. F. access. ov.-lacin. **H. umbratum.**

6 {
T. second. pinn. rar. bi-pinn. Op. à bec obt... **H. brevirostrum**.
T. second. ou innov. étagées en gén. bi-pin. Op. à bec assez long. F.
caul. plus étr. que chez le précéd... .... **H. splendens.**

93. H. splendens. — Touff. prof., *raid., lâches, vert pâle*
ou jaun. T. *dénud. à la b.*, un peu procomb., *roug. Innov. éta-*
gées les unes au-dessus des autres, composées d'un axe d'abord
simp. à f. *écart., ov.-squammif., tr.-ondul.*, avec f. access. *filam.*
et ramif.; puis arq. et 2-3 pinn. F. caul. de la partie ramif. *serr.*
ov.-acum., imbriq., décurr., *pliss., fin. dentic.* (ac. aig.); côte
bif. *atteig. le mil.* F. access. *nombr., lin. et lacin.* F. ram. pet..
ov.-obl., *à peine pliss.*, apic., conc.; *côte bif.* F. périg. lanc.-
subul., tr.-canalic., *lisses, sans côte.* Di. Fr. en gén. *multiples.*
Péd. long, à peine tordu, dress. Cap. horiz., cern., ov. Op.
con. à bec *roug.* assez long. An. *simp.* Proc. tr.-fend. 2-4 cils.
souv. append. Fl. anthéridif. nombr. et ram., à fol ov., imbriq., sans côte. 8-10 anth. Paraph. pl. long.

Bois. — Passim. — Print.

94. H. umbratum. — Touff. lâches *foncé* ou jaun. T.
prim. *dénud. à la b.*, puis *bi-pinn.* ou div. en t. second. faibl.
pinn. ou fascic. R. *infl., grêl., attén.,procomb.* F. caul. *écart.*,
étal., *obcord.-triang., décurr.*, acum.. *sillon.*, raid., *inég.-dent.;*
2 côtes évan. au mil. F. access ov , *lacin.-pinn.*, à lanières di-
verg. F. périg. obl -lin., acum , *dent.*, en gén. *sans côte.* Di.
Fr. *mult.* Péd. assez long, tordu à g. en h. Cap. cern., ov..
horiz. Op. conv. ap. An. *nul.* Proc. *fend.* 2-3 cils. Fl. anthéridif. à fol. acum., ondul., ent., sans côte. 12-15 anth. Paraph.
pl. long.

Pierres des forêts mont. — Hiv. — (Hant-Jura, Alpes du Dauphiné et de la
Savoie.)

95. H. Oakesii. (*H. fimbriatum*, Schimper; *H. pyrenaicum*,
Spruce.) — Port du précéd., *moins rameux*. F. ram. faibl. imbriq., ov.-obl., *brusq. acum.* (ac. *méd. 1/2 tordu*), fort. *pliss.*,
à bords réfléch. vers la b., *gr. dens. dans le 1/3 sup.;* côte rar.
bif., *atteig. le mil.* F. access. tr.-nombr. et tr.-lacin. F. périg.
étr. acum., *courb. en dehors, fort. dent.* Fr. solit. Op. *mamill.*.
à papill. incurv. Pour les autres caract., voir le précéd.

Habitat. et époque du précéd. — Rar. fructif.

96. H. loreum. — Touff. gr., irrégul., vert pâle ou *oliv.*
T. *tr.-all.*, rob., flex., décomb., *dress. au som.* à 2-3 t. second.
vag. pinn. R. simp. en gén. *écart.*, arq., *attén.*, pl. ou moins
all., *s'enracin. parfois.* F. caul. ov.-conc., *tr.-imbriq.*, tr.-pliss.
à la b., puis lanc., *long.-acum.*, canalic., enfin étal., faibl. dentic.; côte bif. *peu visible* F. ram. hom. (ac. falc. et dentic.). F.
périg. obl., étal., *long. acum.*, hyal., *faibl. dentic.* au som.,
sans côte. Di. Fr. *nombr.* Péd. épais, fort. tordu à g. Cap. subglob., horiz., *un peu str.* à la mat. Op. conv. apic. An. *d.* Proc.
fend., bruns à la b. 3 cils append. Fl. anthéridif. tr.-nombr.,
sub-glob., à fol. sub-orbic., conc., acum., imbriq., sans côte.
10-12 anth. pédic. Paraph. nombr. aussi long.

Bois humid. des mont. — Pilat. — Mars-avril.

97. H. triquetrum. — Touff. gr., prof., vert *clair* à la
surf., *décol. à l'int.* T. *rob.*, dress., flex., simp. ou *peu div.* R.
sans ordre, rar. pinn., *souv. arq., courts*, terminés ainsi que
les t. *par un bouquet étoilé de f.* F. caul. écart., triang., lanc.,
squarr., auric., tr.-étal., ondul., *dentic. sur tout le contour,
fin. papill.* sur le dos dans le 1/3 sup.; **2 côtes inég.** F. ram.
sup. obl.-lanc.-acum., *lisses*, papill. pet.; **2 côtes.** F. périg.
nombr., *sans côte.* (ac. filif. étal.) Di. Fr. en gén. *solit.* Péd.
long. tordu à d. sous la cap., rar. à g. Cap. horiz., ov.-gibb.,
puis cern. et str. Op. con., *mamill.-apic.* An. *d.* Proc. *très-
troués.* Fl. anthéridif. à fol. ov., imbriq., acum., sans côte.
10-15 anth. Paraph. nombr. aussi long.

Terre, haies, forêts. Passim. — Hiv.-print.

98. H. squarrosum. — Touff. moll., *lâches, vert pâle.* T. assez délic., *dénud.* et couch. à la b., *puis ascend.* 2-3 t. second. *procomb.* R. assez nombr., assez simp., étal., *courb., attén.,* à extrémité *étoilée.* F. caul. ov., *imbriq. à la b.,* lanc.-lin., *squarr.,* fin. acum., *dentic.;* côte *bif.* courte. F. ram. sup. *ob.-lin.-acum.,* courtes. F. périg. *fin. dentic. (ac. filif.),* hyal., étal. au som., en gén. *à côte.* Di. Péd. long, tordu à d. Cap. horiz., ov.-gibb., *lisse.* Op. pet., con.-aig. An. *d.* Proc. *très-troués.* 2-3 cils. Fl. anthéridif. à fol. ov., imbriq., acum., sans côte. Anth. et paraph. pl. long.

Lieux stériles. — Print. — Rar. fructif. — Environs de Lyon.

99. H. brevirostrum. — Touff. assez prof., *raid., vert jaun.* T. all., raid., *dénud., arq.-procomb.* 2-3 t. second. dress. ou courb., *pinn.* R. all., *attén.,* serr., souv. fasc., *parfois s'en-racin. au som.* F. caul. scar., ov., *larg. auric.,* acum. et *canalic. au som., tr.-étal.,* rar. hom., *fort pliss. à la séch.,* fin. *dentic.;* **2** *côtes* courtes. F. access. *ramif. et courtes.* F. périg. all., *long.-lin.-acum.,* dress., *tr.-dent.,* tr.-étal., *sans côte.* Di. Fr. *mult.* Péd. méd., pourpre, tordu à g. en h. Cap. horiz., ventr., cern. et *str.* en vieill. Op. con. à bec *obt.* An. *sim.* Proc. *troués.* 3 cils append. souv. imparf. Fl. anthéridif. à fol. subobt., ent., à côte nulle ou courte. 10-15 anth. Paraph. nombr. pl. long.

Rochers, pieds des arbres. — Forêt de Seillon. — Mars-avril. — Rarement fructif.

2ᵉ Famille. — THUIDIACÉES
(*Hypno-Leskeacées*).

Par les organes de végétation, cette famille ressemble aux *Leskeacées,* et par les organes de fructification aux *Hypnacées.*

1 { Cils nuls ou très-courts.....................	**Pseudoleskea.**
{ 2-3 cils filif. entre les processus..................................	2

2 { R. à peine pinn. Op. obt. ou à bec court......... **Heterocladium.**
R. 1-2-3 pinn. Op. souv. subul................ .... **Thuidium.**

GENRE THUIDIUM. (*Hypnum.*)

100 Th. tamariscinum. (*H. proliferum* Linné.) — Touff.
étend., lâches, *vert foncé*, rouss. ou jaun. T. *all.*, *arq.*, *procomb.*
T. second. 3 *pinn.* R. ascend., *étal. dans le même plan.* F. caul.
esp., étal., *obcord.* (ac. *lanc.-lin. un peu tordu*), révol., *dent.*,
pliss., auric.; à côte *forte évan. au mil.* F. ram. ov.-lanc., conc.,
dents serr. et obt.; côte des précéd.; toutes *papill.*, les caul.
surtout. F. access. *tr-lacin.*, *ou filam. et entrel.* F. périg. lanc.,
pliss., *dent.*, *frang.*, *fort. papill.*; côte terminée *en long appendice.* Di. Péd. épais, long, *sillon.* et un peu tordu par la séch.
Cap. subhoriz., incurv., cyl., *lisse.* Op. gr., *à bec subul.* An.
imparf. Proc. *fend. ou troués.* 3 cils append. Fl. anthéridif. à
fol. long. acum., dentic.; côte long., papill. 20-30 anth. pédic.
Paraph. tr.-nombr.

Bois humides. — Passim. — Décembre.

101. Th. delicatulum. (*H. recognitum* Schultz.) — Ressemble beaucoup au précéd. Les caractères distinctifs sont les
suivants : T. second. ou innov. 2 *pinn.* F. access. *à div. spinul.*
F. périg. en partie révol., terminées brusq. en *un long ac. filif.*
Di. Péd. méd., tordu à g. en h. Cap. *incurv.*, cyl., *tr.-resserr.
sous l'orif.* Op. con. à bec méd. An. *tr.* Proc. *presque ent.* 2-3
cils fins. Pl. anthéridif. délic. Fl. du précéd.

Haies, bois et forêts. — Passim. — Août.

102. Th. abietinum. — Touff. étend., raid., *ternes,
rouss. ou noir.* T. all., couch. à la b. T. second. dress., flex.,
souv. dichot., pinn., rar. 2 pinn. R. *grêl.*, méd., all., flex., parfois *flagellif.*, grossièr. *disposés dans le même plan.* F. caul. étal.
par la séch., larg., ov., conc., brièv. acum., *pliss.*, révol.,

bords *lisses ou crénel.;* côte dépass. *le mil.* F. ram. *pl. all.,* tr.-
imbriq. F. access. comme chez le *tamariscinum, moins nombr.*
F. périg. lanc., long. acum., *pliss., ent., à* côte. Di. Péd. long,
faibl. tordu. Cap. obliq., cyl., presque *dress.* An. *tr.* Proc. *tr.-*
fend. Fl. anthéridif. à fol. acum., sans côte. Anth. avec paraph. plus long.

Lieux secs, bruyères, pinières. — Passim. — Stérile dans nos environs.

GENRE HETEROCLADIUM. (*Hypnum.*)

103. **Het. dimorphum.** — Touff. pl., vert jaun. T. prim.
et second. *couch.,* radic., les second. *tr.-grêl., souv. stolonif.*
R. dress., isolés ou fascic., *julac., obt.* F. des stol. espacées,
ov., décurr., *auric.,* brusq. acum. (ac. assez étal.), *fin. dentic.,*
côte *nulle* ou bif. F. ram. sup. et moy. *suborbic., obt., tr.-im-*
briq. par la séch., faibl. *dentic.;* 2 côtes *atteig. le mil.* F. inf.
acum. F. access. *rar., lanc.-subul.* Di. Péd. court. Cap. ov.,
cern., subhoriz. Op. con. *obt.* An. *simp.* Proc. *fend.* Fl. anthéridif. nombr. sur la t. prim. Anth. courtes. Paraph. pl. long.

Terre argilo-sableuse dans les forêts de hêtres. Fissures de rochers. — Aut.-
hiv. — (Jura; Alpes du Dauphiné et de la Savoie.)

104. **Het. heteropterum.** (*Pterogonium heteropterum,*
Brid.) — Touff. déprim., *vert intense* pass. au jaun. T. prim.,
tr.-grêl., radic. T. second. ou tr.-grêl. et peu rameuses, ou
pl. rob., simp. et dress., à r. fasc. au som. et attén., arq., procomb. F. de la t. prim. écart., tr.-pet., *ov.-triang., auric.,*
acum., *dent.;* côte *tr.-courte.* F. ram. étal. par l'humid., pl.
aig., papill.; 2 côtes, *dont l'une atteig. le mil.* F. périg. obl.-
acum. (ac. étal.). dentic.; *sans* côte. Di. Cap. subhoriz., obl.,
cern., à c. dist. Op. convex. acum. An. *large.* Proc. *peu fend.*
1-2 cils épais. Fl. anthéridif. inconnues.

Même habitat que le précéd. — Alpes du Dauphiné. — (Ravaud.)

GENRE PSEUDO-LESKEA. *(Hypnum.)*

105. P. atro-virens. *(Leskea incurvata,* Hedv.). — Touff. pl., étend., *fragiles* par la séch., vert sombre ou rouss. T. prim. raid., all., *dénud.* T. second. assez nombr. R. sans ordre, grêl., souv. *courb. et croch. au som.* F. caul. tr.-imbriq. par la séch., *un peu hom. par l'humid.*, larg. ov. (ac.-lanc.-aig.) ent., révol. vers la b., *faibl. pliss.;* côte *évan au som.* F. ram. ov.-obl., moins acum. F. access. *nombr., triang., subul.* Toutes *méd. papill* F. périg. all., lisses (ac. fin et dentic.); à côte. Di. Fr. nombr. Péd. méd., raid. ou arq., flex., tordu *à g. en h.* Cap. horiz., obl., cern. Op. conv.-con.-apic., *obt.* An. *simp.* tr.-étr. Proc. *presque ent.* Fl. anthéridif. à fol. ov.-acum., imbriq., sans côte. Anth. épaiss., avec paraph.

Pierres humides des montagnes. — Printemps. (Jura, Alpes du Dauphiné).

106. P. catenulata. — Touff. déprim., épais., vert foncé ou rouss. T. prim. all., couch., radic. T. second. peu diverg. R. dress. ou arq., serr., simp., *courts.*, obt. *et filif.* F. serr., tr.-imbriq., *ov.-lanc.*, conc., *sub.-obt.*, ent., *méd. papill.;* côte *dépass. le mil.* F. périg. ov.-lanc.-acum., imbriq.; côte *courte* Di. Péd. méd., tordu à *d.* Cap. obt., obliq., cern. Op. à *long bec.* An. *d.* Proc. *ent.* Fl. anthéridif. tr.-nombr. sur les t. prim., à fol. ov.-aig.; côte courte. Anth. et paraph.

Pierres, rac. dans les mont. calc. — Juillet-août.

3ᵉ FAMILLE. — LESKÉACÉES.

Le caractère essentiel de cette famille est le suivant : le tissu cellulaire des feuilles se compose de petites cellules arrondies, tr.-chlorophylleuses et formant sur les deux faces du limbe une saillie papilleuse. D'où une apparence chagrinée et une couleur vert-noirâtre caractéristique. — Par les organes de fructification, cette famille ressemble aux *Orthothéciacées*.

F. semblables sur la t. et sur les r. Fr. sur la t. prim........ **Leskea**.

T. prim. filif., à f. pl. petites. Fr. sur les r. prim... ..... **Anomodon**

Genre ANOMODON. (*Hypnum.*)

1 { F. ram. ov.-ligul., obt. ou apicul. Cap. subcyl. souv. incurv.......... 2
{ F. ram. ov.-lanc. acum. Cap. obl. dress.......... **A. longifolius**.

2 { Cap. str. à la mat. Proc. filif., courts, tr.-fugaces. **A. viticulosus**.
{ Cap. lisse. Proc. subul., troués, presque égaux aux dents..........
  A. attenuatus

107. An. viticulosus. (*Neckera viticulosa*, Hedv.). — Touff. gr., raid., vert foncé à la surf., brun. à l'int. T. prim. ramp., *dénud.*, tr.-radic., all., *stolonif*. T. second. nombr., *dress.*, simp. ou peu rameuses. R. dress., *génic.*, simp. ou dichot. F. des t. second. ov. *puis brusq. lanc.-ligul.*, obt., décurr., ondul., *ent.*, *falcif. à l'humid.*, *pliés*; côte *évan. au som.* F. des t. prim. *moins all. Toutes papill.* F. périg. ov.-obl.-acum.; côte *atteig. le som.* Di. Péd. mince, *jaune paille dans la jeunesse*, tordu à g. en h., à d. en b. Cap. subcyl., *brillante*, *str.* à la mat., un peu arq. Op. con. à pet. bec. *obliq.* An. *nul.* Dents *tr.-courtes*, irrégul., frag. Proc. *filif.*, *tr.-fug.*, en gén. courts, *souv. adh. à la colum.* Membr. basil. *tr.-étr.* Fl. anthéridif. à fol. ov.-acum. (ac. étal.), à côte. Anth. avec paraph. pl. long.

Troncs, racines, pierres, murs. — Passim. — Printemps.

108. A. longifolius. (*Leskea longifolia*, Spruce; *Pterogonium longifolium*). — Touff. étend., *lâches, vert foncé* à la surf., jaun. à l'int. T. prim. *stolonif.*, radic. T. second. all., *procomb.* 3-4 r. fascic. ou *méd. pinn.*, tantôt courts et obt., tantôt *filif.* et pl. nombr. F. *ov.-lanc.*, acum., décurr., *souv. hom.*, arq.,

ondul., ent. ou sinuol., *fort. papill.;* côte *prolongée dans l'ac.*
F. des r. grêl. *pl. all.* Di. Péd. méd. tordu à d. Cap. dress.,
lisse, pet., obl. Op. *con.* An. *nul.* Proc. *filif.*, irrégul., *fug.*,
2 fois plus courts que les dents. Membr. basil. *étr.* Fl. anthéridif. à fol. ov.-acum., imbriq., sans côte. 5-6 anth. à péd. court.
Paraph. pl. long.

Pierres et rac. des mont. calc. — Print. — Rar. fructif.

109. A. attenuatus. (*Leskea attenuata*, Hedw). — Touff.
étend.. déprim., vert foncé ou jaun. T. prim. *filif., couch.*,
radic. T. second. *dress.* et simpl., puis *procomb.* et *pinn., stolonif.* R. atten., *procomb.* F. ram. ov., imbriq., *assez hom., ligul.*, brièv. apic., *presque lisses*, parfois 3-4 dent. au som.;
côte *forte évan. au som.* F. périg. obl.-acum. (ac large, étal.);
côte *longue.* Di. Péd. assez long. Cap. cyl., *lisse*, un peu incurv. Op. con. à bec. *court.* An. *nul.* Dents *pâles*, long. subul.
Proc. subul., *troués, presque égaux.* Cils courts ou *nuls.* Fl.
anthéridif. à fol. ov.-acum., imbriq., sans côte. 10-12 anth.
Paraph. nombr. pl. long.

Rac., terre, pierres, à l'ombre dans les mont. — Automne. — Rar. fructif.
(Blocs granit. du Jura ; Thonon).

GENRE LESKEA. (*Hypnum.*)

110. L. polycarpa. (*H. medium ; H. polycarpum*). — Touff.
déprim., assez lâches, *vert oliv.* à la surf., décol. à l'int. T.
prim. ramp., *grêl.* T. second. espacées, *faibl. pinn.* R. en gén.
simp., flex., attén., décomb. F. assez serr., conc., parf. hom.,
lanc.-aig., un peu révol. à la b., faibl. décurr., un peu *crisp.* et
imbriq. par la séch.; côte épais. évan. au som. F. périg. lanc.-
acum., *pliss.;* côte assez long. Mon. Péd. assez long, tordu à g.
en h., à d. en b. Cap. *presque dress.*, cyl., à col tr.-app. Op. con.
aig. An. *d.* Dents subul., *blanch.*, hygrom., *conniv.* par l'humid. Proc. subul., carèn., *égaux* aux dents. Cils *nuls* ou ru-

dim. Membr. basil. *étr.* Fl. anthéridif. à fol. ov. subobt.; côte presque nulle. 4-8 anth. Paraph. rar., pl. long.

Troncs d'arbres champêtres, bois pourri. — Print. — Passim.

Le *L. paludosa* est une forme luxuriante due à l'habitat.

111. Leskea nervosa. (*H. nervosum,* Müller; *Pterogonium nervosum*). — Touff. déprim., étend., sombres. T. prim. ramp., peu radic. T. second. nombr. R. *assez serr., dress.-arq.,* attén., en gén. simp. F. imbriq. à la séch., étal., parfois hom. au som. des r., ov. (*ac. lin., flex.*), long. révol., ent., un peu pliss.; côte *épais. atteig. le som.* F. périg. all., acum., dress., *pliss.;* côte *long.* Di. Péd. raid., court, tr.-léger. tordu à d. Cap. *dress.,* cyl. d'abord jaun. Op. con. à pet. bec obliq. An. *d.* Dents *jaun.,* courtes, *peu hygrom.* Proc. irrégul. *pl. courts.* Membr. basil. *étr., adh. aux dents.* Cils *rudim.* ou nuls. Fol. des fl. anthéridif. sans côte. Anth. et paraph. du précéd.

Terre, rac., rar. pierres dans les mont. — Aut. — rar. fructif. (Rare dans le Jura; Alpes du Dauphiné).

4ᵉ Famille. — LEUCODONTIACÉES.

T. prim. ramp., souv. dénud. R. dress. ou pend., sans ordre ou irrégul. pinn. — F. tr.-serr., imbriq., ov.-lanc., conc., sillon., acum., sans côte ou à côte délic.; cell. all. étr. — Di. — Fr. nombr. sur les t. second. ou r. prim. Coiff. en capuc. souv. descend. au-dessous de la cap. Péd. var. Cap. ov.-obl., subcyl., dress. ou inclin. — Périst. simp. dans le g. *Leucodon,* d. dans le g. *Antitrichia.* 1ᵉʳ cas. 16 dents pet., trouées, fug. 2ᵉ cas. L'ext. comme chez les *Neckera.* L'int. comp. de 16 proc. libres, filif. tr.-fug.

Genre ANTITRICHIA.

112. A. curtipendula. (*Neckera curtipendula*, Hedv.) — Touff. lâches, étend., prof., *vert. tr.-jaun.* T. prim. couch., *dénud., stolonif.* T. second. all., dress. ou procomb., irrégul. pinn., rar. 2 pinn. R. assez incurv., obt. ou attén., parfois *flagellif. et s'enracin.* F. des t. second. ov.-acum. (ac. tr.-dent.) serr., conc., étal., arq. à l'humid., à bords roulés; côte *forte évan. au som.* F. ram. ov.-obl. ou obl. lanc. F. périg. all., *eng., acum., sans côte.* Di. Péd. court., arq., tordu fort. à g. Cap. inclin.., ov.-obl. *pliss.* à la mat. Op. con. à bec court. An. *nul.* Proc. *pales. pl. courts* que les dents. Coiff. lisse *ne dépass. pas la 1/2 cap.* Fl. anthéridif. à fol. suborbic; côte nulle ou courte. 10-12 Anth. assez gr. Paraph. nombr. pl. long.

Arbres et pierres, dans les régions montagneuses. — Passim. — Print.

Genre LEUCODON.

113. L. sciuroïdes. (*H. sciuroïdes; Dicranum sciuroïdes*, Sweiger). — Touff. ass. serr. et prof., *raid., vert oliv.* à la surf., rouss. à l'int. T. *stolonif.*, grêl., radic., *frag., dénud.* R. nombr., *égaux, dress.*, simp. ou fastig. dichot., raid., avec ramul. *courtes, obt.* F. serr. imbriq. à la séch., ov.-acum., ent., *pliss.* F. périg. all., eng., *lisses*, sans côte; cell. margin. *arrond. ponctif.* Di. Péd. court., dress., tordu à d. Cap. obl., *presque lisse.* Op. con. *obt.* An. *d.* Dents lin., courtes, *fug.*, irrégul., méd. fend. Coiff. gr. *dépass. la cap. en dessous.* Fl. anthéridif. à fol. suborbic, ent., acum., sans côte. Anth. et paraph. du précéd.

Troncs d'arbr., pierres, murs. — Passim. — Print.

Nota. — Les rameaux sont souvent couverts d'excroissances qui son de ramules avortées ou le résultat de piqûres d'insectes ou d'infusoires.

5ᵉ Famille. — ORTHOTHÉCIACÉES
(*Hypnum*).

Mousses en gaz. intriq. T. ramp. ou couch., rameuses. R. souv. pinn. — F. serr., lanc., étal. ou hom., vertes ou scar., parfois str., brill. et soy. — Di., rar. mon. — Fr. nombr. — Coiff. cucullif., gr., quelqf. pil. Péd. long., papill. dans certains genres. Cap. en gén. ov.-obl., parfois cyl., général. dres. et symétr. — Périst. double, tantôt imparf. et semblable à celui des *Neckeracées;* tantôt assez parf. et rappelant celui des *Hypnacées*, mais à membr. basil. étr.

Le genre *climacium* se distingue par des caractères spéciaux qui seront décrits à leur place.

1 { T. souterr. émett. des t. second. dendr. à f. squammif. et à r. fascic.. **Climacium.**
{ T. ramp. non souterr., plus ou moins rameuses...................... 2

2 { R. julac, plus ou moins all.. 3
{ F. des r. assez étal... 4

3 { T. prim. dénud. T. second. dénud. à la b. R. fascic. et arq. de long. méd... **Pterogonium.**
{ T. prim. filif, très-rameuses. T. second. tr.-all. **Pterigynandrum.**

4 { Touff. vert doré tr.-soy. F. tr.-str., tr.-long. acum. Péd. assez papill. **Homalothecium.**
{ Touff. vert jaun. peu soy.. 5

5 { Cap. cyl. F. ov., obt. ou acum., en gén. ent... **Cylindrothecium.**
{ Cap. obl. F. ov.-lanc. ou lanc.-lin............................ 6

6 { Proc. ég. aux dents ou pl. longs.................................. 7
{ Proc. pl. courts que les dents. F. fort. pliss................... 8

7 { Touff. vert.-jaun. brill., ou vert roug. ternes. R. nombr. sans ordre.. **Orthothecium.**
{ Touff. vert terne. T. second. assez pinn. Fr. nombr..... **Pylaïsea.**

8 { F. access. lin., nombr. Côte évan. au som............ **Lescurœa.**
{ F. access. nulles ou rudimentaires. Côte nulle ou bif. peu visible.... **Platygyrium.**

Genre CLIMACIUM. (*Hypnum.*)

114. C. dendroïdes. (*Leskea dendroïdes,* Hedv.).— Touff.
assez serr. vert ou jaun. brill. T. *souterr., stolonif.,* tr.-radic.,
émett. des innov. *dress.,* simp. à *f. squammif.,* dress., larg. ov.-
obl., tr.-imbriq., *pliss., tr.-auric., ent.,* à bords infl., à som.
arr., fin., apic.; côte *évan. au som.* à l'extrémité des innov. R.
nombr., fascic., attén. ou obt., dress. ou flex. arq., parfois *fla-*
gellif. F. ram. obl.-lanc., conc., dress., serr., *pliss., dentic. à*
la b. et *tr.-dent. au som.;* côte mince *atteig. presque le som.* F.
périg. eng., acum., *ent.;* côte mince *dépass. peu le mil.* Di. Fr.
en-gén. mult. Péd. assez long., tordu à d. Cap. dress. symétr.,
subcyl. Op. con. à bec *assez long, adh. au début à la colum.*
Dents *soudées* à la b., *conniv.* par la séch. Proc. *tr.-fend.* Cils
en gén. nuls. Membr. basil. *étr.* Fl. anthéridif. à fol. semblables aux f. périg. 20-30. anth. Paraph. pl. long.

Forêts et prés humid. Passim. — Vallon de Francheville. — Hiver. — Rar.
fructif.

Genre PTEROGONIUM. (*Hypnum.*)

115. P. gracile. — Touff. assez étend. et prof., *vert oliv.*
à la surf., rouss. à l'int. T. prim. ramp., *stolonif.,* tr.-grêl. et
tr.-radic., à f. *écart., squammif.,* ov.-acum.; 2 *côtes tr.-courtes.*
T. second. rar., *dress., simp. à la b.* R. *nombr.* dress. ou arq.,
cyl., obt., hom., souv. *stolonif.* F. ram. *ov.-aig.,* serr., imbriq.
par la séch., *lisses, dent. à la part sup.;* côte bif. *atteig. le mil.*
F. périg. *all., acum.,* presque ent.; côte bif. ou trif. *assez long.*
Di. Péd. méd., tordu à g. en h. Cap. dress. ou un peu incurv.,
subcyl., c. tr.-pet. Op. con. obt. An. *d.* Proc. *courts, un peu*
adh. aux dents. Membr. basil. *étr.* Coiff. *un peu pil.* Fl. an-

théridif. à fol. ov.-acum., imbriq., sans côte. 3-4 anth. épais.
Paraph. nombr. pl. long.

Rac., toits, bois morts dans les mont. (Ardèche, Loire, Haute-Savoie). —
Hiv. — Rar. fructif.

Genre PTERIGYNANDRUM. (*Hypnum.*)

116. **P. filiforme.** — Touff. tr.-déprim., soy., vert clair
ou jaun. T. prim. *dénud,*, ramp., *filif.* T. second. *tr.-all.*,
nombr., arq., *procomb.*, cyl., attén. ou obt. R. *rar.*, arq., simp.
ou div. F. caul. pet., hyal., imbriq., *long. acum.*, presque *sans
côte.* F. ram. tr.-imbriq. par la séch., *obov.*, *brusq. acum.*,
conc., révol. à la b., *dentic.* au som., *papill.* au som. surtout
sur le dos; côte simple *dépass. le mil.*, ou bif. et courte. F.
périg. obl., eng., *acum.*, *pliss.*; côte *long.* Di. Péd. méd., tordu
à g. en h. Cap. subcyl., *c. peu app.*, un peu *pliss.* à la mat. Op.
à bec *obl.* An. *étr.* Dents hyal., *courtes, incurv.* Proc. *égal. les
1/3 des dents*, irrégul., *fug.* Fl. anthéridif. à fol. ov.-orbic.,
acum., sans côte. 4-6 anth. renfl. Paraph. pl. long.

Troncs des hêtres et autres arbres des for. mont. (Ardèche, Haute-Savoie.) —
Print.-Eté.

La var. *heteropterum* est robuste, en touff. vert intense. F.
pl. grandes, presque obt. et assez hom. Le *filescens* est très-
grêle, à r. tr.-all. Tap. déprimés, vert jaun.

Genre CYLINDROTHECIUM.

117. **C. Schleicheri.** (*Cylindroth. cladorrhizans; neckera
cladorrhizans*, Hedv.) — Touff. déprim., dens., *vert émeraude doré.* T. couch., dénud., faibl. pinn. R. inég., courb.,
attén., *assez div.* F. serr., imbriq., *applan.*, conc., ov.-obl.,
brusq. acum., auric., à cell. vertes, presque pl., *ent.* ou den-

tic. au som.; *plis simulant une côte double.* F. périg. all..
acum., dentic. au som.; côte bif. *peu visible.* Mon. Fr. souv.
mult. Péd. long, tordu à d. Cap. cyl., dress., lisse. Op. con.
obt. An. *assez large.* Dents *pourpres,* courtes, lin., *perf.* Proc.
ent,, ég. aux dents. Membr. basil. *étr.* Fl. anthéridif. à fol. suborbic., acum., imbriq., sans côte. 15-25 anth. Paraph. pl. long.

<small>Pierres, murs des mont. calcaires. — Hiver. — Assez commun dans le midi.</small>

118. C. Montagnei. (*H. concinnum,* Notaris; *II orthocar-
pum,* Pylais; *H. paradoxum,* ou *insidiosum,* Montagne.) — Port
de l'*H. Schreberi.* avec lequel on l'a souv. confondu. T. *pâles,*
dress. R. peu nombr., pinn., un peu incurv., dénud. à la b. F.
serr., imbriq., *ov.-obt.,* conc. ou pl.. *presque lisses, ent.,* à
oreill. vert. F. périg. all., *eng., acum., dress.* Di. Fr. *solit.*
Péd. dress., tordu à d. Cap. dress. cyl., à c. un peu renfl. Op.
con. *obt.* An. *étr.* Dents lin., *perf.,* lisses au som. Proc. *tr.-
fend.* Membr. basil. *tr.-étr.* Fl. anthéridif. à fol. comme chez
le précéd., pl. long. Anth. renfl. Paraph. épais.

<small>Terre, pierres dans les lieux arides. — Aut. — Rar. fructif. (Jura; Alpes du
Dauphiné; la Pape, près Lyon.)</small>

GENRE ORTHOTHECIUM. (*Hypnum.*)

119. O. rufescens. (*Leskea rufescens.*) — Touff. tr.-lâches,
déprim., un peu soy., vert pass. au rouss.; *feutre radic. viol.
à la b.* T. prim., couch. à la b., *puis dress.,* frag., dénud. T.
second. *dress.* R. peu nombr., *écart.,* inég., *dress.,* méd. grêl.
F. serr., *un peu hom.,* imbriq. par la séch., *obl.-lanc. (ac. long
et filif.), pliss.,* étr. révol., *tr.-ent.;* côte bif. *méd.* F. périg. ov.-
obl., *pliss., ac. flex.* Di. Péd. *long,* tordu à g. en h. Cap. en
gén. *dress.,* un peu cern. Op. con. à bec *court.* An. *d.* Proc.
lin.-subul., souv. *pl. longs que les dents.* Cils tr.-courts ou rudim. Pl. anthéridif. délic. Fl. gemmif. à fol. obl.-lanc., tr.-
conc. Anth. avec paraph.

<small>Pied des arbres, fissures des rochers humides, mont. — Eté. (Haut-Jura;
Alpes du Dauphiné et de la Savoie.)</small>

120. O. intricatum. (*Leskea intricata; Leskea subrufa,*
Wilson.) — Touff. déprim., *vert oliv.* ou jaun. T. prim., *tr.-
grêl.*, div. R. rar., *courts,* souv. arq. F. peu serr., *lanc.-subul.-
acum.*, un peu courb. et *hom.*, ent., pl., *sans côte.* Di. Péd.
court, dress. Cap. obl., *dress.*, lisse. Op. conv. *con.* An. et
membr. basil. étr. Proc. *all.* Cils nuls. Fl. anthéridif. à fol.
obl.-acum. subul., dent. 2-3 anth. Paraph. longues.

Même habitat. — Eté. — Rar. fructif.

Var. *sericeum.* Div. de la t. simpl. F. court., dress., imbriq.
à peine hom.

GENRE LESCUROEA.

121. L. striata (*Leskea mutabilis,* Brid.; *Pterogonium striatum,* Schweiger; *Pterigynandrum striatum.*) — Touff. *intriq.*,
vert jaun., un peu soy. T. prim. couch., radic. 2-3 T. second.
pinn. ou 2 pinn. R. *courts, dress.*, simp. F. un peu raid., imbriq. à la séch., *obl.-acum.*, à 2 *plis,* bords *révol.*, ent.; côte
évan. au som. F. access. *tr.-nombr., lin.* F. périg. sembl. aux
f. ram. Di. Péd. méd., tordu à g. en h. Cap. dress., subcyl.,
lisse. Op. con.-sub.-aig. An. *simp.* Proc. *libres,* 1/2 *plus courts
que les dents.* Cils nuls. Membr. basil. *étr.* Fl. anthéridif. à
fol. pliss., sans côte. 4-6 anth. Paraph. souv. nulles.

Troncs d'arbres rabougris dans les mont. — Print.

Var. *saxicola.* — Touff. tr.-adhér. au support. T. ramp. subpinn. F. étr., hom., vert brun.

GENRE PLATYGYRIUM.

122. P. repens. (*Pterogonium repens,* Schweig.; *Pterigy-
nandum repens,* Brid.; *Cylindrothecium repens,* Boul.) — Touff.

déprim., soy., *adh. au sol*, vert *jaun.* T. prim. couch., radic.,
méd. T. second. assez nombr., *pinn.* R. courts, serr., simp., arq.
ou dress. F. serr., imbriq. par la séch., *obl.-lanc.*, un peu incurv., *tr.-ent.*, à oreill. orang. ; côte *nulle*, ou traces de côte
bif. F. périg. dress., un peu eng., *pliss.*, acum., *dentic. au*
som.; côte *bif.* mince et *courte.* Di. Péd. assez long, tordu à d.
Cap. dress., subcyl. Op. con., à bec *court*, obliq. An. *tr.* Proc.
orang. dépass. la 1/2 des dents, carén., subul., *ent. ou fend.*
Membr. basil. *presque nulle.* Fl. anthéridif. à fol. ov.-obl.-
acum., imbriq., ent., sans côte. 5-10 anth. Paraph. pl. long.

Même habitat. que le précéd. — Print.

Genre HOMALOTHECIUM. (*Hypnum.*)

123. H. sericeum. (*Leskea sericea.*) — Coussin. étend.,
bomb., serr., *tr.-soy.*, *vert doré.* T. prim., couch., ramp., radic., *dénud.*, pinn. ou à T. second. *décomb. et pinn.* R. *courts*,
écart. ou un peu all., serr. et fasc., souv. *tr.-arq.* T. *stolonif.*
à la b., stol. grél. F. caul. ov., décur., *acum.*, ent., *pliss., sans*
côte. F. ram. long. *lanc.-acum.*, *pliss.*, pl., ent. ou dentic. au
som., imbriq. par la séch., faibl. auric. Côte *évan. vers le som.*
F. périg., lanc., *long. acum.*, presque *lisses, dentic.; côte mince.*
Di. Péd. *tr.-tuberc.*, méd. Cap. subcyl., *dress.-arq.* Op. con.
aig. An. *tr.* Proc. *courts, adh. un peu aux dents, ent.* Cils nuls.
Pl. anthéridif. assez grêle. Fl. à fol. ov.-acum., imbriq..
sans côte. 6-8 anth. épais. Paraph. long.

Troncs d'arbr., vieux murs, rochers, pierres. — Passim. — Print.

124. H. Philippeanum. (*Isothecium Philippeanum,* Spruce;
Leskea Philippeana.) — Touff. étend., *vert doré* à la surf.,
brun. à l'int. T. prim. couch., *dénud.*, à r. nombr., *courts et*
dress. T. second. rar. et ramif. F. ram. comme chez le précéd.,
mais *un peu révol. et dentic. à la b.*, moins brill., tr.-faibl.
auric. F. périg. ov.-lanc., brusq. acum. (*ac. long et filif.*), *dent.*

ou incis. à la b. de l'ac. Di. Péd. *peu tuberc.* Cap. ov.-obl., *faibl. cern.*, un peu pâle à la partie sup. Op. à bec *assez long.* An. *large.* Proc. *courts*, plus ou moins *fend.*, souv. imparf.

Terre et rochers dans les forêts des mont. calc. — Route du Sapey près la Grande-Chartreuse. — Print.

Genre PYLAISEA. (*Hypnum.*)

125. P. Polyantha. (*H. polyanthos; Leskea polyantha.*) — Touff. *humbles*, serr., un peu soy. ou *vert terne.* T. prim. grêl. T. second. *régul. pinn.* R. *déprim.*, ou dress., et arq. F. ram. serr., *un peu hom.*, ov.-lanc., *long. acum.*, tr.-ent., à oreill. jaun. peu app. Côte *nulle* ou tr.-courte et bif. F. périg. dress., *un peu pliss.*, lanc., brusq. acum., *dentic. au som.* Mon. Fr. *tr.-nombr.* Cap. obl., à peine incurv., à long péd. Op. con. à bec *court.* An. *tr.-étr.* Proc. souv. *fend., ou bif.* Cils très-courts; membr. basil. *méd.* Fl. anthéridif. à fol. ov.-acum., conc., sans côte. 5-10 anth. pédicell. Paraph. pl. long.

Troncs d'arbr. champêtres. Rar. sur pierres. — Passim. — Print.

6ᵉ Famille. — NECKERACÉES.

T. prim. ramp. T. second. dress. ou décomb. R. serr. ou écart., pinn. — F. ov. ou ov.-lig., brill., obt., pl. ou ondul., exact. applan.-dist. Cell. pct. — Coiff. cucullif. Cap. tantôt immerg., tantôt à péd. court, à peine incurv. Op. à bec. — Périst. d. A. l'ext. 16 dents lin.-lanc., articul., incurv.; à l'int. 16 proc. plus ou moins rudim., avec ou sans cils. Membr. basil. gén. étr.

F. ent. ou dentic. au som , souv. ondul. Proc. souv. rudim. Cils nuls. Membr. basil. très-étr...................... **Neckera.**
F. dent . lisses. Proc. carén., fend. avec cils. Membr. basil. assez large. **Omalia.**

Genre NECKERA.

ADDITION. — *N. Menziezii.* Ressemble au *N. complanata.* Voir la description.

126. N. pennata. (*Fontinalis pennata; Daltonia pennata.*) — Touff. déprim., lâches, vert jaun. T. prim. all., *dénud.*, raid., div. R. courts, *tr.-imparf. pinn.* F. souv. *ent., un peu cultrif.*, ov.-lanc.-acum., *peu ondul.*; côte *nulle* ou courte et bif. F. périg. eng., acum., *faibl. dentic.; sans côte.* Mon. Cap. ov., *un peu pliss.* à la mat. Op. à bec court. Dents subul., *cohér. au som., var. fend. ou trouées.* Proc. *tr.-imparf.* Membr. basil. *tr.-étr.* Fl. anthéridif. axill. sur les r. prim., à fol. tr.-ov., apic., sans côte. 8-10 anth. épais. Paraph. nombr., pl. long.

Troncs d'arbres des forêts. — Bugey. — Mars-avril.

127. N. pumila. — Touff. *pâles.* T. prim. couch., *dénud.* T. second. couch., redress. ou pend., *pinn.* R. assez serr., en gén. *effilés.* F. obl.-acum., apic., *peu ondul., bords refl. en sens alternes, dentic. au som.*, oreill. tr.-pet. à cell. orang.; côte *nulle* ou 2 côtes inég. F. périg. du *N. crispa.* Di. Péd. méd., un peu arq. Cap. ov.-obl. Op. con. aig. ou à bec. Dents avec *traverses, ent., conniv.* par la séch. Proc. *parf.* pl. courts que les dents. Membr. basil. *étr.* Pl. anthéridif. semblable à la pl. capsulif. Fl. du *N. crispa.*

Habitat du précéd. — Avril-mai.

Var. *Philippeana.* Forme stérile. F. fort. rid. avec ac. filif. flex. et all.

128. N. crispa. — Touff. *tr.-all. vert foncé.* T. prim. couch., *dénud.* T. second. *dress.*, simp., *pinn. et 2-pinn.*, émettant à la b. des stol. s'enrac. R. assez nombr. F. appl. sauf. les latérales qui sont *pliées, ov.-ligul., dentic. au 1/3 sup.,* transversal. rid., apic., auric. comme le précéd.; côte *nulle,* ou 2 côtes inég. F. périg. *all., eng., long.-acum.;* côte *mince.* Di. Péd. assez long. Cap. ov. Op. *à long bec.* Dents *souv. fend.,* libres au som., *incurv.* par la séch. Proc. ent. *égal. la 1/2 des dents.* Membr. basil. *étr.* Fl. anthéridif. ov.-acum., sans côte. 10 anth. courtes. Paraph. pl. long.

<small>Troncs d'arbr., rochers, terrains pierreux. — Passim. — Print.</small>

129. N. complanata. (*H. complanatum; Leskea complanata,* Hedv). — Touff. déprim., entrel., étend., vert-jaun. brill. T. prim. *filif. et dénud.* T. second. assez nombr., déprim., régul. pinn. R. var., étal., en gén., atten. en longs *jets filif. et flex.* F. un peu *membran., obl.-cultrif., lisses,* bricv. apic., ent., ou *dentic.* ou *1/3 sup.,* révol. à la b., *sans côte,* ou à 2 côtes courtes. F. des jets stolonif. *appliq.-étal.,* lanc. acum. F. périg. *tr.-all.,* eng., acum., ent.; *sans côte.* Di. Péd. méd. Cap. ov. Op. *à long bec subul.* Dents *conniv.* par la séch. Proc. *pl. courts, peu ou pas fend.,* carén., *frag.* Membr. basil. *tr.-étr.* Pl. anthéridif. délic., peu rameuse. Fl. à fol. ov.-acum., sans côte. Anth. assez gr. Paraph. pl. long.

<small>Troncs et rac.; rar. terre et rochers. — Passim. — Print.</small>

130. N. Menziezii. — Ressemble au précéd. T. second. pl. all., moins nombr. R. souv. flagellif. *Côte des f. tr.-visible, s'évan. aux 2/3.* Touff. de couleur *rouss., vertes aux extrémités des r.*

<small>Découvert par Payot dans le massif de M. Blanc. — Stérile.</small>

GENRE OMALIA.

132. O. trichomanoïdes. (*H. trichomanoïdes; Leskea trichomanoïdes,* Hedv.). Touff. *entrel.,* déprim., vert pâle et

blanch. T. prim. *stolonif.*, radic., à f. pet., *écart.*, étal. R.
prim. *incurv.*, sans ordre. F. obl., *obt.*, à bord inf. infl.,
cultrif. par le bord sup., apic., *dentic. à 1/2*, pâles, *brill.;* côte
ne dépass. pas le mil. F. périg. eng., obl.-acum., *sans côte.*
Mon. Péd. long. et droit. Cap. ov.-obl., dress. ou cern. *à c.*
court. An. *d.* Op. *à long bec obliq.* Dents lin., long., *soud. à*
la b. Proc. *pl. longs*, carén. *ent. ou troués;* cils tr.-var., rar.
nuls. Fl. anthéridif. à fol. ov.-acum., conc., imbriq., sans côte.
15 anth. Paraph. pl. long.

Terre, troncs d'arbr., rac., rochers. — Passim. — Print. et aut.

7ᵉ Famille. — HOOKERIACÉES (*Hypnum*).

Pl. var. en gén. à t. charnues, irrégul. rameuses. — F. pl.
en gén. dist., ov., avec ou sans côte, ent. ou dent. Tissu cel-
lull. lâche. Mon. Péd. long. Coiff. mitrif. à b. lob. ou frang.—
Cap. cern., horiz. ou obliq. Op. à bec. — Périst. doubl, développé, semblable à celui de l'*Omalia*.

Genre PTERYGOPHYLLUM. (*Hypnum.*)

132. **P. lucens**. (*Hookeria lucens*, Schultz). — Touff. déprim., étend., *vert tendre.* T. couch., peu div., *charnues*, vertes et frag. R. dress. F. inf. arrond. F. sup. ov., conc., à
bords un peu courb., *tr.-ent.*, *brill.* F. périg. obl.-lanc., pet.,
aig., conc., dress., ent. Mon. Péd. *roug*, *épais*, un peu tordu à
d. Cap. horiz., ov., *solid.* An. *d.* Op. à *long bec.* Dents *conniv.*
par la séch., assez fortes, long. lanc., *sans ligne divis.* Proc.
ég. aux dents, lacuneux. Cils nuls ou rudim. Fl. anthéridif. à

fol. ov. apic. ou obt., ent. imbriq., sans côte. 4-5 anth.
courtes. Paraph. nombr., sub-spath.

Bords des ruisseaux, cascades — Print — Indiqué dans le vallon d'Oullins

8ᵉ Famille. — CRYPHÉACÉES.

T. prim. tr.-adh. au support. R. courts, dress., plus ou moins
pinn. — F. serr., imbriq. par la séch., jaun. ou vert sombre,
souv. papill., ov., conc., bords enroul.. ent. ou dent. au som., à
côte. Cell. pet. et carrées. — Mon. Fl. anthéridif. nombr. sur les
r. dress. Anth. long. pédicell. Fr. nombr. sur les t. second. Coiff.
pet., con., mitrif., papill. au som. Péd. tr.-court. Cap. dress.,
ov., immerg. Op. con. — Périst. d. dans l'espèce décrite. L'ext.
à 16 dents granul., subul., hygrosc., à ligne divis. peu app.
L'int. à 16 proc. subul., granul., un peu carén., tr.-fug.
Membr. basil. étr. An. large.

Genre CRYPHOEA.

133. C. heteromalla. (*Daltonia heteromalla*, Hook. et
Tayl). — Gaz. circul., déprim., *vert foncé.* T. prim. all. ramp.;
div. fertiles un peu arq. F. caul. ov.-lanc.; côte *courte.* F. des
r. fertiles ov.-acum., révol. à la b., 2 *pliss., tr.-ent., tr.-im-
briq.* par la séch.; *côte évan.* F. périg. obl.-acum., imbriq.;
côte *atteig. le som.* An. tr. Les autres caractères de la famille.

Troncs d'arbres. surtout pins et peupliers. — Print.

9ᵉ Famille. — LEPTODONTIACÉES.

Pl. ressemblant aux *Cryphéacées.* T. prim. ramp. T. second.
1-2 pinn., courb. en crosse par la séch. — F. arrond., obt .

2 pliss., tr.-ent.; côte atteig. le mil. F. access. nombr. dans l'espèce décrite, lanc.-lin., persist. — Di. Coiff. pil., cucullif. Péd. tr.-court. Cap. ov. Op. à bec droit. Périst. simp. à 16 dents lanc.-lin., parfois trouées sur la ligne divis.

Genre LEPTODON.

134. L. Smithii. — Les caractères de la famille.
Troncs de vieux arbres, surtout saules et peupliers. — Print.

10ᵉ Famille. — FABRONIACÉES.

Pl. pet., ramp. R. serr., dress.—F. serr. étal., ov.-lanc. Cell. larges.—Mon. Coiff. en capuc. Péd. méd., parfois tuberc.—Cap. dress., symétr., ov., c. épais. Op. con. — Périst. simp. ou d. L'ext. de 16 dents géminées, larg. articul.; l'int. de 16 proc. cilif., non carénés. Membr. basil. nulle.

Genre ANACAMPTODON.

135. A. splachnoïdes. (*Orthotrichum splachnoïdes*, Frœ-lich.; *Neckera splachnoïdes*.) — Couss. déprim., *vert foncé*. T. radic., courtes. R. *courts, dress.*, simp. puis div. F. caul. de l'espèce suiv. F. ram. *serr.*, étal. par la séch., *ov.-lanc.-acum.*, conc., *ent.*, oreill. tr.-pet., hyal; côte *dépass. le mil.* F. périg. 1/2 eng., obl., *lisses, ent., à côte.* Mon. Péd. épais, lisse, tordu à d. Cap. *dress.*, ov. Op. à bec court et *obliq.* An. *tr.* Dents *trouées.* Cils filif. pl. courts que les dents. Fl. anthéridif. à fol. ov.-aig., sans côte. Anth. courtes. Paraph. pl. long.
Troncs des hêtres, rar. des pins morts. — Juin. — Tr.-rare.

Genre FABRONIA.

136. F. pusilla. — Gaz. *déprim.*, verts ou blanch., *gén. tr.-fructif.* T. prim. ramp. R. *courts, assez dress.* F. caul. *écart.*, hom. F. ram. étal., imbriq., *ov.-subul.-acum., ciliées, brill.;* côte *nulle* ou courte. F. périg. ov.-acum., *sans côte.* Mon. Péd. ég. aux r. Cap. *presque globul.* Op. con. An. *nul.* Dents *obt., rapproch. par paires,* parfois *trouées* et bif., *tr.- conniv.* par l'humid. Fl. anthéridif. à fol. ov.-acum., brièv. ciliées, sans côte. Anth. pet. Paraph. nulles.

Jardins et vergers sur les troncs, spécialement des tilleuls. — Crémieux. — Print.

137. F. octoblepharis. — Touff. lâches *soy., vert gai.* T. prim. couch., molles. F. *long. dent. mais non ciliées;* côte *nulle* ou atteig. le mil. F. périg. ov.-obl., assez brièv. apic., *ciliées-dent. au mil.* Mon. Péd. pâle, tordu à g. Cap. pet., ov., *jaun., subpapill.,* à c. app. Op. *mamill.* 8 *dents bigémin.,* obt. ou bif., *conniv.* par l'humid.

Rochers et murs. — Appartient surtout à la région méditerranéenne.

11ᵉ Famille. — FONTINALACÉES.

Plantes aquatiques, long. flott., ou en gaz. épais en partie plongés dans l'eau. T. et r. filif. souv. dénud. — F. trist., ov.-lanc., conc., lisses, ent., sans côte. Cell. assez gr. — Di. Coiff. cucullif. ou con. Cap. presque sess., ov. Op. con. — Périst. d. L'ext., de 16 dents rouges, gémin., lanc.-lin., all., converg. en cône, à ligne divis. app., fort. artic. L'int., de proc. filif. unis par des traverses en cône cloisonné, ou en partie libres et pl. longs que les dents.

Genre FONTINALIS.

138. F. antipyretica. — Touff. *flott.*, tr.-étend., *vert
foncé* dans l'eau, *noir.* au dehors. T. prim. *tr.-all.*, *dénud.*,
noires à la b. T. second. tr.-nombr., plus ou moins pinn. F.
peu serr., *carén. et pliées*, ov.-obl., courb. au som., aig. ou
apic., *ent.* ou à peine dentic. au som., *noires* en vieilliss., *sans
côte.* F. périg. larges, *enroul., tronq,, souv. corrod. ou lacin.*,
ent., sans côte. Cap. et périst de la fam. Fl. anthéridif. à fol.
obl.-acum. Anth. à péd. court. Paraph. hyal. Pl. anthéridif.
pl. robuste que la capsulif., et à fl. axill.

Eaux courantes. — Passim.

139. F. squammosa. — Ressemble au précéd. Touff. *pl.
grêl.*, pl. ramif., d'un *noir pl. foncé.* R. écart., *dénud., tr.-
fructif.* F. pl. long. lanc., *non carén.*, conc. Cap. *pl. pet.* Anth.
2 fois pl. long.

Même habitat, mais pl. rar. — Dortan, vannes des moulins. — Eté.

Ordre deuxième. — ACROCARPES.

(Les genres *anœctangium* et *mielichhoferia* font exception et sont pleurocarpes.)

1 {
F. dist., lanc., eng. avec lame dors. Périst. simp. à 16 dents bif. génic.
Fissidentiacées. 30ᵉ fam.
F. sans lame dors., dist. ou trist. Périst. à 16 dents bif., irrégul......
Trichostomacées. 27ᵉ fam.
F. étal. en tous sens, ou hom. et falcif....... 2

2 {
Périst. nul, ou formé d'une simple membr................... 3
Périst. simp.. 8
Périst. double.. 18

3 {
Périst. formé d'une simple membr........ **Veisiacées. 53ᵉ fam.**
Périst. nul.......... 4

4 {
Coiff. en éteign. descend. au-dessous de la cap...................
Encalyptacées. 25ᵉ fam.
Coiffe en mitre............... .... **Grimmiacées. 12ᵉ fam.**
Coiffe cucullif., ou mitrif. et alors tétrag. et enveloppant la cap. dans
la jeunesse... 5

$5 \begin{cases} \text{F. lanc.-lin., en gén. canalic., souv. pilif. à tissu cellull. serré } \dots\dots \quad 6 \\ \text{F. ov.-lanc., parfois lacin. vers le som.; tissu cellull. lâche. Cap. glo-} \\ \quad \text{bul. ou pyrif.} \dots\dots\dots\dots\dots\dots\dots\dots\dots\dots\dots\dots\dots\dots\dots \quad 7 \end{cases}$

$6 \begin{cases} \text{Cap. fortement striée, canelée} \dots\dots \quad \textbf{Zygodontiacées.} \text{ 24}^e \text{ fam.} \\ \text{Cap. faibl. striée; f. pilif.} \dots\dots \dots\dots \quad \textbf{Grimmiacées.} \text{ 22}^e \text{ fam.} \\ \text{Cap. non striée; f. non pilif.} \dots\dots \dots\dots \quad \textbf{Veisiacées.} \text{ 33}^e \text{ fam.} \end{cases}$

$7 \begin{cases} \text{F. sans côte à bords lacin.} \dots\dots\dots\dots \quad \textbf{Hedwigiacées} \text{ 21}^e \text{ fam.} \\ \text{F. à côte.} \begin{cases} \text{Coiff. en capuc Cap. sans col\dots} \quad \textbf{Pottiacées.} \text{ 28}^e \text{ fam.} \\ \text{Coiff. tétragone dans la jeunesse enveloppant la cap.} \\ \quad \text{Celle-ci à col app.} \dots\dots \quad \textbf{Funariacées.} \text{ 18}^e \text{ fam.} \end{cases} \end{cases}$

$8 \begin{cases} \text{Coiff. gr. en éteign., lisse} \dots\dots\dots \quad \textbf{Encalyptacées.} \text{ 25}^e \text{ fam.} \\ \text{Coiff. en mitre ou en éteign. Souv. poilue} \dots\dots\dots\dots\dots\dots \quad 9 \\ \text{Coiff. en capuc. ou con} \dots\dots\dots\dots\dots\dots\dots\dots\dots\dots \quad 10 \end{cases}$

$9 \begin{cases} \text{Coiff. à poils rares, dress. Cap. striée, souv. immerg. Périst. de 16} \\ \quad \text{dents en gén. gémin.} \dots\dots\dots \quad \textbf{Orthotbrichacées.} \text{ 23}^e \text{ fam.} \\ \text{Coiff. tr.-pil. à poils couch. Périst. de 32 à 64 dents soudées à la co-} \\ \quad \text{lum. par le som.} \dots\dots\dots \quad \textbf{Polytrichacées.} \text{ 13}^e \text{ fam.} \\ \text{Coiff. resserr. à la b. Cap. surmontant une apoph. volumineuse. 32} \\ \quad \text{dents soudées 2 à 2 ou 4 à 4} \dots\dots \quad \textbf{Splachnacées.} \text{ 19}^e \text{ fam.} \\ \text{Coiff. à long bec, papill. au som.; 16 dents 2-3 fid., filif. ou lanc., ir-} \\ \quad \text{régul. soudées.} \dots\dots\dots \quad \textbf{Grimmiacées.} \text{ 22}^e \text{ fam.} \\ \text{Coiff. striée. 4 dents triang. munies de côtes. } \textbf{Tétraphidées.} \text{ 26}^e \text{ fam.} \end{cases}$

$10 \begin{cases} \text{Cap. surmontant une apoph. volumineuse, cyl., pyrif. ou en parasol,} \\ \quad \text{en gén. colorée} \dots\dots\dots \dots\dots\dots \quad \textbf{Splachnacées.} \text{ 19}^e \text{ fam.} \\ \text{Cap. sans apoph.} \dots\dots\dots\dots\dots\dots\dots\dots\dots\dots\dots\dots \quad 11 \end{cases}$

$11 \begin{cases} \text{Pl. aquat., flott. Membr. basil. à larges ouvertures. } \textbf{Cinclidotacées.} \\ \quad \text{20}^e \text{ fam.} \\ \text{Pl. terrestres. Membr. basil. nülle ou sans ouvertures} \dots\dots \dots\dots \quad 12 \end{cases}$

$12 \begin{cases} \text{Cap. subglob. ou globul.} \dots\dots \dots\dots\dots\dots\dots\dots\dots \quad 13 \\ \text{Cap. ov. ou cyl.} \dots\dots\dots\dots\dots\dots\dots\dots\dots\dots\dots\dots \quad 15 \end{cases}$

$13 \begin{cases} \text{Dents du périst. criblées de trous} \dots\dots \quad \textbf{Grimmiacées.} \text{ 22}^e \text{ fam.} \\ \text{Dents ent., parfois corrod. sur les bords, mais non trouées} \dots\dots \quad 14 \end{cases}$

$14 \begin{cases} \text{Cap. à large ouverture, turbinée} \dots\dots \quad \textbf{Seligériacées.} \text{ 29}^e \text{ fam.} \\ \text{Cap. à ouverture étroite, globuleuse} \dots \quad \textbf{Bartramiacées.} \text{ 16}^e \text{ fam.} \end{cases}$

$15 \begin{cases} \textbf{32} \text{ dents filif., tordues ou dress., rapprochées 2 à 2, avec ou sans} \\ \quad \text{membr. basil.} \dots\dots \dots\dots \quad \textbf{Trichostomacées.} \text{ 27}^e \text{ fam.} \\ \text{32 ou 64 dents lanc., soudés à la colum. Coiff. en gén. papill. ou sub-} \\ \quad \text{plum. au som.} \dots\dots\dots \quad \textbf{Polytrichacées.} \text{ 13}^e \text{ fam.} \\ \text{16 dents rouges, bif., à jambes souv. inég. Membr. basil. nulle} \dots\dots \quad 16 \\ \text{Dents tronquées, lacérées, irrégul.} \dots\dots\dots\dots\dots\dots\dots \quad 17 \end{cases}$

$16 \begin{cases} \text{F. vertes ou jaun\dots} \dots\dots\dots\dots \quad \textbf{Dicranacées.} \text{ 32}^e \text{ fam.} \\ \text{F. glauques.} \dots\dots\dots\dots\dots\dots \quad \textbf{Leucobryacées.} \text{ 51}^e \text{ fam.} \end{cases}$

$17 \begin{cases} \text{Dents criblées de trous ou irrégul. 2-5 fid. Cap. immerg. ou à péd.} \\ \quad \text{court et souv. courbe. F. souv. pilif., à cell. pet., serr.} \dots\dots\dots \\ \quad \quad\quad\quad\quad\quad\quad\quad\quad\quad\quad\quad\quad \textbf{Grimmiacées.} \text{ 22}^e \text{ fam.} \\ \text{Dents irrégul. lanc. et bif., souv. tronq. F. non pilif. à cell. gr., lâ-} \\ \quad \text{ches. Cap. à large ouverture. \dots \dots\dots } \textbf{Pottiacées.} \text{ 28}^e \text{ fam.} \\ \text{Dents souv. avortées, déchirées. F. non pilif. canalic., à cell. pet.,} \\ \quad \text{serr. Cap. à large ouverture} \dots\dots\dots \quad \textbf{Seligériacées.} \text{ 29}^e \text{ fam.} \\ \text{Dents irrégul. F. lanc.-lin., non pilif., à cell. pet., serr. Cap. à ouver-} \\ \quad \text{ture méd.} \dots\dots\dots\dots\dots\dots\dots\dots\dots\dots\dots \quad \textbf{Veisiacées.} \text{ 33}^e \text{ fam.} \end{cases}$

12ᵉ Famille, — BUXBAUMIACÉES.

T. nulle ou presque simp. — F. à peine visibles, de structure analogue à celle des *Pottia,* pl. ou moins papill. — Mon. ou di. — Coiff. pet., con. Péd. nul ou raide et solide. — Cap. gr., obliq., ventr. — Périst. d. L'ext. formé d'une membr. assez courte, parfois divis. en dents inég. ou monilif. L'int. composé d'une membr. pâle, ponct., avec plis carén., en cône aigu. Anth. solitaires et nues ou peu nombr. dans un périgone gemmif.

Genre BUXBAUMIA.

140. B. aphylla. — Pl. tr.-pet. F. *à peine visibles, sans côte.* Les inf. ov.-acum., à dents prof.; les sup. pl. larges *ci-*

liées. Péd. *épais, raid., tuberc.*, non tordu. Cap. obliq., irrégul., *rouge foncé, pl. à la surf. sup.*, conv. *à la face inf.* Apoph.
cyl. Op. con., *obt.* Périst. ext. *membraneux.* Anth. solitaire et
nue, axill.

Taillis dénud., bords des routes, vallées des terrains granit. aux environs de
Lyon. Roanne. — Mai-juin.

141. B. indusiata. — Pl. jeunes *naissant sur un prothallium noir.* Péd. renfl. au som. et *tr.-papill.* Cap. vert *jaun.*,
pl. all. que chez le précéd. Périst. ext. *à dents moniliformes.*

Même habitat., mais pl. rare et confond. avec le précéd.

GENRE **DIPHYSCIUM.**

142. D. foliosum. (*Buxbaumia foliosa.*) — T. tr.-courte,
simp., puis rameuse. F. caul. *pâles, ligul., carén.*, courb. au
som., ondul., à côte *long. évan.* F. périg. ov.-lanc., *à bords
membraneux; côte all. en long poil rugueux.* Di. Cap. immerg.,
ov.-ventr., *obliq.* An. *tr.-étr.* Op. con. Périst. ext. formé
d'une *membr. festonnée tr.-étr.* Fl. anthéridif. à fol. ov.,
conc., acum. lin.

Sous les mousses. — Vallée de l'Izeron et voisines. — Toute l'année.

13ᵉ FAMILLE. — POLYTRICHACÉES.

T. dress., souvent sous-lign., partant d'un rhizôme souterrain. — F. lanc., ou lanc.-lin., souv. raid., ent. ou dent.,
étal.; côte forte souv. lamell. dans la 1/2 supér. Cell. étr.,
serr. en gén. Di; rar. syn., pl. rar. mon. — Coiff. en capuc.
lisse ou sub-pil. au som., ou en mitre all. à feutre épais (poils
couch.), dépass. souv. la cap. Péd. solide. Cap. ou cernuée

obl.-cyl., ou dress.; et alors ou obl., ou urcéol., ou 4-5-6 gones avec apoph. app. Op. conv. à bec plus ou moins rostel.
— Périst. simp. 32-64 dents ligul. avec membr. basil. épais.,
et soudées à la colum. élargie par lesom. — Fl. anthéridif. discoïdes. innov. souvent au centre. Anth. et paraph. tr.-nombr.

1 { Coiffe en capuc....... .... $\frac{2}{5}$
{ Coiff. en mitre très-pil.... ....

2 { Coiffe lisse, ou papill. au som. Op. à long bec......... . **Atrichum**
{ Coiffe à poils rar., dress. Op. à bec court.......... **Oligotrichum.**

5 { Cap. obl., à c. goîtr., ou sans c. app............... .... **Pogonatum.**
{ Cap. 4-5-6 gones, avec apoph. tr.-prononcée....... **Polytrichum.**

GENRE ATRICHUM. (*Polytrichum.*)

143. A. undulatum. (*Polytrichum undulatum; Catharinea
undulata*, Weber.) — Touff. peu compact., *vert sombre*. Rhiz.
émett. de nombr. t. dress. peu div. T. florif. portant des fl. anthéridif. la 1re année, des fl. capsulif. la 2e année, naissant par
des proliférations centrales de l'axe. F. inf. *écart.*, *squammif.*
F. sup. *serr.*, *lanc.-ligul.*, *ondul.*, *étr. marg.*, *dents souv. gémin.*,
dentic. au dos vers le som., tordues par la séch.; *côte lamell.*,
cell. inf. rectang.; les sup. carr.-arrond. F. périg. obl.-ligul.,
canalic., *tr.-ondul.* Mon. Péd. dress., tordu à d. en h. Cap.
cyl., horiz à la mat., *en gén arq.* Op. hémisph. *à long bec ou
un peu incurv.* Fl. anthéridif. à fol. tr.-pet., obov., apic. Anth.
et paraph. nombr.

Lieux ombragés. — Passim.

144. A. angustatum. (*Catharinea angustata*, Bridel.) —
Confondu avec le précéd.; en diffère par : T. pl. mince; F.
pl. courtes, *fort. crisp.*, *dent. dans le 1/3 sup.*; côte *tr.-lamell.*
Cap. presque *dress.*, *étr. cyl.*, *rouge vineux.* Op. à bec *assez
court.* (Les échantillons qui nous proviennent de Notre-Dame
des Neiges ont l'opercule tr.-subulé.)

Même habitat, mais rare. Vallon d'Orliénas. — Notre-Dame des Neiges (Ardèche).

Genre OLIGOTRICHUM. (*Polytrichum.*)

145. O. hercynicum. (*Catharinea hercynica.*) — Touff.
incohér., raid., *vert pâle ou glauque.* T. florif. *dress.*, simp.
F. inf. pet., ov.-acum.; les sup. serr., *étr.-lanc.*, incurv.,
conc., bords réfl., dent. au som. Côte *à lamell. prof., ondul.*,
crénel. ou dent. Cell. de la partie hyal. rectang. F. périg. all.
Di. Péd. dress., raid. ou flex., tordu à d. Cap. en gén. obliq.,
ov.-cyl. Op. con.-aig. Dents *un peu cohér.* Pl. anthéridif.
émett. 2-3 fois de suite des innov. Fl. 3 phylles. 30-40 anth.
Paraph. souv. spath.

Lieux pierreux et dénud. des mont. — Eté.

Genre POGONATUM. (*Polytrichum.*)

1 { T. simp. tr.-courte. Cap. urcéolée.................... **P. nanum.**
  { T. rameuse. Cap. obl. ou subcyl............................. 2

2 { T. innov. sur le rhiz. souterrain................... **P. aloïdes.**
  { T. all., rob., ramif. par des innov. latérales....................

3 { Cap. obl. ou subcyl., lisse. Op. à bec court...... **P. urnigerum.**
  { Cap. ov., ridée et noir. à la mat. Op. à bec all........ **P. alpinum.**

146. P. nanum. (*Polytrichum subrotundum* seu *pumilum.*)
Gaz. souv. étend. T. de 5-12 millim. F. *raid.* vert foncé, les
sup. ov.-lanc., *un peu obt.*, toutes *dentic. au som.* Cell. de la
partie hyal. rectang. Di. Péd. raid. ou flex. Cap. globul. *ur-*
céol. Op. à bec *assez long, obliq.* Pl. anthéridif. pet.

Lieux stériles, abruptes. — Passim. — Hiv.

Var. *longisetum.* Péd. all. Cap. ne devenant pas urcéolée.

147. P. aloïdes. — Touff. étend. et lâches. T. un peu dichot. F. inf. *squammif.* F. sup. ov.-lanc., *tr.-étal.*; côte la-
mell. au som. ou nue, dent. au bord et au dos. Cell. de la partie
hyal. rectang.; les margin. lin. F. périg. *hyal. à la b.*, 1-2

eng., puis *dress.*, *larg. acum.* Di. Péd. assez long, raid. Cap. dress., rar. incurv., ov.-obl. Op. *à bec*, con., *bordé de rouge.* Pl. anthéridif. pet. à fl. cyathiformes.

Terres à bruyère. — Passim. — Print.

Var. *Dicksoni.* T. et péd. assez courts. Poils de la coiffe confluents au-dessus de la capsule. Celle-ci devient urcéolée à la mat.

148. P. urnigerum. — Touff. souv. *glaucesc. à la surf.,* brun. à la b. T. dress. R. *un peu fasc.* F. inf. ou *nulles ou squammif.* Les sup. raid., lanc.-lin., étal., faibl. eng., aig., *bords diaph. à la b.; dents serr.;* côte *lisse, ou spinul. au dos,* à lamell. *renfl. au bord.* Cell. de la partie hyal. rectang. 2 f. périg. all., brièv. acum. Di. Péd. assez raid., *jaun. au mil.* Cap. obl.-cyl., lisse, parfois léger-obliq., à c. *goîtr.* Op. con. à *bec.* Pl. anthéridif. du précéd.

Bords des forêts, lieux pierreux. — Passim. — Hiv. et print.

La var. *crassum* à f. raid. assez courtes, et à cap. ov., noir. à la mat.; appartient aux hautes mont.

149. P. Alpinum. — Touff. vert sombre. T. simp. *long. dénud. à la b.* et décomb. F. *tr.-eng.,* lanc.-lin., recourb., *tr.-acum.; dents serr.;* côte *spinul. au dos;* 30-40 *lamell. épais;* bords *invol.* Cell. bas. moy, rectang.; les margin. lin. F. périg. all., brièv. acum. Di. Péd. épais, dress., *pâle au som.* Cap. assez gr., ov., *à c. goîtr., noir.* à la mat. Op. à *long bec.* Pl. anthéridif. des précéd.

Lieux pierreux et abruptes des mont. granit. — Eté.

Genre POLYTRICHUM.

5.

$3\begin{cases}\text{T. intriq. tr.-toment. F. à bords tr.-infléch}\dots\dots\quad \textbf{P. strictum.}\\ \text{T. lâches, non toment. F. conc. ou à bords courb}\dots\dots\dots\quad \textbf{4}\end{cases}$

$4\begin{cases}\text{F. dent. au som. F. inf. squammif}\dots\dots\dots\quad \textbf{P. juniperinum.}\\ \text{F. dent. presque jusqu'à la base}\dots\dots\dots\quad \textbf{P. commune.}\end{cases}$

$5\begin{cases}\text{T. décomb. non toment à la b. F. tr.-ent}\dots\dots\quad \textbf{P. sexangulare.}\\ \text{T. dress., toment. à la b. F. assez dentic}\dots\dots\dots\quad \textbf{6}\end{cases}$

$6\begin{cases}\text{T. de 5-10 cent. Op.-con}\dots\dots\dots\quad \textbf{P. formosum.}\\ \text{T. de 3-5 cent. Op. à long bec}\dots\dots\dots\quad \textbf{P. gracile.}\end{cases}$

150. P. sexangulare. — (*Polytrichum septentrionale.*) — Touff. déprim. T. tr.-flex., noir., trig. en séchant. F. sup. lanc.-lin., *à bords infl.*, brill., parfois falcif. Côte *à dos en gén. lisse, et à lamell. nombr.* F. périg. eng., dress. Di. Ped. épais, tr.-solide. Cap. d'abord dress., puis cern. et horiz. ov. *avec apoph.* Op. à bec *all. et fin.* Fl. anthéridif. du *Pogonatum.*

Lieux bas et humid. des hautes mont. — Août-sept.

151. P. formosum. — (*Polytrichum commune,* var. *attenuatum.*) — Touff. *incoh.,* vert foncé, *duvet blanch.* à la b. T. flex. *souv. tr.-all.* F. sup. recourb., *à b. hyal.,* lin., *cuspid., dent. sur tout le contour,* pl.; côte *munie de 70-100 lamell.;* cell. de la partie hyal. lin. F. Périg. *tr.-all.* Di. Péd. un peu tordu. Cap. *horiz.* à la mat.; apoph. *peu app.* Op. *con.-aig., bordé de rouge.* Pl. anthéridif. pl. pct. et comme chez les précéd.

Forêts des mont., sur les terrains arénacés. — Eté.

152. P. gracile. — Confondu avec le précéd. Port *pl. délic. Bords hyal. des f. pl. larges,* avec cell. rectang. 30-50 lamell. *marginales non renfl.* Op. à bec *plus long.,* souv. 32 *dents seulement* au périst. Membr. basil. *à peine visible.*

Lieux tourbeux. — Print. (Jura.)

153. P. piliferum. — Touff. lâches, vert *souv. glaucesc.* T. dress., flex., assez courtes, *presque dénud.* à la b. F. inf. brun., *squammif.,* ov.-obl. F. sup. étal., imbriq. en séch., lanc., *bords ent.,* repliés, hyal. à la b., *terminées en poil blanc, dent.;* côte *lisse* à 25-30, lamell. *rongées,* cell. de la partie hyal. rectang. allong. F. périg., pl. all. Di. Péd. raid., dress. Cap.

cern. à la mat.; apoph. *discif.* Op. con. à bec court. Pl. anthéridif. à f. peu pil.

Lieux secs et pierreux. — Passim. — Print.

154. P. strictum. — (*Polytrichum juniperinum*, var. *alpestre.*) — Touff. *tr.-intriq.*, à duvet *toment. blanc.* T. assez grèl., simp., dress.; *stol. stériles à la b.* F. *un peu incurv.* par l'humid., tr.-imbriq. par la séch., ov.-lin., ent. (ac. *fin, brun et dent.*); côte *peu lamell.*; cell. de la partie hyal. lin. F. périg. pl. courtes, *hyal.*, acum. Di. Péd. un peu flex. Cap. dress., courte, à angles vifs ; apoph. *app.* Op. conv., *méd. apic.*

Lieux tourbeux, au milieu des Sphaignes.

155. P. juniperinum. — Touff. lâches, *glaucesc.* T. assez raid., peu div., dress., *souv. tr.-long.* F. inf. *squammif.*, imbriq. F. sup. *presque lin.*, sub.-arist., scar. *à la b.*; bords ent., infl., rar. *sub. dentic. au som.* Côte *spinul. au dos* vers le som.; 25-30 lamell. *rongées.* F. Périg. all. Di. Péd. épais. Cap. *horiz.* à la mat., à angles *presque ailés.* Apoph. et op. *tr.-rouges.* Op. à bec *court.* Pl. anthéridif. délic., à f. pl. courtes.

Bruyères et taillis. — Passim. — Print.-été.

156. P. commune. — (*Polytrichum yuccœfalium.*) — Touff. vertes, *tr.-étend.* T. dress., simp., *toment. à la b.*, souv. tr.-all. F. sup. *presque lin.*, étal., *tordues* par la séch., plus ou moins courb., *cuspid., à dents aig.*; côte *large, spinul. au dos* vers le som. ; lamell. *tr.-nombr.* et souv. bif.; cell. hyal. et obl.-lin. dans le 1/3 inf. 1-2 F. périg. brièv.-acum. Di. Péd. *tr.-long.* Cap. dress., puis *cern. et horiz.* Apoph. *tr.-app.* Op. disc., con., à bec *court.* Pl. anthéridif. pl. pet., à innov. centrales et successives pendant plusieurs années.

Lieux ombragés. — Passim. — Print.-été.

14ᵉ Famille. — TIMMIACÉES.

Pl. assez semblables aux *Bryacées.* T. gr. simp. ou peu div. Innov. partant du som. — F. eng. à la b., lanc.-all., lisses, incis.-dent. au som.; côte forte évan. Cell. pet., carr. ou hexag. arrond. dans la partie sup. — Mon. Coiff. en capuc. Péd. long. Cap. inclin. ou horiz., ov. ou obl., à c. en gén. app. Op. mamill. ou papill. — Périst. d.; l'ext. à 16 dents géníc., souv. cohér. à la b. L'int. membraneux avec 64 cils soudés 4-4 au som. Fl. anthéridif. gemmif. Anth. long. pédicell.

Genre TIMMIA.

157. T. megapolitana. — Touff. dens., raid., *vert-foncé* à la surf., brun. et *radic.* à l'int. T. assez dress., peu div. F. serr., ov.-obl.-lin.-aig., *hyal.*, étal., flex. ou arq., *un peu crisp.* par la séch.; dents gr., *écart. au som.*; côte *atteig. le som.* F. périg. pl. all. et pl. dent. Mon. Péd. grêle, méd. Cap. *sillon.* à la séch., obl., assez incl. Op. gr., conv., en gén. obt. An. d. Dents *cohér. à la b.*; cils tr.-append., papill. Fl. anthéridif. à fol. obl.-acum., à peine dentic.; côte mince. 10-15 anth. Paraph. long.

Cavités prof. des rochers dans les régions alp. — Eté.

158. T. austriaca. — Ressemble au précéd. Touff. pl. all., *vert pl. jaun.* F. *pl. larges*, eng. et *brun. à la b., ondul.*, *à peine crisp.* en séch. F. périg., obl., un peu imbriq. Péd. long, flex. Cap. subhoriz., *sill.* avant la mat., obl., *à c. app.* Op. apic. Dents *à peine cohér.* Cils non append. Anth. cyl. à péd. assez court.

Même habitat. — Chamonix. — Eté.

15ᵉ Famille. — BRYACÉES.

T. rar. simp., radic., se renouvelant par innov. dichot. —
F. de forme var.; côte forte. Tissu cellul. assez lâche, en gén.
hexag.-rhombh. Les cell. de la base le plus souv. carr. ou
rectang. — Di., mon. ou syn. — Coiff. en capuc., pet., fug.
Péd. long. Cap. divers. incl., souv. pend., obl. ou pyrif.; c.
toujours app., souv. all. Op. con., conv., apic. ou papill., rar.
rost. -- Périst. d. L'ext. à 16 dents lanc., hygrom., général.
lamell. L'int. formé d'une membr. carén. avec 16 proc. souv.
soudés, carén. Cils nuls, rudim. ou parf., noduleux ou append.
Fl. anthéridif. gemmif. ou disc. Dans ce dernier cas anth.
tr.-nombr.

1 { Cap. striée ; cell. carr.-arrond.................. **Aulacomnium**.
  { Cap. non striée. ....

2 { Pl. en gén. formant des coussin. épais. Innov. au-dessous des bour-
  {   geons florif. F. ov.-acum. ou lanc.-acum., à cell. hexag.-rhomb 3
  { Pl. en gén. de gr. taille, formant des touff. lâches. Innov. souterr. ou
  {   naissant à la b. F. ov. ou spath.-acum. à cell. hexag.-arrond......
  {   **Mnium**.

3 { Cils rudim. ou nuls...................................... 4
  { Cils tr.-apparents, lisses ou noueux 7
  { Cils tr.-apparents et appendiculés............................ 8

4 { Péd. courb. en c, de cygne. Cap. souv. gibb. à long c...... **Zieria**.
  { Péd. droit, plus ou moins flexueux.... 5

5 { Proc. soudés au som. en forme de coupole........... **Cinclidium**.
  { Proc. non soudés au som. en coupole............................. 6

6 { Périst. int. souv. soudé au périst. ext. Cap. à c. court.........
  {   **Cladodium**.
  { Périst. non soudés. Cap. en gén. à long c................ **Polhia**.

7 { T. simp., à f. inf. squammif. Les sup. lin. Cap. pet , tr.-pyriforme...
  {   **Leptobryum**.
  { T. assez div. F. ov.-acum. ou ov.-lanc. Cap. obl. à c. plus court ou
  {   égal..........‘.... ... . **Webera**.

8 { T. all., filif. R. courts. F. étr. imbriq............ **Heterodictyum**.
  { T. var. non filif., ramif. F. rar. imbriq............. ... **Bryum**.

Genre CLADODIUM (*Bryum*).

159. C. cernuum. — (*Cynodontium cernuum; Ptychosto-mum pendulum; Ptychostomum compactum; Bryum pendulum.*) — Touff. compact., *toment.*, vert-jaun. T. de 5 à 15 mill. Innov. *nombr.* F. inf. écart., ov.-lanc. F. sup. *serr.*, ov.-acum. Toutes *tr.-ent.* ou dentic. au som., conc., *fort. révol.*; côte *forte, mucr. ou évan.*; F. périg. pl. pet. Syn. Péd. un peu flex., à peine tordu. Cap. cern., incl. ou pend., *pyrif. légèr. contract.* sous l'orifice après la chute de l'op.; *c. égal. la 1/2 cap.* Op. pet., conv., à bec *obt.* An. gr. Proc. fend., *soudés* aux dents. 20-25 anth. Paraph. pl. long.

Terre, murs et rochers aux altid. peu élevées. — Eté. — Assez commun, mais en général confondu avec le *B. cœspititium.*

160. C. inclinatum. — Touff. compact., *toment.*, vert soy., jaun. Innov. *assez nombr.* T. dress. de 20 à 25 mill., *tr.-radic.* F. du précéd., moins long. acum.; côte *rouge dépass. le som.* F. périg. ov.-lanc.-acum., *pliss.* Syn. Péd. *génic. à la b., souv. incurv. au som.*, non tordu. Cap. incl. ou pend., var. à *c. égal. la 1/2 cap.* Op. pet., *mamill. apic.* An. *d.* Proc. *tr.-fend.*, libres. Membr. basil. *adh. par la b. aux dents.* 11-14 anth. à péd. court. Paraph. pl. long.

Confondu avec le *Bryum turbinatum.* — Mai-juin. — Pelouses sèches du haut Jura et des Alpes.

ADDITION.

161. C. arcticum. — (*Pohlia arctica*, Brown.) — Touff. peu coh., non toment. T. *tr.-courte*, à innov. fastig. F. *serr. au somm.*, ov.-acum. ou lanc.-lin., *imbriq.*, *révol.* jusqu'au somm., *marg.*; côte *roug.* pénét. dans l'ac., denticul. au somm., à cell. de la base souv. rong. Syn. 4-8 anth. 5-7 archég. avec paraph. pl. long. Péd. court, arq. au som. Cap *pend.*, *obl.-*

pyrif., un peu *incurv.*, *rétrécie au-dessous de l'orifice* en séch., à c. étr. égal à la cap. Op. pet., conv. apic. An. large. Dents courtes. Proces. et cils rudim. adhérents aux dents.

Terre dans les fissures des rochers au som. du Chasseron. — Juill.-août. — Tr.-rare.

Genre BRYUM.

1 { T. et r. julacés, en gén. de couleur argentée..... **B. argenteum**.
{ T. et r. non julacés, verts et rouss.... 2

2 { Cap. pourpre foncé ou noir.......... 3
{ Cap. verte ou brune..... 5

3 { F. tr.-ent. Cap. épais., ventr. à col empâté.. **B. atropurpureum**.
{ F. en gén. dent. au som. Cap. obl. à c. pl. ou moins app..... 4

4 { Gaz. déprim. T. courtes, vert un peu rouss. F. peu étal...,........
{   **B. erythrocarpum**.
{ Coussin. étend., rouss. T. raide, simp. ou r. fastig. F. dress., imbriq.
{   **B. alpinum**.

5 { T. simpl., souterr., puis dress., dénud. à la b. F. en cyme large, long.-
{   lanc. Fl. anthéridif. disc........ .... **B. roseum**.
{ T. med., ramif. F. pet., surtout les inf. Fl. anthéridif. gemmif....... 6

6 { Fl. syn.,. 7
{ Fl. mon... 10
{ Fl. di... 11

7 { F. marg.. 8
{ F. non marg........................ 9

8 { F. dent. vers le som., obl.-lanc.................... **B. bimum**.
{ F. ent. (ac. dentic.), ov.-obl.-subul.... .... **B. cirrhatum**.

9 { T. de 5-15 millim. Innov. nombr. F. ov.-obl.-acum............
{   **B. intermedium**.
{ T. de 30-40 millim. R. fastig. F. obl.-long.-subul. **B. cuspidatum**.

10 { Innov. all. F. à bords révol. Cap. obl., pâle....... **B. pallescens**.
{ Innov. courtes, gémmif. F. à bords pl. Cap. courte, brun... ....
{   **B. subrotundum**.

11 { F. à margo tr.-apparent.......................... 12
{ F. à margo nul ou tr.-peu visible................................ 14

12 { F. ov.-obl. ou obl.-lanc., acum. ou cuspid. par l'excurr. de la côte;
{   cusp. droite... 13
{ F. ov.-subspath.; cusp. mince, all. et inclin. F. fort. tordues par la
{   séch .... **B. capillare**.

13 { F. écart., particll. et faibl. révol.; ent. ou à peine dentic. au som.....
{   **B. pallens**.
{ F. serr., total. et fort. révol., dentic. au som. **B. pseudotriquetrum**.

14 {
T. rameuses, à f. tr.-imbriq.; ou simp., dress. avec innov. tr.-grêl.,
all., souv. julac......................... 15
T. à innov. courtes, ou all. et fastig. F. assez étal................. 17

15 {
Gaz. souv. rouge-vineux. F. écart., unif., ov.-aig., tr.-décurr, Côte
s'évan. au som.. .... **B. Duvalii.**
Gaz. vert pâle ou glaucesc. F. serr. Côte excurr. prolongée dans l'ac. 16

16 {
Toutes les f. semblables, dentic. au som.............. **B. Funckii.**
F. inf. subobt.; F. sup. ov.-acum., ent................. **B. tenue.**

17 {
Côte faibl. excurr. Cap. pyrif., tr.-resserr. sous l'orifice par la séch...
B. turbinatum.
Côte long. excurr. Cap. obl.-cyl. à peine resserr. sous l'orifice par la
séch.. **B. cœspititium.**
Côte forte évan. au som. F. révol.; les inf. ov. Cap. obl.............
B. Muhlenbeckii.

162. B. intermedium. — Touff. dens., *tr.-radic. jusqu'au som.*, vertes à la surf. T. en gén. *courtes*, dress., rameuses, toment., à r. stériles all. F. ov.-lanc., *pliss.*, flex. à l'état sec, *ent.; bords réfl., cuspid., à cusp. parfois dent.;* côte *excurr.* F. périg. pl. pet. Syn. Péd. épais, raid. ou flex., non tordu. Cap. *horiz.*, rar. pend., obl.-pyrif., *à c. long.* Op. conv. con., apic. *An. gr.* Proc. *troués.* 20-25 anth. Paraph. pl. long.

Rochers, murs, terre arén. — Toute l'année. — Confondu soit avec le *B. turbinatum*, soit avec le *B. pallescens.* (Chasseron.)

163. B. cirrhatum. (*B. intermedium var. cirrhatum.*) — Intermédiaire entre le précéd. et le suiv. R. stériles et *grêl.*, *assez abondants*, surtout aux endroits humid. F. obl.-lanc., *révol., étr. marg.;* côte *long., arist., souv. dentic.* Périst. assez développé. Cap. méd. long.

Alpes du Dauph. (Ravaud.)

164. B. bimum. (*B. ventricosum.*) — Pl. var. Touff. *tr.-radic., souv. colorées en rouge vineux.* T. toment., dress., *presque dénud. à la b.* F. ov.-lanc., *carén., à bords refl., submarg.,* un peu tordues, *tr.-ent. ou dentic. au som., révol.;* côte *excurr. mucron.* F. périg. pet., lanc., *cuspid.* Syn. Péd. un peu flex., légèr. courb. et tordu. Cap. incl., pend., obl.-pyrif., brun. ou roug., *à c. méd.* Op. conv. *papill.* Membr. basil. *large.* Proc. *troués.* 6-10 anth. Paraph. rar.

Lieux bas, tourbeux, humid., ou terre et rochers secs des mont. — Ete.

164 *bis.* **B. cuspidatum.** (*B. bimum.* var. *cuspidatum.*) — Touff. *dens.*, tr.-toment., vert *soy.* à la surf. T. dress. assez long., *fastig.* F. dress., conc., carén., un peu tordues en séch., *tr.-révol.*, sans margo, obl.-subul., *ent.;* côte *excurr.* F. périg. pl. pet. Syn. Péd. épais. Cap. *tr.-incl.* ou horiz., ov., *à c. court.* Op. conv. apic. An. *d.* Périst. peu développé. Proc. *troués.* 15-20 anth. courtes. Paraph. pl. long.

Rochers un peu humid. des mont. (Alpes du Dauphiné.)

165. B. pallescens. — Touff. *tr.-imbriq.*, *tr.-toment.*, vert jaun. T. var., ramif. R. fastig. F. *long. acum.*, conc., *à bords réfl., ent.* ou faibl. dentic. au som.; tantôt à côte évan. au som., tantôt cuspid. à côte *excurr., légèr. tordues, sub- marg.* F. périg. pl. pet., acum. Mon. Péd. dress., un peu flex., *arq. au som.*, à peine tordu. Cap. *nutante*, incl. ou horiz., *all., pyrif., à c. all.* Op. conv., con., *papill.* Proc. *troués.* Fl. anthéridif. à fol. ov-acum. 20-50 anth. Paraph. tr.-nombr.

Murs et rochers des mont. — De mai à sept. — Confondu avec le *B. turbina- tum.* (Bresse; Haut-Jura; Alpes du Dauphiné et de la Savoie.)

166. B. subrotundum. (*B. pallescens* var. *subrotundum.*) — Touff. tr.-peu étend., souv. couvertes par la terre. T. *très- pet.* R. *courts* nombr. F. sup. ov.-acum., conc., à *bords pl., dentic. au som.;* côte mucr., *arist.* Mon. Péd. méd., *arq. en h.* Cap. *globul. pyrif.*, nut., *pend., à c. méd.* Op. con. pet. An. *gr.* Fl. anthéridif. du précéd.

Terre humide, fissures des rochers dans les hautes mont. — Eté. (Chasseron)

167. B. erythrocarpum. (*B. carneum* var. *erythrocar- pum; B. sanguineum,* Brid.) — Touff. déprim., incohér., vert brun. ou jaun. T. tr.-pet., radic., rameuses. F. caul. assez écart., lanc., *révol., en gén. dent.;* côte mucr. F. sup. pl. gr., lanc., *peu ou pas révol., pliss.*, ent. ou dent. au som.; côte évan. ou *dépass. le som.* Di. Péd. assez long, flex., *souv. génic.*, à peine tordu. Cap. incl. ou pend., obl.-pyrif., *rouge* ou rousse, *à c. all.* Op. gr., *mamill., rouge vif.* An. *gr.* Pl. anthéridif.

pl. grèl. que la capsulif. Fl. à fol. pet., ov.-acum., ent., à
côte. 10-15 anth. Paraph. pl. long.

Mars, terrains sablonneux. — Mai-juillet. (Rochecardon, Collonges.)

Var. *radiculosum* se distingue par sa taille plus grande, son
péd. génic. à la b., et sa cap. ov.-coniq.

Midi de la France.

168. B. atropurpureum. (*B. carneum.*) — Coussin. souv.
ensablés, *assez épais*, soy. T. tr.-pet. R. stériles all. et simp.
F. imbriq. sur les pet. r., étal., *décomposées.* F. sup. ov.-acum.,
cuspid., conc., toutes *à bords réfl., tr.-ent.;* à côte *excurr.,*
mucr. ou'cuspid. F. périg. ov.-lanc.-acum. Di. Péd. un peu
flex., *arq. en h.,* non tordu. Cap. *épais.,* ov., *ventr,, pourpre*
noir, à c. *court, ridé* en vieill. Op. gr., hémisph., *papill.,*
rouge vif, parfois pâle. An. *large.* Fl. anthéridif. à fol. ov.-
acum., imbriq. 6-8 anth. Paraph. pl. long.

Terre argileuse, arénacée. — Printemps. — (Alluvions ou terres transportées
autour de Lyon.)

169. B. alpinum. — Coussin. étend., *roux brill.* T. briév.
dénud., presque simp. ou *ramoso-fastig.,* var. F. imbriq. en
séch., obl.-lanc., *raid., à bords réfl.,* ent., ou à dents *rar.* et
obt. au som.; côte *forte, excurr.,* briév. *mucr.* F. périg. plus
pet. Di. Péd. *souv. génic., arq. en h,* Cap. pend., obl.-pyrif.,
rouge noir, à c. *apparent.* An. *d.* ou *tr.* Op. mamill. *rouge.*
Proc. *tr.-fend.* Pl. anthéridif. semblable. Fl. du précéd.

Rochers humid. des contrées montag. (Belledone.) Commun sur les rochers
granit. aux environs de Lyon, mais non fructif.

170. B. argenteum. — Coussin. épais, étend. *blanc d'ar-*
gent. T. ramif., dress., méd. long. R. cyl. F. assez serr., ov.-
lanc.; les inf. *ov.-apic.* Toutes *imbriq.,* conc, *soy.,* ent., souv.
diaphanes au som.; côte *évan.* F. périg. ov.-lanc.-acum., à
côte *courte.* Di. Péd. méd., assez raid., *subit. incurv.,* tordu à
g. en h., à d. en b. Cap. pend., obl., *pourpre noir, à c. court,*
épais. Op. conv., *tr.-briév. papill., rouge* ou orang. An. *tr.*

Proc. *presque ent.* Fl. anthéridif. à fol. ov.-apic., tr.-conc. Anth. et paraph. nombr.

Sur terre, passim. — Hiv. et print.

Var. *majus* à f. verd. — *Lanatum* à f. presque pilif.

171. B. Funckii. Gaz. *vert clair, glaucesc. à la surf.*, peu étend. T. dress., radic., courtes et dichot. Innov. var., *julac.* F. conc., *imbriq.*, ov. ou obl., pl., *sans margo, ent.* ou à peine dentic. au som. Côte *mucron.* F. pér. pet., lanc.-acum. Di. Péd. dress., flex. Cap. d'abord *pend., puis subhoriz.*, obl.-pyrif., *à c. court.*, brune à la mat. Op. conv. apic. An. *tr.* Proc. *fais. saillie à travers les dents* par la séch. Fl. anthéridif. à fol. conc., acum.: côte épais., excurr. 40-68 anth. Paraph. tr.-nombr.

Vieux murs, terre argilo-sabl. dans les mont. — Print. (Jura; Alpes du Dauphiné.

172. B. tenue. — Tr.-voisin du précéd. — Touff. assez vertes, à radic. *rouge viol.* à la b. T. dress., souv. simp. Innov. *tr.-grêl. et julac.* F. inf. *subobt.* F. sup. *brièv. acum.;* côte *constituant presque entièrement l'ac.* Péd. arq. Cap. pend., ov.-obl. An. *d.* Proc. *tr.-troués.* Di. Fl. anthéridif. du précéd.

Trouvé à Belledone, près du lac Grand-Domenon, par Ravaud.

173. B. Muhlenbeckii. — Touff. assez dens., étend., *roux oliv.* T. all., radic., dichot. R. fastig. F. inf. ov.; f. sup. obl.-all., un peu imbriq., *conc.-carén., subaig. ou subobt.*, révol., *sans margo.* Côte *forte évan. au som.* Di. Cap. obl., brune. An. *large.*

Rochers humid. des hautes mont. (Alpes du Dauphiné.)

174. B. cœspititium. — Coussin. lâches ou serr., *souv. soy.* T. méd., toment., assez ramif. F. inf. *décomposées, ov.-lanc., côte cuspid.* F. sup. pl. gr., ov.-acum. ou ov.-lanc., imbriq., *long. cuspid., bords réfl., ent.* ou à dents rar., *submarg.* ou sans margo; côte *forte en long. cusp.* F. périg. *long. acum.* Di. Péd. all. Cap. nut. ou pend., var., *c. plus ou moins all.* Op. gr., conv., *brièv. apic.* An. *d. ou tr.* Proc. *tr.-fend.* Pl.

anthéridif. délic. Fl. à fol. acum. et révol. 30-80 anth. Paraph.
tr.-nombr. et pl. long.

Passim. — Hiv.-print.

Var. princip. *badium*, à innov. grêl., f. *raid.*., cap. pyrif.; *im-
bricatum*, à f. *sup. tr.-imbriq.*, ov. et brusq. acum. (ac.
filif., long et flex.).

175. B. capillare. — T. méd., ramif., toment. à la b.,
vert foncé. F. étal. imbriq. et *fort. tordues à gauche en séch.*
F. sup. ov.-acum., ou *obl.-spath.*, avec *apic. incl.*, à *bords
réfl., marg., révol. à la b.*, pl. au som., ent. ou à dents rar.,
écart.; côte évan. au som., dépass. rar. le limbe. F. périg. lanc.,
long. acum. Di. Péd. *souv. génic., courb. en h.* Cap. horiz.,
incl. ou pend., obl. ou pyrif., c. méd. Op. conv. apic. An. *tr.*
Proc. *tr.-troués.* Pl. anthéridif. semblable. Fl. à fol. pet.,
courtes. 8-10 anth. Paraph. courtes.

Passim. — Print.-été.

Var. *cuspidatum.* Robuste, verte. F. larges, obov., presque
ent.; côte excurr. —*flaccidum.* F. lanc., subspath. Ac. méd.
et droit formé par les bords et la côte réunis. — *angustatum.* T. courte. F. du précéd., mais pl. étr. et vert. jaun.
— *ferchelii.* Touff. courtes, enlacées, rouge vineux à l'int.
F. obov., à large margo. Côte pilif. et flex. — *cochlearifo-
lium.* Touff. rouge vineux à l'int. Innov. grêl., julac. F. imbriq., suborbic. Ac. all., étalé, formé par le limbe.

176. B. roseum. — Gaz, lâches, ou pl. isolées. T. *d'a-
bord souterr.*, couch. à la b., presque simp., en gén. *dénud. à
la partie inf.* F. inf. pet., *squammif., hyal., dentic. au som.;*
côte *ne dépass. pas le mil.* F. sup. tr.-gr., tr.-étal., spath.-acum.,
à bords courb,, à dents obt. *jusqu'au mil.*, révol. à la b.; côte
un peu excurr. ou évan. au som. F. périg. pl. pet., lanc.-acum.
Di. Fr. *souv. mult.* Péd. assez long, *arq. au som.*, non tordu.
Cap. pend., obl., *à c. court.* Op. conv. con. ou mamill. An. *d.*
Proc. *tr.-troués.* Pl. anthéridif. semblable, Fl. *gemmif.-disc.* à
1-2 fol. arrond., mucr., sans côte. 80-100 anth. Paraph. nombr.

Lieux ombragés. — Aut. — Ne fleurit pas dans nos environs.

177. B. pseudotriquetrum. — Touff. *prof.*, *bomb.*, tr.-toment., *rouge vineux* ou brun. à la b. T. dress. *vigoureuses.* Diffère du *bimum* par les caractères suiv. : F. périg. *un peu triang.;* péd. un peu *dress;* cap. cyl.-pyrif. ; proc. *tr.-fend.* Di. Fl. anthéridif. à fol. ov.-acum., conc., étal. Anth. tr.-nombr. Paraph. tr.-long.

Lieux humid. — Passim. — Print.-été.

178. B. turbinatum. (*mnium turbinatum,* (Hedv.) — Touff. lâches, *toment.,* ou *courtes et grêl.,* ou *all. et rob.* T. simp, ou à r. rar. et délic., var. F. sup. *ov.-lanc.;* toutes conc., *à bords courb.,* un peu *tordues en séch., à peine dent.* au som. Côte *tr.-brièv. mucr.,* raid., *excurr.* F. périg. long. acum. Di. Péd. assez long, raid. ou flex., *souv. génic., arq. au som.,* peu tordu. Cap. pend., ventr., pyrif., à c. méd. Op. conv. apic. An. gr. d. Proc. *troués, faisant saillie à travers les dents par la séch.* Pl. anthéridif. délic. Fl. à 2-3 fol. orbic., conc. 60-80 anth. Paraph. tr.-nombr., pl. long.

Pierres et terre humid. — Eté-aut. (Route d'Hauteville; Jura; Alpes du Dauphiné.)

Var. *prælongum;* gazons lâches d'un vert mat. T. et r. all. : les r. et les innov. sont égaux en longueur. — *latifolium.* Larges touff. brillantes, d'un beau vert. T. dress., robust., à r. et innov. grêl. F. tr.-conc., ov.-obl., révol.

179. B pallens. — Touff. lâches, en gén. *roux-vineux.* T. dress., grêl., ramif., var., *radic. aux aisselles des r.* F. étal., ov.-lanc. ou ov.-acumin., conc., à *bords révol.,* semi-décurr., un peu *tordues, ent.,* à *margo étr.;* côte brièv. mucr. F. périg. all., acum., *dentic.* Di. Péd. flex., *arq. au som.* Cap. cern., incl. ou pend., assez pyrif., à c. all. Op. conv., brièv. apic. Proc. *assez fend.* Pl. anthéridif. pl. délic., peu foliée. Fl. sub-capitulif. à 4-5 fol. sub.-orbic., acum. 15-30 anth. Paraph. un peu épais.

Pierres humid. dans les mont. — Eté. — Confondu avec le *turbinatum.* — (Jura; Alpes de la Savoie et du Dauphiné.)

179 bis. B. Duvalii. — (*B. ventricosum.*) Touff. mol., prof., vertes ou *pourprées.* T. délic., *all.*, d'abord simp., puis *à nombr. innov. grêl., tr.-all.* F. écart., étal., presque pl., *un peu crisp.* par la séch., *ov.-aig., tr.-décurr., ent.*; côte *atteig. le som.* 2 F. périg. obl.-lanc., *ent.* Di. Péd. méd., *génic.* Cap. pend. ou penchée, obl., all. Op. conv.-con.-apic. An. et périst. du *turbinatum.* Fl. anthéridif. *subdisc.* à 3-4 fol.-ov., larges, tr.-étal.; anth. et paraph. du précéd.

Sources et marécages dans les mont. — Août. — Rar. fertile. — (Alpes du Dauphiné.)

Genre HETERODYCTIUM. (*Bryum.*)

180. H. julaceum. (*Anomobryum julaceum.*) — Touff. in-cohér., *soy., pâles, non toment.* T. assez long., dress. au som. R. *filif.* F. caul. ov., brièv. acum.; côte *évan.* F. sup. pl. gr.; toutes imbriq., à *bords pl., ent. ou grossièr. dent.* au som. F. périg. lanc., à côte. Di. Péd. assez long, souv. *génic., flex., arq. en h.,* non tordu. Cap. incl., presque pend., obl., *pâle, à c. dist.* Op. mamill., brièv. papill., *rouge ou orang.* An. *d.* ou tr. Proc. *fend., dress.* en séch. Pl. anthéridif. presque simp. Fl. à fol. acum., sans côte. Anth. et paraph. du Br. *argenteum.*

Lieux arrosés des mont. calc. — Eté. — Signalé dans les Pyrénées; col des montées près d'Argentière. — (Haute-Savoie.)

Genre LEPTOBRYUM. (*Bryum.*)

181. L. pyriforme. — Touff. étend., grêl., souv. jaun. T. *simp., tr.-minces, dénud.* à la b., radic., raid., *un peu noir.* F. caul. espac., *squammif. à la b., sans côte.* F. sup. *lin.-subul.,* flex., conc.; côte *large, excurr.,* mucr., *ent.* à la b. de la cyme, *dentic. au sommet* à l'extrémité sup. F. périg. pl. courtes. Syn. Péd. tr.-mince, flex., tordu. Cap. pet., incl. ou pend., *pyrif., à c. long.* An. simp. Op. conv. papill. Proc. pâles, *troués.* 6-7 anth. Paraph. rar.

Lieux frais; vieux murs, platras de la fabrique Coignet à Villeurbanne.—Eté.

Genre WEBERA (*Bryum.*)

1 {
F. sup. à margo roug. tr.-apparent................ .... W. Tozeri.
F. non marginées............... ,...... 2
}

2 {
Touff. vert glaucesc. doré. T. simp., dénud. à la b., pourpre noir. Cap.
obl., courte, à c. peu distinct.................... W. cruda.
Touff. vert foncé ou pâle. T. assez ramif. 3
}

3 {
Touff. vert-pâle ; innov. grêl., cap. pet., noire à la mat.; à c. tr.-
court.................................... W carnea.
Touff. déprim. tr.-vertes. Innov. rar., dress., all., tr.-grêl. Cap. tr.-pet.
W. Ludvigii.
Cap. obl. asez all... 4
}

4 {
Innov. stériles nombr., terminées par des bulbilles rouss ....
W. annotina.
Innov. stériles non terminées par des bulbilles 5
}

5 {
Innov. naissant au-dessous des bourgeons floraux. Touff. vert-tendre
glaucesc. Côte des f. méd.......... .... W. albicans.
Innov. naissant en gén. à la b. Touff. vert brill., souv. jaun. Côte atteig. le som..................................... W. nutans.
}

182. W. nutans. — Touff. en gén. comp., *radic. à la b.*
F. infér. *squammif.*, *ov.-aig.* F. sup. *serr.*, dress., ov.-lanc.,
fort. dent. au som., en gén. acum. (ac. un peu tordu), toutes
pâles, mol., *à bords souv. réfl.;* côte *évan.* F. périg. lanc.-aig.,
dentic. au som., à côte. Syn. Péd. flex. en h., long. var., non
tordu ou tordu à g. au som. Cap. cern., horiz., nut. ou pend.,
tr.-var., *à c. méd.* Op. conv., con. ou apic. An. *gr.* Proc. *fend.*
Cils parf. 8-10 anth. avec paraph. axill. aux f. sup.

Terre, pierres, lieux secs ou tourbeux. — Toute l'année.

Var. *bicolor.* Touff. all. Péd. génic. Cap. pâle en dessous. —
subdenticulatum. Touff. denses, courtes, vert métallique. F.
1/2 révol., dentic. vers le som. — *longisetum.* T. courte, nue
à la b. F. serr., dent. Péd. tr.-long. Cap. gr. — *gracilescens.*
T. grêle, élancée. F. lâches, dentic. au 1/2. Péd. méd. — *robustum.* Touff. dens., vert-jaun. T. presque julac. F. à côte
assez courte. — *sphagnetorum.* T. courtes, peu denses. Péd.
tr.-long. Cap. méd.

183. W. annotina. — Gaz. lâches, humbles. T. *assez courtes*, grêl., *radic. à la b.*, *dress.* F. caul. *pl.*, lanc., *dentic. au som.* F. sup. à *bords réfl. et à som. dent.*, toutes *raid. à côte évan.* 2-3 f. périg. *peu dentic.*, acum., *assez révol.* Di. Péd. non tordu ou tordu à d. en h. Cap. horiz., obl.-pyrif., *à long c.* Op. conv., *briév. apic.* An. d. Proc. *peu troués, dentic. au som.* Pl. anthéridif. mêlées aux capsulif. Fl. à fol. ov.-lanc.; côte atteig. le mil. Anth. avec paraph. jaun. assez nombr.

Terre et roches arénacées. — Mai-juin. — Passim, mais rare.

184. W. cruda. — Touff. lâches, *vert glaucesc.* brill. T. *rouge noir.*, dénud., assez all., simp. F. inf. écart., *squammif.* F. sup. *tr.-long.*, acum., *pl.*, *ent. ou sinuol.*, incurv. et *dentic. au som.*; côte évan. F. périg. *long. acum.*, conc. à la b. Di. ou syn. Péd. dress. et flex., *en c. de cygne* au som., parfois un peu tordu à g. Cap. var., cern., horiz. ou un peu pend., ov.-pyrif., *à c. all.* Op. hémisph. ou mamill. Proc. *peu fend.* Anth. des fl. syn. axill.; Fl. gemmif chez les di. Fol. conc., lanc.-acum., avec anth. et paraph. d'égal. long.

Parois fraîches des rochers dans les mont. — Mai-août. — (Jura, Bugey.)

185. W. Ludvigii. — Touff. étend., vert assez foncé. T. fructif. décomb., à innov. *dress.*, radic., *grêl., subcyl.* F. inf. *ov.-obt.*, espac., *ent.* F. sup. all., *ent.* ou dentic. au som.: toutes conc., *pliss.*, à bords réfl.; côte *évan.* vers le som. 3-4 f. périg. lanc.-acum., *révol.* Di. Péd. *génic. à la b.*, un peu flex., *courb.* au som., *tr.-mince.* Cap. pet., incl., obl., pyrif., incurv., *à long c.* Op. mamill. ou conv.-con., ov.aig. 20-40 anth. Paraph. nombr., subspath.

Terre humide à la limite des neiges. — Août-sept. — (Mer de glace au Mont-Blanc.)

186. W. carnea. — Touff. *vert clair.* T. simp., *radic.*, dress. ou un peu décomb. à la b. Innov. *grêl.* F. sup. *pl. long. lanc.* que les inf., *dentic.* au som., *presque pl.*; côte *évan.* F. périg. lin., *sans côte.* Di. Péd. *génic.*, flex., *épais. au som.*, *tr.-rouge* à la b., à peine tordu à g. Cap. pend., rar. horiz., pet., *obl. campanulif.* Op. conv. apic. ou non. An. *nul.* Proc. *tr.-fend.* Pl. anthéridif. simp. Fl. à fol. pet. sans côte. Anth. avec paraph.

Terre argileuse près des ruisseaux. — Print.-été. — (Environs de Lyon.)

187. W. albicans. (*W. Wahlembergii* ; *mnium albicans,* Wahlemb.) — Touff. lâches, vert *pâle ou glaucesc.* T. déprim., radic. à la b. Innov. *grêl.,* souv. all. et *stériles.* F. caulin. *tr.-espac., squammif.* F. sup. étal., conc., *crisp.* ou flex., ov.-lanc., décurr., *aig. ou subobt., à peine dentic.* au som., bords *un peu courb.;* côte mince *dépass. peu le mil.* F. périg. lanc., *faibl.* révol. et dent. Di. Péd. flex., arq. au som. Cap. pend., *obov., infundibulif, vert glauque* puis brun., c. court. Op. con. apic. *obt.* An. *nul.* Proc. *tr.-fend.* Pl. anthéridif pl. grêl., à f. pl. courtes et pl. obt. Fl. à fol. suborbic., acum., dent. au som. 30-60 anth. Paraph. nombr. obt., subspath.

Terre humide, bords des cascades. — Tr.-rar. fructif.

Var. *glacialis* en gaz. bomb. glaucesc. (Alp. du Dauph.)

188. W. Tozeri. (*Br. marginatum*). — Touff. tr.-lâches. T. courtes, dress., simp., radic. à la b. F. inf. écart., ov.-lanc.; F. sup. *ov.-acum.* Toutes *tr.-ent., à marg. rougeâtre.* Côte *évan.* méd. Di. Péd. *courb.* en h., tordu à g. au som., parfois à d. au mil. Cap. horiz. ou incl., obl. pyrif., à *c. all.* Op. conv. con. An. *d.* Proc. et fl. anthéridif. de *l'annotina.*

Terre argileuse, près des ruisseaux. — Print.

Nota. — Cette espèce est surtout méditerranéenne.

GÉNRE POLHIA. (*Bryum*).

1 { Cap. subcyl., c. égal au sporange............................ 2
  { Cap. obl., à c. plus court que le sporange........ 3

2 { Innov. unique et t. ramif. F. sup. lisses, à bords courbés au mil. Cils
     rudim. Anth. nues........................ **P elongata.**
  { Innov. nombr. F. sup. ... et ... Cap. étr. acum. Cils nuls......
                                          P. acuminata.

6

$\left\{\begin{array}{l}\end{array}\right.$

3 Tig. ramif. à partir de la b. Innov. courtes. F. sup. pliss., révol. Cils nuls.. **P. polymorpha.**
Touff. vert-doré brill. Innov. uniq., terminée par une large rosette de f. F. sup. non pliss., conc Cils rudim.......... **P. longicolla.**
Touff. vertes à la surface, noires à l'int. F. sup. presque pl. et ent. Cils fugaces, rudim................................. **P. cucullata.**

189. P. acuminata. — T. simp. puis ramif., *radic. à la b.* F. infer. de la t. et des innov. *écart.,* pet., *ov.-lanc.;* côte *ne dépass. pas le mil.* F. sup. serr., lanc., raid., *pliss., révol.;* côte *atteign. le som.* qui est *dentic.* 3. F. périg. lanc. Mon. Péd. flex. Cap. horiz., all., clavif., à c. tr.-all. Op. con. aig. ou à bec court. An. *d.* Proc. all., *ent.* Fl. anthéridif. *gemmif., au-dessous des capsulif.,* à fol. *ov.-aig.,* à côte peu app. 2-3. anth. Paraph. pl. longues.

Lieux découverts, fissures des rochers dans les mont. — Eté. — Tr-ressem-blant au **P.** *elongata.*.— (Massif du Mont-Blanc.)

190. P. polymorpha. — Ressemble à *l'elongata.* Touff. lâches. T. de 7-12 millim., *denud. à la b.,* peu ramif. et *peu radic.* F. carén., 2-3 *pliss.,* à bords *roulés., dentic.* au som.; côte *évan.* près du som. Mon. Péd. *souv. génic.,* raid. ou un peu flex., tordu à d. en b., à g. en h. Cap. horiz., obl. ou pyrif. Op. mamill. souv. apic. An. *d.* Proc. lin. souv. *pl. longs* que les dents. Anth. nues, axill. 2-2. Paraph. 2 fois pl. long.

Terre, fissures des rochers dans les mont. — (Belledone.)

Var. *stricta.* T. all., raid. F. serr. subimbriq. — *gracilis;* T. délic., all. dénud à la b., tr.-ramif. dès la b. — *brachycarpa* à cap. épais., pâle, resserr. sous l'orifice. Si le péd. est arqué on a une var. désignée sous le nom de *curviseta.*

191. P. cucullata. — Touff. serr., *vert noir à l'int., vert frais à la surf.* T. de 25 millim., radic., décomb., à innov. *dress., souv. dénud. à la b.* F. à côte *évan.* F. inf. ov.-lanc., écart. F. sup. *lanc.-acum., dent.* au som., presque pl., ou à bords *faibl.* réfl. F. périg. un peu révol., *dentic.* Mon. Péd. souv. *génic. à la b.,* raid, ou un peu flex. Cap. pend., ov. ou pyrif., gr. Op. conv., papill. ou apic. An. gr. Proc. quelquefois *adh. à la b., troués, ég.* aux dents. 1-2 anth. axill. Paraph. rar. et courtes.

Terre humid. du mont. — Eté-Aut. (Jura.).

192. P. elongata. — Gaz. en gén. tr.-lâches, *vert jaun. brill.* T. *noir.*, grêl., simp., *dénud. à la b.*, à feutre radic. *viol. à la b.* Innov. *partant en gén. de la b.* F. inf. écart., *ov.-lanc.* F. sup. serr., *lanc.-acum. ou lanc. lin., dentic.* à partir du mil., parfois *un peu tordues* au som.; côte *atteign. le som.* F. périg. étr., *acum., dent.* Mon. Péd. var., souv. tordu à g. en h. Cap. jaune clair, subhoriz. ou peu incl., obov., cern., *à c. long.* Op. con. aig. ou conv. apic. An. *d.* ou *tr.* Proc. étr., ent., dentic. au som. Cils *courts* ou rudim. Fl. anthéridif. gémmif. Anth. axill. 2-2. Paraph. courtes.

Terre et fissures de rochers granitiques. — Aut. — (Bresse.)

Var. *macrocarpa.* Cap. courte, resserr. sous l'orifice. Proces. souv. adhér. au som. — *minor.* comme la précéd., mais cap. pl. pet.

193, P. longicolla. — Confondu avec le précéd. Touff. dens., *bomb., vert doré.* T. all., *non dénud.* Cap. brun. à c. *moins all.* Péd. pl. épais et *pl. court.*

Même habitat. — (Alpes du Dauphiné et de la Savoie.)

Décrite comme var. *alpina* du *V. élongata*

Genre ZIERIA. (*Bryum.*)

194. Z. Julacea. — Touff. peu étend., vert *pâle argenté, brun vineux à l'int.* T. *courtes,* dress., innov. en gén. au som. R. *cyl.* F. *tr.-imbriq.,* ov. et *fin. acum.,* pl., *ent.;* côte *atteign. le somm. de l'ac.* F. périg. long. acum., *révol.* Di. Péd. court, en *c. de cygne.* non tordu. Cap. subhoriz., ov., obt., à c. 2 *fois pl. long.* que le sporange. Op. con. ou apic. An. *large.* Proc. *ent.* ou à peine fend., *pl. longs* que les dents. Cils rudim. Fl.

anthéridif. à fol. obcord., apic.; côte presque nulle ou nulle.
Anth. avec paraph. pl. long.

Fissures humid. des rochers dans les hautes mont. — Aut. et hiv. (Alpes de
la Savoie, Haut-Jura).

195. Z. demissa. — Touff. brun. Innov. *courtes*. R. un
peu all. F. *faibl. imbriq.*, *obl.-lanc.-acum.*, *cuspid.*; côte assez
longue. F. périg. du précéd. Cap. tr.-incl., *clavif.*, ventr.
Op. obliq. Proc. *perf.*, *pl. courts* que les dents. Cils imparf.
Fl. anthéridif. à fol. ov.-acum.; côte courte. Anth. et paraph.
du précédent.

Même habitat.

Genre MNIUM. (*Bryum.*)

196. M. punctatum. — Touff. lâches, vert sombre. T. fertiles *dress.*, simp., toment. à la b. et aux aisselles des f. T. stériles *incurv.* F. écart., *ov.-arrond.*, *obt.* ou un peu apic., *ent., marg.;* côte *atteign. en gén. le som.* F. périg. tr.-pet., lanc. Di. Péd. *arq.* en h. Cap. à inclinaison var., *à c. court.* Op. con. ou rost. An. *tr.* Proc. *tr.-fend.* Pl. anthéridif. presque simp. Fl. disc. à fol. obov., 60-80. anth. Paraph. tr.-nombr., orang.

Bois, bords des ruisseaux. — Dans nos environs. — Print. rar. fructif.

197. M. undulatum. (*Br. ligulatum*). — Touff. mol., *vert clair,* élégantes. T. fertiles. *couch., puis dress.*, presque *simp.* R. courts. R. stériles *flagellif., pend.* Innov. à la b. tr.-all., dress. ou ramp. F. décurr., flex., *obt.* ou mucron, *ligulif., ondul., tr.-long.* au som.; dents *simp.;* côte *évan. au som.,* F. périg. *spath.,* aig., *tr.-dent.* Di. Fr. *nombr.* Cap. ov., presque pend. Péd. arq., tordu à g. au mil. Op. conv., acum. An. *tr.* Proc. *perf.* Fl. anthéridif. disc. à fol. obcord., non marg., non dent., presque pl. Anth. et paraph. tr.-nombr. Paraph. verd., clavif.

Lieux frais, ombragés. — Passim. — Print.

198. M. hornum. — Touff. dens., *entrel., vert oliv.* ou rouss. T. fertiles dress., *tr.-fibrilleuses.* T. stériles, les unes solid., all., incl. au som.; les autres minces à f. moins serr., pl. larges. F. inf. *lanc.,* ent. F. sup. all., *spath., crisp.* et souv. pliées en sèch., *étr. marg.;* dents *doubles.;* côte *évan., dent.* sur le dos. F. Périg. *tr.-dent.;* côte *méd.* Di. Fr. *solit.* Cap. ov.. cern., pend. ou horiz., *à c. court.* Péd. long et flex, Op. mamill., *papill.* An. *tr.* Proc. *à gr. trous arrond.* Pl. anthéridif. délic. Fl. disc. à fol. conc. 20 anth. roug. Paraph. nombr., fusif.

Forêts, bords des ruisseaux. — Avril-mai. (Environs de Lyon : Chaponost, Dardilly, etc.)

199. M. serratum. (*Br. marginatum,* Dickson). — **Touff.** lâches, *vert foncé* ou jaun.; feutre *brun,* radic. *tr.-abondant.* à la b. T. fertiles méd., simp., *dress., pourpre foncé.,* peu sto-

6.

lonif. F. *décurr.*, ov.-lanc., *crisp.* en sèch.; dents *doubles*; côte *rouge évan.* F. périg. lanc.-lin.-acum., *dent., sans côte.* Syn. Péd. tordu à g. en h. Cap. *pâle*, méd., incl., nut., cern., ov. Op. à bec *long, pâle.* An. *large.* Proc. *à trous étr.* Cils *append.* Anth. nombr. avec paraph.

Terre et rochers humid. — Passim. — Mai-juin.

200. **M. orthorynchium.** — Touff. lâches, vert foncé.
Innov. *grêl. au-dessous des fl. anthéridif.* T. dress., radic., avec *jets stériles dress.* ou *arq.* F. sup. assez serr., raid., étal., obl.-rétrécies, assez acum.; margo *épais et étr. dent.* sur presque tout le contour ; dents *doubles;* côte *évan. au som.* et *dent. au dos.* F. périg. *subul.-lin., tr.-dent.* Di. Fr. solit. Péd. *raide,* assez long. Cap. obl., horiz. Op. conv.-con., *à bec obliq.* An. *large.* Proc. du précéd. Cils *non append.* Fl. anthéridif. disc. Anth. et paraph. tr.-nombr.

Lieux frais dans les mont. — Eté. (Jura ; Alpes du Dauphiné).

201. **M. spinosum.** — Touff. lâches, *tr.-radic.* à la b.., *vert foncé.* T. du précéd. F. inf. *squammif., hyal.,* ov.-lanc. F. sup. dress. en séch., obov.-obl., décur., aig , *marg., dent.* au 1/3 *sup.,* dents *doubles et brunes;* côte *brune apic.* F. périg. lanc.-lin.-acum., *tr.-dent.* Di. Fr. en gén. *mult.* Péd. pâle, *assez court.* Cap. subhoriz., obl., vert-jaun., puis brun., à c. *court.* An. *étr.* Op. conv.-con. *à bec obliq. court.* Dents *pourpre noir.* Proc. *à gr. trous all.* Cils *append.* Pl. anthéridif. rob. Fl. à fol. obov. 50-60 anth. Paraph. pl. long., obt.-clavif.

Même habitat.

202. **M. rostratum.** — T. fertiles décomb. puis dress., simp. ou peu ramif., *courtes, radic. à la b.* R. stériles *longs, ramp.,* à *f. ellip.,* souv. mucr., *marg.,* à côte *atteig. l'apic.* F. inf. *ov.-acum.* F. sup. *obl.-lanc.* Toutes à dents *écart., obt.,* décurr., ondul.; côte *évan. dans l'apic.* F. périg., *étr., dent.* ou *ent., à côte.* Syn. Fr. *nombr.* Péd. arq. et flex. Cap. nut., ov.. *subhoriz.* Op. con., *long-rost.* Proc. *larg. troués.* An. d. 5-6 anth. Paraph. nulles.

Terre et pierres ombragées. — Print.

203. M. cuspidatum. — T. fertiles, simp., *toment.*; T. stériles incl. ou ramp. F. infer. *suborbic.*, acum. F. sup. *ov.-lanc.*, *révol.* jusqu'au mil.; ac. *court, arq. ou tordu.*; dents *simp., écart., aig.*; côte *évan. au som.* F. périg. *lanc.-spath., à peine dent., à côte.* Syn. Fr. solit. Péd. dr., tordu à g. en h. Cap. ov., cern., *subhoriz; c. court.* Op. court avec ou sans papil. An. *étr.* Proc. du précéd., *pl. longs.* 5-6 anth. Paraph. nulles.

Même habitat. — Troncs des saules dans le bas Bugey.

204. M. affine. — Confondu avec le précéd. Touff. lâches, vert foncé. T. fertiles all., *stolonif., souterr. en partie, toment.* T. stériles couch. ou ramp. F. inf. *ov.-acum.* décurr. F. sup. *lanc.-acum.* Toutes *pâles, marg., dent. jusqu'à la b.*; côte *briév. cuspid. ou évan. au som.* F. périg. *tr.-étr., spath.-aig.* Di. Fr. solit. ou mult. Péd. un peu arq., non tordu. Cap. cern., obl., parfois pend. Op. mamill., apic ou non. An. *tr.* Fl. anthétidif. disc. à fol. ent., obcord.-acum. 100-120 anth. Paraph. rr.-nombr., obt., subspath.

Bois humid. — Avril-mai. — Rar. fructif. mais assez commun.

205. M. stellare. — Touff. *tr.-grêl.*; feutre radic. *brun-viol. à la b.* T. dress.; les stériles *parfois incurv.*; simp. ou ramif., radic. F. inf. écart., *ov.*; F. sup. décurr., *obl.-acum., ondul., dent.*; dents *simp.*; côte *évan.* F. périg. étr., *courtes, dent.* Di. Fr. *solit.* Péd. *en c. de cygne*, à peine tordu. Cap. nut., ov., subcern. Op. hémisph. An. *d.* Proc. *un peu troués.* Pl. anthéridif. délic. Fl. disc. Anth. pet. Paraph. terminées par 3 articles globuleux.

Haies, broussailles, vieux murs. — Print. — (Alpes du Dauphiné).

GENRE AULACOMNIUM. (*Bryum; mnium*).

206. A. palustre. — Touff. prof., *entrel.*, jaun. T. de 7 à 30 cent. ramif., *dress.*, flex., toment. F. serr., semi-am-

plexic., étal., flex., souv. *révol. à la b., tordues à d. en séch.*
les sup. all., lanc., *carén. dentic. au som., papill.;* côte *évan.* F.
périg. délic., un peu *pliss.* à la b., *courtes.* Di. Péd. dress.,
tordu à g. Cap. cern., ov., incl., *à c. court.* Op. con. *à bec.* An.
d. Proc. *tr.-fend.* Fl. anthéridif. disc. à fol. gr. lanc., étal.,
canalic. Anth. et paraph. tr.-nombr. Paraph. subspath. Pseudopodes en *capitules foliacés.*

Lieux tourbeux des mont. (Dauphiné). — Print.

207. A. androgynum. — Touff. fertiles lâches, *vert jaun.*
Les stériles épais, *vert tendre,* tr.-radic. T. de 2-3 cent., simp.
ou dichot., *toment.* F. long. lanc., étal., *serr.,* flex., *un peu*
révol. à la b., *dent. au som.,* tordues *à g.* en sèch.; côte *évan.*
F. périg. *lanc.-lin.* Di. Péd. tordu à g. en h., méd. Cap. cern.,
cyl., *c. court.* Op. con. Proc. *fend.* Fl. anthéridif. gémmif. à
fol. lanc. subul. Anth. peu nombr., paraph. filif. Pseudopodes
à capitules *en général nus.*

Forêts des mont. arénacées. — Juin.

Genre CINCLIDIUM. (*Mnium.*)

208. C. stygium. — T. dress., toment., simp. ou à r.
grêl., à f. écart. *noir.* F. inf. ov., *en gén. décomposées, noir.,*
obt., ou à côte mucr. F. sup. tr.-serr., apic., *vert ferrugineux.*
F. ram. pet., vert foncé. Toutes *très-ent., marg.,* un peu décurr. F. périg. lanc., *sans margo,* souv. dentic.; côte *dépass.*
le som. Syn. Péd. incurv., jaune roug., épais et tordu à g. au
som. Cap. pend., ov., *apoph. tr.-développée.* Op. conv. papill.
An. *imparf.* Périst. int. *cupuliforme* à 16 plis prolong. en proc.
alternant avec les dents. Dents obt., courtes, molles. Anth.
peu nombr.

Tourbières profondes. — Alpes du Dauph. — Eté.

16ᵉ FAMILLE. — BARTRAMIACÉES,

Pl. vivaces en gaz. épais., ram.-dichot. R. souv. fastig. T. en gén. toment. dans la partie inf. — F. serr., ov.-lanc., ou ov.-subul., étal. ou hom., souv. papill. dentic. au som., souv. raid. et crisp., à côte. Cell. supérieures carrées ou obl. all.; les basil. rectang. ou lin. — Di. ou mon., rar. syn. — Coiff. en capuch., pet., tr.-fug. Péd. var., droit ou courb. Cap. un peu cern., dress. ou incl., sphèr. ou ov.-globul., en gén. str. en séch. Op. pet., souv. obliq., mut., ou à bec. Sporange petit, suspendu au moyen de filaments dans la cavité capsul. — Périst. nul, simp. ou d. L'ext. comme chez les *Bryacées.*, l'int. membr. à 16 plis avec proc. carén. Cils nuls ou tr.-courts.

Sous-genre. BARTRAMIA. — Toutes les r. semblables.; cell. sup. carr.

1 { Périst. simp., raid.............................. **B. stricta**.
  { Périst. d. F. flex. ou crisp........... 2

2 { Péd. all. Cap. émergée........... 3
  { Péd. court, incurv. Cap. presque cachée dans les f. sup.............
                                              B. Halleriana.

3 { Touff. vert. foncé, ou jaun., souv. noir. à la surf. F. révol. de la b. au
  {   som...... .... **B. Œderi**.
  { Touff. vert. clair. F. non révol., ou révol. au mil. seulement........ 4

4 { F. tr.-crisp. en séch. ov.-lin.-canalic., étr. hyal. à la b............·
  {   **B. pomiformis**.
  { F. faibl. crisp. en séch,, obl.-lin.-subul. à b. hyal. large........ .....
                                              B. ithyphylla.

209. **B. stricta**. — Gaz. humbles, *radic. jusqu'au mil. des t.*, brun. à la b., vert-jaun. à la partie sup. T. dichot. R. dress. F. serr., étal., *raid. en sèch.*, assez pl. au som., dentic., lanc.-acum., *mucron.;* côte *excurr.* F. périg. semblables. Syn. Péd. dress., raide, *tétrag.* au som., tordu à d. en h. en sèch. Cap. *dress.*, sub.-cern., striée puis sillon. Dents *fend.* ou même bif. Anth. à péd. court.

Terre et rochers. — Été. Est surtout méridionale.

211. B. ithyphylla. — Touff. bomb., vert clair à la surf.,
décolor. et *tr.-toment.* à l'int. T. dress., ramos.-dichot. R. fastig. F. serr., assez raid., sub.-vagin., puis *subitement étal.;*
brill., hyal. et obl. *à la b.*, puis *long. lin.-subul.*, dentic., con-
tourn. en séch.; côte *large.* F. périg. semblables. Syn. Péd.
dress., assez épais, rouge-orang., non tordu. Cap. obl. en vieill.,
cern. Proc. *ég.* aux dents, souv. bif. ou peu développés. Cils
rudim. ou nuls. 6-10 anth.

Fissures des rochers granitiq. dans les mont. — Eté. (Alpes de la Savoie.)

212. B. Œderi. (*Bartr. gracilis.*) — Touff. *lâches*, souv.
noir. à la surf., décolor. et *tr.-toment.* à l'int. T. *grêl.*, ramoso-
dichot. R. fastig. F. *peu serr.*, *surtout à la b.*, vagin., puis
étal., souv. même courb., *lanc.-acum.*, carén., *révol. de la b.*
au som., dent. *dans la 1/2 sup.*; côte *excurr. dent. sur le dos.*
F. périg. tr.-all., acum., étal., flex., *dent. au som.* Syn. Péd.
court., flex., non tordu. Cap. dress., ou obliq., pet. Périst. du
pomiformis. 3-4 anth.

Rochers frais des mont. — Eté. (Ardèche; Alpes du Dauphiné; Jura.)

213. B. pomiformis. — Touff. *comp.*, bomb., *vert tendre*
à la surf., brun. à l'int.; feutre radic. *assez court.* T. décomb.
puis dress., ramoso-dichot. F. *serr.*, dress., étal., *crisp. en séch.*,
lanc.-lin.-canalic., révol. *au mil.*, *tr.-dent. surtout au som.*,
papill.; côte excurr. *brièv. mucr.* F. périg. pl. délic., lisses,
et *presque ent.* Mon. Péd. all. non tordu. Cap. souv. cern.,
sub.-globul., à ouvert. obliq. Op. pet. Dents *conniv.* par l'humid. Proc. *pl. courts*, bif. Cils rar. ou nuls. Fl. anthéridif.
gémmif. Anth. sessiles peu nomb. Paraph. filif.

Roches et terre ombragées. — Passim. — Print. et été.

Var. *B. crispa.*

214. B. Halleriana. — Touff. mol., *prof.*, vert ou vert-
jaun.; à *feutre radic. abond.* T. prim. de 3 cent. R. fructif.
fastig. Innov. *all.* F. serr., tr.-all., *raid, fort. dent.*, hom. et
falcif., *tordues en séch.*, lin.-subul., conc., papill.; côte *dépass.*
le som., dent. sur le dos. F. périg. obl., moins dent. Mon. Fr.

term. sur les r., lat. sur les innov. jeunes. Péd. court, *arq.*
Cap. ov.-glob., *caché dans les f.* Op. con. Périst. du précédent.
Anth. id.

Fissures des rochers dans les mont. granit. — Juin-juillet. — (Ardèche :
Alpes du Dauphiné.)

Sous-genre. Philonotis. — R. fertiles ascend. R. stériles courts,
étal. ou pend.; cell. sup. obl. all., rar. rectang. (*Bartramia.*)

1 {
F. grèle., courtes, F. pl., non pliss. Cell. sup. rectang..............
                              P. marchica.
T. rob., ou all. F. pliss., révol. Cell. sup. obl. allong............... 2
}

2 {
Toutes les f. hom. et falcif., faibl. pliss. et révol., dentic. au som. seulement.. **P. calcarea.**
F. caul. pet., ov.-acum. F. ram. hom. et falcif. assez fort. pliss. et ré-
  'vol., dent. sur presque tout le contour............ **P. fontana.**
}

215. P. fontana. — Gaz. étend., prof., *vert-glauc.,* rouss.
et *radic.* à la b. T. *tr.-toment.* tr. var. en long., presque simp ,
dress., ou décomb. à la b. R. *étoilés.* F. caul. tr.-pet., ov.-
acum. F. ram. all., étal., *ou hom. et falcif., pliss. dentic.;* côte
atteign. le som. F. périg. ov.-lanc., *sub.-aig.;* à côte. Di. Péd.
souv. tr.-long et tr.-solide. Cap. gr., cern. Op. con. aig. Dents
conniv. par l'humid., arq. en séch. Proc. *pl. courts.* 2-3 cils
libres ou soudés. Pl. anthéridif. semblable à la capsulif. Fl.
disc. à fol. int. pl. long., presque horiz., *obt.,* lisses; *côte peu
app.* 100-120 anth. Paraph. tr.-nombr., obt.

Bords des ruisseaux et des sources. — Eté. (Pilat.)

216. P. calcarea. — Touff. et t. de l'espèce précéd. F.
unif., *hom., falcif.,* un peu révol. à la b., *pliss.,* ov. et long.
acum., fin. *dentic. dans la 1/2 sup.;* côte assez *épais.* F. périg.
obl. acum., dress., *pliss., à peine dentic.;* à côte. Di. Péd. all.,
Cap. du précéd. Proc. *tr.-fend.* Fl. anthéridif. disc. à fol. imbriq. à la b., triang. subul., *tr.-aig.;* côte *atteign. le som.* Anth.
et paraph. du précéd.

Même habitat, mais dans les régions calc. — Eté. (Grande-Chartreuse ; Jura.)

217. P. marchica. (*Leskea marchica.*) — Ressemble au
B. *fontana,* mais est *pl. grèl.* F. serr., lanc., étal. ou en gén.

hom., conc. à la b., carén. et dentic. au som., papill.; côte mucr. F. périg. conc., *ov.-subul.-acum.* Di. Péd. dress., flex. Cap. subglobul., un peu cern., *str. puis sillon.* Op. court., con. obt. Proc. *courts.* membr. basil. *souv. adh. aux dents; cils rudim.* Fl. anthéridif. subdisc., à fol. *ov.-lanc.-acum.*, *étal.*, dentic.; côte mince *atteign. le som.* 30-40 anth. Paraph. nombr., obt.

Prés marécageux, bords des ruisseaux. — Env. de Grenoble. — Été.

17ᵉ Famille. — MÉESIACÉES.

Pl. gazonn. T. var. all. formant parfois des touff. prof., peu ramif. — F. ou serr. ou écart.; ou obt. ou lanc.-acum., ent. ou dent. Côte var. Cell. assez étr. dans les *Meesia* et le *Catoscopium*, pl. larges chez l'*Amblyodon.* — Di., mon. ou syn. Coiff. en capuch. un peu con. dans la jeunesse, fug. Péd. long. Cap. rar. dress., en gén. cern, à long c. con. Op. con. — Périst. simp. ou d. semblable à celui des *Bryacées.* Membr. basil. assez étr. Cils 2 fois plus longs que les dents. Fl. anthéridif. gémmif. ou disc.

Périst. simp. de 16 dents courtes, imparf. Cap. pet. globul.......... **Catoscopium.**
Périst. d. Proc. non vésiculeux.... .... **Amblyodon.**
Périst. d. Proc. vésiculeux .... **Meesia.**

Genre CATOSCOPIUM.

218. C. nigritum. (*Weisia nigrita*, Hedv.; *Grimmia nigrita; Bryum nigritum.*) — Touff. mol. prof., *vert oliv.* à la surf., rouss. à l'int. T. dress., flex., *filif.*, var., Innov. nulles ou rares. F. caul. écart., étal. ou hom., *lanc-aig.*; F. sup. all., acum., *ent.*, en gén. pl., *tr.-carén. à la partie sup.*; côte *atteign. le som.* Tissu cellul. carr. F. périg. conc. à la b., *ov.-*

lanc.-lin.-subul. (ac. *flex.*) Di. Péd. tr.-tordu à d. Cap. pet.
subglob., *horiz.*, un peu cern., *lisse*, *noire* à la mat. Op. pet.,
con. obt. Dents *festonnées*, *tr.-courtes, lanc.-obt.*, parfois *fend.*
Fl. anthéridif. gémmif. à fol. ov.-acum.; à côte. Anth. à péd.
court. Paraph. filif.

Marais du Haut-Jura et du Dauphiné. — Eté.

Genre AMBLYODON. (*Bryum; Meesia.*)

219. A. dealbatus. — T. courtes, *simples* au début, *puis
avec innov. ramif. et all.*, dénud. à la b. et *radic.* F. *obl. ligul.*,
dent. au som.; côte *évan.* Mon. ou Syn. — Fl. syn. et fl. capsulif. mon. à 3 f. périg., pet. *ent.* Péd. long, tordu en séch.
Cap. *incurv.*, pyrif.; *c. dress.* Op. con. obt. Fl. anthéridif. Mon.
à 6 fol. périg. Anth. tr.-nombr. chez les fl. mon., rares chez
les fl. syn. Paraph. cunéif.

Lieux tourbeux. — Juillet. (Dauphiné; Savoie.)

Genre MEESIA. (*Bryum.*)

F. obt.	**M. uliginosa.**
F. acum. ent.	**M. longiseta.**
F. acum. dent. et trist.	**M. tristicha.**

220. M. uliginosa. (*Bryum trichodes.*) — Touff. *épais.*,
prof., vert jaun. à la surf., rouss. à l'int. T. prim. de 15-30
millim., à *innov. fastig.* et radic. F. inf. écart., *obt.* F. sup.
lin., *obt.*, serr., *à bords roulés, ent.*; à côte *épais. évan.* F. périg. lin., *obt.*, côte évan. Mon. Péd. long, dress., tordu en
séch. Cap. incurv., pyrif. *à long c.* Op. con. *obt.* An. d. Proc.
tr.-fend. Fl. anthéridif. à fol. ov.-lanc., *obt.*, à côte. 10-15 anth.
courtes. Paraph. pl. long., clavif.

Lieux marécageux dans les mont. — Eté. (Jura; Dauphiné; Ain; Savoie.)

La var. *alpina* est plus ramassée et a les f. pl. étr.

221. M. longiseta. (*Bryum triquetrum.*) — Touff. étend.,
noir à la b. T. *all.* flex. R. *grêl.* Innov. solit. F. écart., flex.,
tordues en séch., ent., conc., décurr., *lanc.-aig.*, *carén. à la partie*

7

sup.; côte *évan. au som.* F. périg. courtes, *acum.;* côte *atteign.*
le som. Syn. Péd. raide, tr.-long. Cap. *incurv.*, obl., pyrif.,
subhoriz., à long c. Op. con. An *simp.* Périst. du précéd. Membr.
basil. *adh. aux dents.* 15 anth.

Lieux tourbeux dans le Jura. — Juillet.

222. M. tristicha. (*Diplocomium tristichum,* Funck.) —
Touff. lâches, prof., vert. à la surf.; feutre *radic.-viol.* T. dress.
R. délic. F. écart., *trist., squarr.,* décurr , *larg.-lanc.-aig.,* pl.,
puis *carén. à la partie sup.,* dentic. F. périg. courtes, *acum.*
Di. Péd. *tr.-long* , tordu à g. en h. Cap. irrégul. pyrif., obov.,
obliq., à long c. Op. conv., mamill. An. *nul.* Dents souv. bif.
Proc. *fend.* Fl. anthéridif. à fol. *suborbic.,* imbriq., avec ac.
étal. et dentic. 60-80 anth. épais. Paraph. nombr., clavif.

Tourbières des mont. — Eté. (Haut-Jura.)

18ᵉ Famille. — FUNARIACÉES.

T. simp. périssant chaque année, mais se renouvelant par
innov. — F. sup. serr., ov.-lanc. ou ov.-spath.; côte lach.
cellul ; cell. gr. hyal —Monoïque.— Coiff. vésiculeuse, enveloppant la cap. avant. la mat. et alors 4-gone; plus tard en
mitre et lobée ou en capuch. Cap. dress. ou cern., globul.-pyrif.,
à c. app. Péd. souv. all. et arq., raide ou flex. Sporange petit,
suspendu par des filaments dans la cavité capsul. Op. conv.
ou mamill. — Périst. nul. simp. ou d. 16 dents, subul. ou
tronquées, obliq. ou converg., souv. soudées au som. en un
disque réticulé. Périst. int., s'il existe, de 16 cils opposés,
souv. imparf. — Fl. anthéridif. terminales, disc.

Périst. nul ou simp. Cap. ov. globul , dress.... **Physcomitrium.**
Périst. d. Cap. tr.-pyrif., incurv. et gibb............. **Funaria**

Genre FUNARIA.

F. ent. Péd. all., flex., arq., fort tordu en séch. se détordant brusq.
1 { quand on l'humecte. Cap. striée............. **F. hygrometrica.**
F. dent. Péd. méd. assez raide. Cap. lisse. An. nul....... 2

2 { Péd. tordu à g. en b., à d. en h. Dents des f. obt. **F. Muhlenbergii.**
  { Péd. tout ent. tordu à g. Dents des f. aig. 5

5 { F. acum.-subul. Op. papill. . . . . F. hibernica.
  { F. spathul. Op. non papill. . . . . F. convexa.

223. F. Mulhenbergii. (*F. calcarea* Wahlemberg.) —
Gaz. lâches, courts. T. dress., simp. ou peu div., radic. à la b.
F. inf. écart., obl.-lanc.; f. sup. pl. all., imbriq., conc., ov.-
obl., décurr., pl., ent. ou à dents *obt.* au som., *ac. long et pilif.;*
côte évan. F. périg. pl. pet. Mon. Péd. *tordu à d. en h.* Cap.
courte, obliq., obov., *presque lisse,* à c. court. Op. *conv. con.*
Dents lanc.-acum., incomb. à l'humid. Fl. anthéridif. à fol. obl.,
pet., aig. ou acum. Anth. peu nombr. Paraph. courtes.

Terre, surtout dans les régions calc. — Mars. (Dépôts erratiques des environs
de Lyon.)

224. F. hygrometrica. (*Mnium hygrometricum.*) — Touff.
pl. ou moins dress., d'un vert tendre. T. rad. à la b. R. ascend. F. gr., peu imbriq., tr.-conc., léger. *spath.,* aig., *ent.,*
à côte atteign. le som. F. périg. sembl. Mon. Péd. flex.,
souv. arq., fort. tordu à d. Cap. gr., obov., pyrif., cern,, horiz.
ou pend., à c. court., *tr.-sillon.* en séch. Op. *conv.,* pet., pourpre. An. simp. Dents *un peu contourn., conniv.* Proc. pl.
courts. Fl. anthérif. à fol. subspath., aig., dentic., à côte. Anth,
pet. Paraph. nombr., tr.-renflées.

Passim ; affectionne les emplacements à charbon. — Eté.

Var. *calvescens.* — T. délicate et ram. F. à bords ondulés, tord.
en séch. Péd. all., assez raid. Cap. délicate.

Midi de la France.

225. F. hibernica. (*F. Mulhenbergii.* Var. *serrata.*) —
Ressemble au *F. Mulhenbergii* mais pl. robuste. F. pl. all.,
acum.-subul., bords pl. ou moins *infl.;* dents *saillantes* sur le
1/2 sup., étal. Péd. *tordu à g.* sur toute la long. Cap. cern., ov.
Op. *obt.* Périst. comme dans le *Mulhenbergii.* Fl. anthérif. id.

Collines sablonneuses. — (Isère ; Savoie.)

226. F. convexa. — Ressemble beaucoup à l'*hibernica.*
F. *obov.-spath.,* tr.-dent. dans la 1/2 sup., acum.

Lieux humides, escarpés. — (Dauphiné.)

Genre PHYSCOMITRIUM.

Sous-genre. — Physcomitrium. — Coiff. conic.-mitr., lob. à la b. Op. muni d'un ac. Périst. toujours nul.

227. P. pyriforme. (*Gymnostomum pyriforme*, Hedv.; *Bryum pyriforme.*) — Gaz. lâches. T. de 10-15 millim., simp. ou div. F. inf. obl.-lanc.; *tr.-dent. à partir du mil.* F. sup. spath.-acum., *dent. au som.*, brièv.-acum.; côte var. Fol. périg. *pl.*, presque ent. Mon. Péd. *dress., tordu à d.* ou non tordu. Cap. globul.-pyrif., *lisse*, à c. dist. Op. apic. An. peu app. Fl. anthéridif. à fol. obl. dentic. Anth. avec paraph. clavif.

Lieux frais. — Passim. — Print.

228. P. sphœricum. (*Gymnostomum sphœricum*, Schwœg.) — Pl. gazonn. T. de 3-7 millim., *dénud. à la b.*, innov. sous les fl. F. obl.-lanc., *subspath.*, *tr.-étal., pl.*, dentic. sur le 1/3 sup.; côte évan. Mon. Péd. dress., *tordu à g.* Cap. *globul.* à la mat., *tr.-ouverte.* Op. apic. obt. An. tr.-mince. Fl. anthéridif. à fol. étal. Anth. pet. Paraph. nombr., clavif.

Boues des étangs desséchés et des lieux humides. — Aut. Assez rare.

Sous-genre. — Enthostodon. — Coiff. en capuc. Point d'ac. à l'op. Périst. parfois rudiment.

229. E. fasciculare. (*Gymnostomum fasciculare; Funaria fascicularis.*) — Diffère du *P. pyriforme* par les caractères ci-dessus et par les suivants : F. *à dents aig.* An. *nul.* Cap. à c. all. Fl. anthéridif. subdisc. à fol. étal. 10-15 anth.

Terre et champs argileux. — Passim. — Print.

230. E. ericetorum. — Confondu avec le précéd. T. de 5-10 millim. R. courts terminés par les fl. anthéridif. F. *marg.*, lanc. *pl.*, dent. jusqu'au mil.; côte évan. conc., souv. tordues. Péd. tordu à g., *arq. ou génic.* Cap. dress., *pyrif. resserr.* à l'ouvert. Op. souv. *mamill.* Fl. anthéridif. à fol. lanc., brièv.-acum. Anth. peu nombr. Paraph. clavif.

Bruyères un peu humides. — Juin. Peu commun.

19ᵉ Famille. — SPHLACHNACÉES.

Pl. annuelles ou vivaces, assez gazonn. T. dress., ramoso-dichot.; innov. au som. — F. ov. ou lanc., conc., ent. ou à dents obt. Cell. larges. Les sup. pl. ou moins hexag.; les inf. rectang., côte molle. — Di, mon. ou syn. — Coiff. var., resserr. à la b. Péd. long; c. renflé en apoph. spongieuse, de forme var., en gén. colorée. — Périst. rarem. nul, de 16 dents lanc.-gém. ou de 8 bigem. — Fl. anthéridif. disc. ou capitulif. — Croissent en gén. sur les mat. animal. décomposées.

1 { Apoph. et cap. concolor. Dents du périst. soudés 4 à 4............... **Tetraplodon**.
{ Apoph. et cap, de couleur différ.... 2

2 { Apoph. cyl. all. 16 ou 32 dents gém. ou bi.-gem..................... 3
{ Apoph. volumineuse non cyl. 16 dents gém......... **Splachnum**.

3 { Apoph. tr.-all. Colum. faisant en gén. saillie hors de la cap. après la
{ sporose Dents tr.-hygrom....................... .... **Tayloria**
{ Apoph. égal. au plus la cap. Colum. fort. contract. après la sporose.
{ Dents peu hygrom............... .... **Dissodon**.

Genre DISSODON.

231. D. splachnoïdes. — (*Hookeria splachnoïdes.*) — Touff. étend. *vert noir.* T. de 2-13 centim., dress., un peu toment. F. un peu conniv., étal., obov. ou obl., conc., obt., ent. F. périg. du suiv. Mon. et souv. syn. Péd. all., mince. Cap. en gén. dress., con., *souv. turbin.*, à c. court. Périst. de 16 dents gém., parfois bif. Fl. anthéridif. disc., à fol. obov.-lanc., obt. Anth. et paraph. clavif. peu nomb.

Lieux humid. et froids des mont. — Août. — Tr.-rare.

232. D. frœhlichianum. — (*Splachnum frœhlichianum.* (Hedv.) — Touff. souv. serr. T. de 2-3 centim., ramif., radic. à la b., *pourpre noir.* F. assez *serr., all. au som.*, peu imbriq., obl.-ligul., ent., obt. F. périg. plus courtes, étal. au som. Mon. ou syn. Péd. *all.* Cap. *obliq., obl.* Apoph. méd. Op. *caduc.* Dents *all.* Fl. anthéridif. du précéd.

Terre et fissures des rochers dans les hautes mont. (Alpes; Jura).

Genre TAYLORIA. (*Splachnum*).

233. T. serrata. — Touff. irrégul., vert foncé; feutre radic. abond. T. en gén. décomb. F. étal. avec ac. courb. F. inf. ov.-acum. F. sup. 3-4 fois pl. all., spathul., carén., bords refl. et ent. jusqu'au mil., pl. et assez dentic. à l'extrémité; dents hyal.; côte évan. dans l'ac. F. périg. sembl. Mon. Péd. souv. génic. à la b., épais, sillon. en séch., attenué en col. Cap. en gén. dress., ov., brun noir à la mat Op. conv.-con. 16 dents gém., arq. par l'humid., dress. en séch. Fl. anthéridif. à fol. obl. un peu dress. 10-20 anth. Paraph. fusif.

Alpes. — Eté.

234. T. splachnoïdes. Touff. assez comp., entrelacées, toment. à la b. T. ascend., dichot. F. serr. en séch., obl. lanc., puis acum., faib. révol. à la b., dent. et carén. à la part. sup.; côte mince évan. Mon. Péd. *pâle*, flex., un peu tord. à g. au som. Cap. dress., brun-pâle, obl. Op.-con.-acum., assez droit. 16 dents *bif. jusqu'à la b.*, enroul. à l'humid., renvers. en séch., tr.-rouges, *tr.-long*. Fl. anthéridif. à fol. *lanc.-acum.*, conc., étal.; à côte. 8-12 anth. Paraph. renfl.

Excréments d'homme ou d'animaux (Haut-Jura). — Eté.

Var. *obtusa*. Cap. pl. courte. Op. con. obt. Dents du périst. pl. courtes.

Genre TETRAPLODON. (*Splachnum*.)

135. — T. angustatus. — (*Spl. setaceum; Spl. tenue.*) — Gaz. épais. Pl. var. T. *grêl.*, *radic.* R. fascic. F. *assez écart.*, étal., obl., long.-acum, presque pilif., conc., *dent. au som.*; côte molle *évan.* Mon. Apoph. égal. 2 fois la cap. Cap. ov. ou cyl. Péd. *tr-court*. Op. conv.-con. *obt.* Fl. anthéridif. à fol. ov.-acum., presque ent.; côte peu app. Anth. et paraph. tr.-nombr.

Excréments d'homme et d'animaux dans les mont. — Août.

236. T. mnioïdes. Touff tr.-épais. T. du précéd. F. égal.,

peu serr., étal. ou imbriq., obov., *subit. pilif.*, conc., *tr.-ent.*;
côte *excurr.* Mon. Péd. de 1 *à* 1 1/2 *centim.*, épais, raid., 2 fois
tordu à g. Apoph. verte dans la jeunesse, assez all., pliss. en
séch. Cap. ov. Op. conv.-con., *mut.* Dents d'abord bi-gém.,
puis gém. Fl. anthéridif. sessiles ou sur des r. propres, à fol.
conc. à la b., lanc., étal. Anth. et paraph. peu nombr.

Excréments des bœufs, des renards, etc. dans les mont. — Juin.

Genre SPLACHNUM.

237. S. sphœricum. — (*Sp. gracile* (Schwœg.) — Touff.
lâches, vert assez foncé. T. de 1-3 cent., ramif., à radic. rouges
à la b. F. lâches, obov.-acum., *souv. ent.*; côte souv. évan.
1-2 f. périg. assez long. acum.; à côte. Di. Péd. all., souv.
tr. flex. Apoph. *ov.-globul.*, *pliss.* en séch. Cap. dress., cyl. Op.
conv., papill. Dents lanc., obt., all., rapproch. par paires,
souv. trouées, incurv. à l'humid. Colum. en disque au som.
et dépass. la cap. Fl. anthéridif. pet. à 3-5 fol. suborbic., conc.
à la b., ov.-lanc.-acum., dent., étal., à côte. Anth. et paraph.
spath. nomb.

Excréments de bœufs à l'ombre dans les mont. — Été.

238. S. ampullaceum. — Touff. molles, vertes ou pâles.
T. dress., assez courtes, peu ramif. F. inf. lanc. F. sup. assez
larges, 3-4 fois pl. all., acum., ent., conc., *crisp. en séch.*, bords
courb. à la b.; à *dents éparses et obt.*; côte évan. F. périg.
obov.-acum., ent. ou dent.; à côte. Mon. ou di. Péd. tr.-coloré
vers l'apoph.; celle-ci en *vessie renversée, rouge.* Cap. obl. Op.
obt. Dents, colum. du *sphœricum.* Pl. et fl. anthéridif. du précéd. 30-40 anth. Paraph. clavif.

Lieux tourbeux des mont. peu élevées. — Juillet.

239. S. vasculosum. — (*Sp. rugosum.*) — Touff. étend.,
pâles ou vert foncé. T. ramif. à radic. roug. F. arrond. ou ov.-
acum., en gén. égal., *ent.*, conc.; côte molle évan. Di. Péd.
tordu à g. Apoph. *globul. rouge*, quelquefois *en parasol.* Cap.
dress., cyl. Op. conv. Colum. dépass. la cap. Dents du précéd.,
pl. pet. Pl. anthéridif. semblable. Fl. du précéd.

Lieux tourbeux des mont. — Été.

20ᵉ Famille. — CLINCLIDOTACÉES.
(*Ripariacées.*)

Touff. étend., flottantes. T. flex., ramif., noir. — F. lanc.,
épais.; côte forte. Cell. étr., subarrond., carr. ou rectang.
dans la partie inf. — Di. Fr. parfois en apparence pleurocarpes. — Coiff. con. ou en capuc. Péd. nul ou épais. Cap. ov.
An. nul. Op. conv. ou à bec con. — Périst. simp. de 16 dents
en gén. imparf. Membr. basil. percée à jours.

Genre CINCLIDOTUS.

α. — Fr. faussement pleurocarpes.

140. C. aquaticus. — (*Hedvigia aquatica*, Hedv.; *Gymnostomum aquaticum*, Brid.) — Touff. tr.-étend., vert-noir. T. imparf. ramif. F. presque nulles à la b. F. sup. crisp. en séch.,
serr., *lin.-lanc.*, hom. et *falcif.*, étr. marg.; côte évan. ou mucr.
F. périg. peu app. et au som. des vieilles t. Fr. solit. ou gém.
terminaux sur des r. courts. Cap. presque immerg., *noire, lisse.*
Périst. imparf. Membr. basil. corrod. Pl. anthéridif. sembl.
Les fl. à 3 fol. ov.-imbriq., souv. hom.; à côte. 15-20 anth.
assez gr. Paraph. nombr., pl. long. fusif.

Ruisseaux des mont. — Été. — (Isère, Jura; assez commun dans le Midi.)

241. C. fontinaloïdes. — (*Trichostomum fontinaloïdes*,
Hedv.) — Touff. lâches, vert-foncé, vivaces. T. all., *rar.
dénud.*, radic. à la b. R. nombr., *courts, inég., var. serr.* F.
étal., *crisp.* en séch., larg. *lanc.*, carén., assez larg. marg.,
souv. révol. à la b., mucr.; côte forte, *excurr.* F. périg. 1/2 eng.,
imbriq., mucr. Fructif. rar. hors de l'eau. Cap. *immerg.*, obl.,
roug., sillon. Dents divis. en lanières anostomosées à la b.,
libres ou conniv. au som. Membr. basil. étr. Pl. anthéridif.

sembl. Fl. nombr. à fol. conc., acum., obt.; à côte. 20-30 anth.
Paraph. nombr.

Ruisseaux des régions calc. — Eté. — (Bugey, Alpes du Dauphiné.)

b. — Fr. franchement acroearpes.

242. C. riparius — (*Barbula Brebissonii*, Brid.; *Trichostomum riparium* ou *flavipes*, Weber et Mohr,) — Port. de l'*Aquaticus*. T. *tr.-dichot*. F. serr., *dress.*, *étal.-arq.*, *à peine crisp.*,
obl.-*ligul.*, *sub.-obt.*; côte *verte*, *mucr.* F. périg. dress., apic.
Fr. solit. Péd. visiblem. tordu. Cap. obl., noire à la mat. Dents
caduques, divis. en cils anastomosés. Pl. anthéridif. à t. fascic.
Fl. nombr. sur les r. Anth. à péd. court. Paraph. pl. long.

Bords du Rhône et de la Saône.

21e FAMILLE. — HEDWIGIACÉES.

Port et mode de végétation des *Grimmiacées*. — F. ov.-lanc.,
conc., lacin. au som., papill.; sans côte. Cellul. sinueuses. —
Mon. Coiff. con. ou en capuc., lacin. à la b. — Cap. globul.,
immerg., à c. app. Un an. Périst. nul.

GENRE HEDVIGIA.

243. H. Ciliata. (*Anœctangium ciliatum*; *Neckera ciliata*,
Muller; *Bryum ciliatum*, Dickson; *Gymnostomum hedwigia*,
Schreber.) — Touff. lâches, *jaune glauque blanch*. T. souv.
all., et alors couch., dénud. à la b., peu ramif., innov. au
som. F. imbriq., serr., un peu *hom. sur les t.* dress., *falcif.
sur les t.* décomb., tr.-étal. en séch., ov., révol. vers la b.;
ac. *hyal.* Cell. basil. margin. carr. F. périg. *à cils longs*, flex.
et dent. Péd. *tr.-court*. Op. papill. ou non. Coiff. nue ou pil.
Fl. anthéridif. axill. à fol. ov.-obt.; sans côte. 5-10 anth.
Paraph. filif.

Rochers granitiq. arid., rar. rochers calc. — Passim. — Print.

Var. *leucophœa*. — R. épais. F. serr., tr.-étal.; diaphanes sur
le 1/3 de la longueur. — Midi de la France.

7.

22ᵉ Famille. — GRIMMIACÉES.

Touff. ou coussin. épais, de taille var., ramos.-dichot. T. radic. à la b., souv. all. décomb. — F. serr., étal., rar. crispul., opaques, en gén. canalic. et pilif. Cell. serr.-sinueuses-lin., en gén. un peu carr. dans la partie sup. — Di., rar. mon. — Coiffe en capuc. ou en mit., lobée à la b., parfois papill. Péd. court ou méd., souv. incurv. Cap. ov. ou obl., lisse ou striée. Op. con gén. à bec, rar. marmill. — Périst. nul ou simp. de 16 dents sans ligne divis , tr.-souv. criblées de trous, ou irrégul. 2-3 fid., rar. subul., granul. — Croiss. toujours sur pierres ou rochers.

1 {
Périst. nul, tr.-imparf. ou à 16 dents soit criblées de trous, ou irrégul. 2-3 fid. Cap. ov. ou globul. parfois immergée. Op. con. ou à bec méd. 2
Dents du périst. ent. filif. Coiffe souv. papill. Op. toujours subul. **Racomitrium.**
}

2 {
Coiff. tr.-pet. Cap. immerg. Côte des f. ronde. Cell. petites arrond. **Schistidium.**
Coiff. recouvrant en partie la cap. Cap. en gén. émerg. Péd. droit ou incurv. Côte des f. conc. Cell. sinueuses............. **Grimmia.**
}

Genre RACOMITRIUM. (*Trichostomum.*)

a. — *Sous-genre.* — Dryptodon. — R. dichot. Innov. fastig. Coiff. lisse. F. pl. ou moins papill.

244. D. aciculare. — Touff. lâches, déprim., raid., *vert-noir.* T. décomb., *dénud. à la b.*, all. F. étal. ou *hom.*, *ov.-lanc. obt.* et munies au som. de 8-10 dents courtes; bords souv. courb., côte évan. Cell. sup. carr. subarrond. F. périg. dress , obl.-lanc.-aig. un peu pliss. Di. Péd. raide, presque noir, tordu à d. Cap. dress., *ov.-obl.* à c. goîtr., brun-noir. à la mat. Op, droit ou un peu obliq. An. d. Dents 2-3 *fid.* Pl. anthéri-dif. sembl.

Pierres des ruisseaux dans les mont. cilic. — Print. (Alpes, Cévennes.)

245. D. protensum. — Touff. étend., assez dens., *vert-*

clair ou jaun. T. raid. et *foliées* jusqu'à la b. F. *lanc.*, *mut.*, ent., conc.-carén., étal. *ou à peine hom.*, làchement révol. Tissu du précéd. F. périg. du précéd. Di. Péd. pâle, tordu à d. Cap. obl., molle. Dents 2 *fides*. memb. basil. assez large. Pl. et fl. antheridif. du précédent.

Rochers humid. des mont. silic. — Print. (Bresse, Alpes, Cévennes).

246. D. sudeticum. — (*Trichostomum microcarpum.*) — Touff. étend., *vert-jaun. à la surf.*, grise ou *noir. à l'int.* T. pet., *dénud. à la b.*, décomb., puis dress. F. imbriq.., étr.-lanc. F. sup. *à som. hyal. et dentic.*, canalic., *tr.-étal.* en séch.; révol. de la base au 2/3. Tissu du précéd. F. périg. presque eng., subul.-acum. Di. Péd. *court*, jaun., souv. un peu incurv. Cap. *pet.*, ov.-obl., *brill.* Op. con. aig., *à bord rouge* et crénelé. An. large. Dents 2-3 *fides.*, parfois *entières, mais fortement trouées.* Membr. basil. large. Pl. anthéridif. délic. à fl. nomb.

Même habitat. — Tr.-rare.

b. — *Sous-genre.* — RACOMITRIUM. — R. irrégul. Innov. ramif. et noduleuses. Coiff. papill. au som. F. pl. ou moins papill.

1 { F. vertes au som., mut.......................... **R. fasciculare.**
{ F. à som. hyalin... 2

2 { Pointe de la f. fort. crénelée............... **R. lanuginosum.**
{ Pointe de la f. dentic... 3

3 { Cap. anguleuse en séch. Op. à bec subul. Dent. all., bif. jusqu'à la b. **R. canescens.**
{ Cap. lisse ou un peu pliss. en séch. Op. à bec méd. Dents méd., irrégul. fend. jusqu'à la b.................................. 4

4 { Touff. vert oliv. ou noir. F. long. révol....... **R. heterostichum.**
{ Touff. jaune clair. F. peu révol............... **R. microcarpum.**

247. **R. fasciculare.** — Touff. tr.-étend., làches., vertes ou rouss., T. *décomb., foliées ou dénud. à la b.* R. nombr., fascic. F. étal., courb., lanc., *mut.*, 3 *pliss.*, carén.; bords refl.; côte *évan. au som.* F. périg. pliss., 1-2 eng. Di. Cap. dress., ov., noir. à la mat. Op. dr. à bord crénelé. An. d. tr.-large. Dents à div. cilif. *jusqu'à la b.* Fl. anthéridif. à fol. sub-orbic., acum. obt., à côte. 10-15 anth.

Rochers humid. des mont. — Print. — Tr.-rar. — (Haute-Savoie.)

248. R. heterostichum. — Touff. déprim., blanch., ou passant du *vert-olive au noir*. T. *dress.*, décomb. *et dénud. à la b.* R. peu nombr. et courts. F. étal. ou hom. et en ham., lanc., *révol. jusque près du som.*, à poil ou à som. *hyal.* et dent., pliss., carén.; côte verte évan. Cell. sup. souv. carr. ou arrond. F. périg. *pliss., acum.*, vertes au som. Di. Péd. pâle, parfois arq. Cap. dress., *obl.-cyl.*, lisse ou peu pliss., oliv. Op. à bord crénelé. An. couleur de fer. Dents *souv. ent.*, ou comme dans le *Dr. sudeticum.* Fl. anthéridif. à 6. foliol.

Roches arénacées ou granit. arid. — Print.

249. R. microcarpum. — Touff. lâches, *jaune clair à la surf.*, brun. à l'int. T. décomb. et *dénud. à la b.* R. nombr. et courts. F. serr., *tr.-étal. en séch.*, falcif. et souv. hom.; un peu flex., *obl.-lanc.-lin.-acum.*, carén., faibl. *révol*, à poil *hyal.* assez dentic. F. périg. 1/2 eng., dress.; ac. hyal. Di. Péd. méd., jaun. Cap. *obl.*, molle. Périst. *peu développé* à dents 2 *fid. et filif.* Fl. anthéridif. à fol. ov., conc.; ac. court; à côte. 15 anth.

Même habitat. — Eté.

250. R. lanuginosum. — Touff. *déprim.*, prof., *blanch.* T. *filif.*, flex., décomb. et *dénud. à la b.* R. *tr.-nombr.*, courts. F. serr., étal. *ou hom. et falcif.*, lanc., canalic., *pliss.*, som. hyal., assez pilif., *crénelé.* F. périg. un peu eng., *à long poil* flex. et hyal.; côte pénétrant dans le poil. Di. Péd. court, papill., tordu. Cap. dress., ov. Op. con. An. d. Dents *fend. jusqu'à la b.*, à div. inég. filif. Fl. anthéridif. nombr.

Pierres et terre dans les mont. granit. — Eté.

251. R. canescens. — Touff. étend., *vert blanch.* T. décomb., *irrégul. ramif.* F. larg. lanc, *pliss., tubercul.*; bords refl.; *pointe hyal. dentic.*; côte évan. F. périg. lanc., pl., *tr.-pliss.*, acum.-pilif., papill.; côte évan. Di. Péd. jaun., fort. tordu à g. Cap. ov.-con., *faibl. 8 str.* Op. *tr.-long.* An. *tr.-large.* Dents *bifid. jusqu'à la b.*, à div. filif., all. Pl. et fl. anthéridif. des précéd.

Terre et rochers secs, en gén. silic.; rar. calc. — Passim.

Var. ericoïdes. — R. nombr. et fascic. F. squarr. et recourb.

Forêt des Maures (Var).

Genre GRIMMIA.

a. — *Sous-genre* — GASTEROGRIMMIA. — Coiff. en capuc. Péd.
tr.-court, courb. à l'humid.

252. G. anodon. — Coussin. lâches, gris. T. courtes, dress.
F. inf. pet., *ov., obt.*; les sup. obl. à *long poil hyal. dentic.*
Mon. Cap. *immerg., sub-globul.-ventr.* Op. conv.-mamill. Coiff.
lobée. Périst. *nul.* A été général. confondu avec le *Schistidium
pulvinatum.*

Murs et rochers calc. — Print. (Dauphiné.)

253. G. crinita. — Coussin. blanch., tr.-pet. et déprim.
T. courtes, peu ràmif., foliées jusqu'à la b. Innov. grêl., radic. à la b. F. imbriq.; les inf. *ov.-acum., peu ou pas pilif.*,
conc., pl. F. sup. pl. all. à poil fin. dentic., carénées, conc. à
la b. Cell. en gén. carr. ou arrond. F. périg. obl.-ligul., pilif.
Mon. Cap. *émerg.*, ovif., ventr., tr.-faibl. str. Op. mamill. *ou
con. à bec obt*, crénelé à la b. An. tr.-large. Dents tr.-rouges,
étr. criblées ou presque ent. Fl. anthéridif. à fol. obt., non
pilif., à côte. 5-12 anth. à long péd. Paraph. courtes.

Mortier et enduit calcaire des murs. — Passim. — Print.

Var. *elongata.* — Délicate. Les F. périg. sont seules pilif.

Rochers. (Var.)

b. — *Sous-genre* — GRIMMIA. — Coiff. en mit., lobée à la b.
Péd. courbe à l'humid. Cap. en gén. émerg.

1 { F. obt. et non pilif......................... **G. patens.**
  { F. long. lin.-subul., à som. hyal., pilif........................ 2

2 { Péd. peu incurv. Cap. à peine émerg., presque lisse. **G. uncinata.**
  { Péd. incurv. Cap. émergée, en gén. srtiée......................... 8

3 { Op. mamill., obt. 4
  { Op. à bec pl. ou moins long......................... 6

4 { Cap. lisse......................... **G. apiculata.**
  { Cap. striée......................... 5

5 { F. contourn. en spirale par la séch. Dents trouées dans la partie sup.
  {   An. tr......................... **G. spiralis.**
  { F. méd. tordues en séch. Dents irregul. 2-3 fid. An. d. **G. orbicularis.**

6 { F. à poil court. Cap. lisse......................... **G. apiculata.**
  { F. à poil all. ou terminées par un ac. hyal., pilif. Cap. striée........ 7

7 { Pl. en coussin. arrond. assez serr. Op. méd...................... 3
{ Touff. assez dens., à t. assez all. Op. à long bec.................... 9

8 { Coussin. serr., blanch. à la surf.................. **G. pulvinata.**
{ Coussin. lâches, vert-jaun. Péd. un peu all..... **G. trichophylla.**

9 { Poil tr.-dent. Dents 2 fid. Di........................ **G. funalis.**
{ Ac. hyal. pilif. faibl. dent. Dents trouées ou peu fend. Mon. **G. elatior.**

254. G. orbicularis. (*Gr. africana.*) — Coussin. bomb., *dens., gris blanc.* à la surf. T. dress. au centre, *décomb.* à la circonférence, dichot. F. étal., obl.-lanc., carén., faibl. révol., en partie papill.; *long poil hyal. à peine dentic.* Cell. basil. souv. vertes. F. périg. *peu eng.* Mon. Péd. pâle, génic. à la b., dress. et tordu. Cap. *peu émerg., sub-glob., pliss.* Op. *roug.* papill. Fl. anthéridif. à 1-2 fol. obt., non pilif. 6-10 anth. à long péd. Paraph. tr.-courtes.

Murs et rochers calc. — Print. — (Calcaires jurassiques.)

255. G. pulvinata. (*Dicranum pulvinatum,* Schwœger.) — Coussin. hémisph., *denses, blanch. à la surf.* T. tr.-foliées, dichot., radic. à la base. F. souv. un peu tordues, comme celles du précéd. F. périg. *eng.* à long poil. Cell. basil. méd. rectang. et un peu hyal.; les margin. *carr.* Mon. Péd. *arqué en c. de cygne,* tordu à g. Cap. ov., 8-*pliss.* à la séch., épais., angul. en séch. Op. conv. *à bec,* bord crénelé. An. large et d. Dents du précéd. Fl. anthéridif. à fol. ov., obt., sans côte. 10-20 anth. tr.-all. Paraph. courtes.

Pierres, murs, toits. — Passim.

Var. *longicapsula* à cap. all. (Hyères.)
    obtusa à operc. conv. obt. Taille pl. pet. (Le Luc.)

256. G. apiculata. — Coussin. épais, verts. T. *tr.-foliées, courtes.* F. étal. à la b., puis dress., lanc., ligul., à poil *court, presque lisse,* carén. F. inf. pl. pet., *sans poil.* F. périg. all., conc. Mon. Cap. ov., pend., *lisse* et rugueuse après la sporose. Op. mamill. ou con. apic. An. tr. Dents *trouées* et méd. bif.

Fissures des aiguilles qui entourent le Mont-Blanc. — Payot.

257. G. trichophylla. — Coussin. mous, incohér., *vert-jaun.* T. dress., radic. à la b., simp. ou peu ramif. F. *lin.-lanc.,*

flex., carén., révol., *acum.*, presque lisses, à poil *à peine den-*
tic. Cell. basil. margin. hyal. F. périg., eng., *acumr, pilif.*, à
côte. Di. Péd. all., flex., *courb. en h.* Cap. ov., var., str. Op.
con. à bec. An. *large, tr.* Dents *irrégul. bif., parfois adhér.* Fl.
anthéridif. à fol. ov., obt., à côte. 15 anth. à long péd. Paraph. rar., tr.-courtes. Pl. anthéridif. souv. mêlées aux capsulif.

Rochers granitiques et murs. — Print. Aut.

258. G. funalis. (*Gr. Schultzii*, Wilson; *Dryptodon Schult-*
zii, Brid.) — Coussin. dens., arrond., vert oliv., gris à la surf.
T. *dress.*, ramif.. *dénud.* F. inf. 3 fois pl. pet. F. sup. imbriq.,
tordues en séch., dress., étal., carén., révol., obl.-lanc., à peine
papill.; poil *méd., dentic.* Cell. basil. méd. hyal. F. périg. carén., révol.; *long poil hyal.* Mon. Péd. génic. Cap. 8 *pliss.*
Dents *profond. bif., jambes inég.; les pl. long. rapprochées 2 à*
2, ainsi que les pl. courtes. An. *tr.* Op. à *long* bec. Fl. anthéridif. à fol. ov., conc., à côte. Anth. all. Paraph. rar. et courtes.

Rochers granitiques ou siliceux. — Passim.

259. G. spiralis. (*Gr. funalis*, Boul.; *Trichostomum fu-*
nale, Schwœg.) — Diffère du précéd. par ses coussin. pl. dens.,
sa t. *pl. grêl., moins div.* F. dress., imbriq., tr. *tordues en séch.*,
fort. carén., lanc.-lin., pl. ou révol.; *poil méd. presque lisse.*
Cell. basil. margin. hyal. F. périg. à poil *hyal. décurr.* Di. Péd.
génic., arq. en h. Cap. ov., renfl., *pliss.* Op. conv., *mamill.,*
obt. An. large. Dents *criblées* dans la partie sup.

Rochers arid. — Confondu avec le précédent.

260. G. elatior. (*Trichostomum incurvum*, Hornsch.; *Dryp-*
todon incurvus, Brid.) — Touff. lâches, grand., oliv.-rouss. T.
couch., ascend., *dénud. à la b.*, ramif. Innov. fast. F. ov.-lanc.,
conc.; bords refl. *Poil peu dentic.* Di. Péd. *court et génic.* Cap.
inclinée horiz., *tr.-str. en séch.* Op. con. à bec *méd. allong.* An.
tr. Dents var., *ent., fend.* ou *trouées.* Pl. anthéridif. ramif.

Rochers granitiq. et schist. des Alpes. — Print.

261. G. patens. (*Trichostomum patens*, Hedv.; *Racom-*

trium patens, Bryum patens, Dikson.) — Touff. étend., dé-prim., *vert foncé ou jaun.* T. all., décomb., dichot., *peu dénud. à la b.* R. dress., *fastig.* F. peu serr., *lanc.,* carén., obt., ré-vol., faibl. pliss.; côte *souv. lamell.* au dos; une bande étr. de cell. carr. et hyal. à la b. F. périg. dress., obl.-acum. Di. Péd. all., *arq. au som.* Cap. ov., inclin.-horiz., *str., à c. court.* Op. à bec *all.,* obliq., bord *ent.* An. *d.* Dents *bi-trif.* Pl. anthé-ridif. tr.-ramif.

Rochers humid. des mont. — Print. — (Alpes du Dauphiné.)

262. G. uncinata. (*Dicranum contortum,* Wahlenb.; *Dryptodon contortus,* Brid. *Gr. contorta.*) — Coussin. comp., irré-gul., mous, *vert noir.,* tr.-radic. T. méd., dichot., assez dress. F. courb., tordues et crisp. en séch., *lin.-subul.,* étal., carén., un peu révol., à som. *hyal., sans poil.* Cell. basil. *unif. jaun.* et *rectang.* F. périg. eng., *pliss.,* acum., à poil *hyal., dentic.* Di. Péd. *court, génic.,* faibl. tordu. Cap. *à peine émerg.,* ov., *presque lisse.* Op. con. obt., à bords rongés. An. tr. Dents 1/2 *bif.,* ou lacin. Coiff. 4 lob. à lobes eux-mêmes lobulés. Pl. an-théridif. assez ramif. Paraph. nulles.

Roches quartzeuses, cavernes des mont. — Print. Été. — Est peut-être étran-gère à notre bassin.

c. — *Sous-genre.* — ORTHOGRIMMIA. — Coiff. en mit., lobée à la b. Péd. droit.

1	F. sup. en gén. pl. ou faibl. incurv. Poil peu dentic.	2
	F. sup. révol. d'un côté, pl. de l'autre. Poil all., assez fort. dentic. Op. à bec all.	**Orth. ovata.**
2	Dents presque ent., un peu trouées au som. Op. mamill., obt.	**Orth. obtusa.**
	Dents bi-trif., irrégul. Op. à bec méd.	**Orth. leucophœa.**

263. Orth. obtusa. (*Gr. donniana.*) — Coussin. tr.-étr., *vert oliv.,* gris. à la surf. T. *courtes,* dress., dichot., *foliées* jusqu'à la b. F. étr. lanc. F. inf. *sans poil ou à poil tr.-court* les sup. 3 *fois pl. long.,* carén.; *bords pl.; poil rude.* Cell inf. rectang. et hyal. F. périg. 1-2 eng., faibl. pliss.; poil long, dé-curr. Mon. Péd. méd. Cap. ov., *lisse.* An. tr. Op. con. obt., *bord entier.* Dents *rar. bif.* Fl. anthéridif. à fol. obl., mut. 10-20 anth. Paraph. tr.-rar. et tr.-courtes.

Rochers arénacés et granitiques arides. — Eté. (Dauphiné.)

264. Orth. ovata. — Coussin. *bomb.* assez serr., gris à la surf. T. à peine dénud., dress., radic. à la b., peu ramif. F. courb., canalic. F. inf. *non pilif. ou à poil court.* F. sup. *2 fois pl. long., pl. d'un côté, révol. de l'autre,* tr.-étal.; *poil dentic.,* app. Cell. margin. hyal. F. périg. eng.; poil, all. Mon. Péd. court, jaune verd. Cap. émerg., ov., *lisse.* Op. con, *à bec, crénelé à la b.* An. d. Dents var., *fend.* ou *perforées.* Fl. anthéridif. souv. groupées, à fol. obl.-aig., à côte.

Murs et rochers. — Passim.

265. Orth. leucophœa. — Coussin. var., fragiles, *vert oliv. ou noir.* T. dress., presque simp. *Innov. en gén. à la b.* F. all. dans la partie sup., *tr..imbriq.* en séch., *ov.-obl.; bords légèr. infl.; long* poil hyal., décurr., *dentic.;* côte évan. Cell. en gén. arrond. F. périg. eng. à la b., semblables. Di. Péd, *pâle,* court. Cap. dress., obl., brune, *lisse.* Op. *apic.* An. large. Dents *irrégul. fend.* Fl. anthéridif. à fol. suborbic.; poil tr.-court ou nul; côte mince.

Rochers siliceux arid. — Print. — (Alpes; Cévennes.)

d. — *Sous-genre.* — Gumbelia. — Coiff. en capuc. Péd. dr.

1 {	Touff. noir. F. non pilif......................., **Gumb. atrata.**	
	Touff. verd. ou gris. à la surf.................................	2
2 {	F. tr.-pliss., obt et mut. Les sup. extrêmes seules à poil tr.-court. **Gumb. sulcata.**	
	F. sup. toutes pilif., à poil assez all...........................	3
3 {	Touff. assez étend., fragiles. T. all. de 20-40 millim. et dénud. à la b. F. inf. squammif., non pilif............. **Gumb. commutata.**	
	Coussin. arrond.; t. assez courtes...........	4
4 {	F. sup. à poil tr.-all. et tr.-dentic. Op. acum... **Gumb. montana.**	
	F. sup. à poil méd., faibl. dentic. Op. obt...... **Gumb. alpestris.**	

266. Gumb. commutata. (*Dryptodon ovatus,* Brid. ; *Dicranum ovale,* Hedv.; *Trichostomum ovatum,* Web. et Mohr.)— Touff. *vert noir.* ou rouss., *gris à la surf.* T. *décomb. à r. dress.* F. sup. 3 fois pl. long., pilif., carén., *ov.-obl.-lanc.,* conc., un peu papill.; *poil hyal. et dentic.* Cell. basil. margin. rectang.

F. périg. 1/2 eng., pilif. Di. Péd. all. Cap. *dress. ou obliq.*, ov., *lisse.* Op. con. à bec *obt.* et à *bord crénelé.* An. *tr.* ou *quadr.* Dents *bi-trif., cribl.* au som. Pl. anthéridif. semblable.

Roch. siliceuses. — Print. — (Isère; Hautes-Alpes.)

267. Gumb. montana. — Coussin. gris., *noir. à la b.* T. dichot. F. *raides,* obl.-lanc.-lin. ; bords *incurvés.* F. inf. non pilif. Cell. en gén. vert. F. périg. obl., *imbriq.* Di. Péd. *court, pâle,* un peu tordu. Cap. ov., dress., *lisse.* Op. conv.-acum. An. *imparf., persistant.* Dents tr.-étal. en séch., 1/2 *bi.-trif.,* irrégul. F. anthéridif. à fol. ov.-obl.-aig., non pilif. à côte. 10-15 anth. Paraph. tr.-courtes.

Rochers granitiques. — Print. — (Dauphiné.)

268. Gumb. alpestris. — Ressemble beaucoup à l'*Orthog. obtusa.* Couss. déprim. T. courtes, ramif. F. lanc., canalic., pilif., à bords *incurv.* Di. Cap. émerg., assez gr., obl. Op. con., à *bords crénel.* Ant. tr., étr. Dents *fend.* au som. Pl. anthéridif. semblab.

Rochers secs des hautes montagnes. — Eté. — (Lautaret, Hautes-Alpes.)

269. Gumb. sulcata. — Ressemble au précéd. F. *ov.-lanc., assez courtes, larg. pliss.,* en gén. *obt.* et *mut.,* les sup. à poil hyalin, *tr.-court.* Péd. assez all. Cap. obl. Dents *ent.*

Rochers schisteux humides des hautes mont. — Eté. — (Alpes du Dauphiné.)

270. Gumb. atrata. Touff. assez serr , prof., *noir.* T. *foliées* jusqu'à la b., dress. R. fastig. F. *lin.-lanc.,* canalic., *ond.,* à bords *pl., non pilif.* Côte *large.* Di. Péd. all. Cap. dress., ov., à c. court, *noire* en vieill. Op. con. à bec *obt.* et à *bord crénelé.* An. *tr.* ou *quadr.* Dents 1/2 *fend.* Pl anthéridif. semblable.

Rochers humid. des hautes mont. — Aut. — (Alpes.)

271. *Appendice.* — Gr. Hartmann. — Tapis assez étend. et dens., *vert-oliv.* à la surf. F. all., *long. dénud.,* raid. Innov. assez serr., dress.-flex. F. *étal., hom.* par l'humid., imbriq. et *crisp.* en séch., ov.-lanc.-lin.-acum., ent., un peu *révol.,* ou pl. *d'un seul côté, à pointe hyal. dentic.*; presque *lisses;* côte atteig. le som. F. périg. 1/2 eng.. imparf.

Roches granit. — Stérile. — Ressemble au *Gimb. commutata*, mais pl. robuste. — (Dauphiné.)

GENRE SCHISTIDIUM.

1 { Périst. nul ou tr.-incomplet.. .... **S. pulvinatum.**
  { Périst. développé... 2

2 { Dents tr.-criblées, orang........ .... **S. confertum.**
  { Dents peu criblées, rouges.................... **S. apocarpum.**

272. **S. pulvinatum.** (*Gymnostomum pulvinatum*, Hedv.; *Anœctangium pulvinatum; Grimmia sphœrica.*)—Coussin. épais, pilif., *noir.* T. dress., dénud. à la b. F. ov.-lanc. F. sup. 2 fois pl. long., à poil *court* et *dentic.. bords révol.* Mon. Cap. courte, ov., à *large ouvert. en séch.* Op. gr., conv., *papill.,* tombant avec la colum. An. d., étr. Périst. peu visible, *membran. ou à dents tronquées.* Fl. anthéridif. à fol. ov.-conc. Anth. rar. Paraph. rar. ou nulles.

Rochers schisteux des mont. — Print.-Eté. — (Lautaret.)

273. **S. confertum.** (*Grimmia cribrosa; Gr. conferta,* Funck.) — Coussin. dens., *frag., vert foncé.* T. méd., dénud., dichot. F. imbriq. en séch., ov.-obl., carén., *révol. à la b.* F. inf. obt., *non pilif.* F. sup. à poil *court, hyal., papill.* au som. Cell. inf. rhomb.; les sup. arrond. F. périg. all., pl:, acum., dentic. au som. Cap. *immerg.,* globul. Op. mamill., *obt.* An. d. Dents *bi.-trif.,* imparf. *perforées.* Fl. anthéridif. à fol. obl. mut.

Mont. arénacées, schisteuses ou calc. — Print. — (Jura; Alpes.)

274. **S. apocarpum.** (*Grimmia apocaula*, Hedv; *Gr. apocarpa.*) — Touff. var., *vert rouss.* T. *assez all.,* ramif., *long.* dénud., *décomb.* F. assez serr., incurv. F. sup. pl. long., à som. ou à poil hyal., souv. *arq.* et *hom.,* obl.-lanc.-acum., *révol.,* un peu papill. Cell. inf. rectang., jaun.; les sup. arrond. F. périg. dress., acum., conc., un peu révol., *pilif.* ou non. Mon. Cap. ov.-obl., *resserr.* au som. Op. conv. à bec

court obliq. An. *nul.* Fl. anthéridif. latér. ou termin. à fol. ov., incurv. au som.; à côte. 15-25 anth. Paraph. rar. et courtes.

Pierres, toits, murs. — Passim. — Print.

Var. *gracilis.* T. tr.-grêle, long. dénud. F. tr.-étal. à poil dentic. F. périchét. long. pilif. — *rivularis.* Touff. flottantes, noir. T. du précéd. F. tr.-étal , subdentic. au som., révol. F. périchét. sans poil.

23ᵉ Famille. — ORTHOTRICHACÉES.

Pl. en gén. en coussin. bomb., jamais ramp. T. dress. ou faibl. décomb. à r. fructif. — F. lanc., épais., raid. ou crisp.; à côte. Cell. punctif. pour la plupart, tr.-chlorophyll. et plus ou moins papill., en gén. allong. ou rectang. et hyal. à la b. — Mon. ou di. Coiff. en mit., str., crénelée à la b., en gén. pil. — Cap. souv. immerg., droite, ov. ou pyrif., à c. app. — Op. var. — Périst. rarem. nul., simp. ou d. L'extér. de 16 dents bif. ou en gén. de 16 dents gém. ou bigém.; l'int. de 8-16 cils altern. Rarem. une membrane tronquée en place des cils. — Fl. anthéridif. gemmif.

Périst. simp. de 16 dents bif. Op. à long bec droit. **Ptychomitrium.**
Périst. simp. ou d. Op. mamill. ou apic............ **Orthotrichum.**

Genre PTYCHOMITRIUM.

275. Pt. polyphyllum. (*Bryum polyphyllum*, Dickson ; *Trichostomum polyphyllum*, Schwœger.) - Touff. serr., bomb., *vert-oliv.* à la surf., *noir.* à l'int. T. dress., dichot. F. *tr.-crisp.* en séch., étal., obl.-lanc.-lin.-acum., flex., un peu tordues, carén., pliss., un peu révol., ent. à la b., *larg. dent. au som.*; côte atteig. le som. F. périg. peu app., presque ent. Mon. Péd. un peu tordu. Cap. obl., pâle, *lisse*; bordée de rouge. Dents *fend. jusqu'à la b., pourpres,* à 2 branches *subul.* Op. à *long bec subul.* F. anthéridif. axill. en gén. groupées, à fol. acum., avec côte. 15-20 anth. Paraph. rar.

Rochers escarpés et ombragés exposés au nord dans les mont — Ete (Cévennes.)

Genre ORTHOTRICHUM.

a. — *Sous-genre.* — Orthotrichum. — F. faibl. crisp. en séch. Coiff. fort. pliss.

1	Périst. simp..	2
	Périst. d...	5
2	Cap. immerg. ou à péd. tr.-court...............................	3
	Cap. à péd. méd., mais toujours nettement émerg................	4
3	Cap. visiblement str............................ O. cupulatum.	
	Cap lisse ou à peine str......................... O. Sturmii.	
4	Pl. en gén. silic. F. faibl. révol. 16 dents gém.... O. anomalum.	
	Pl. calcic. F. fort révol. 16 dents gém............. O saxatile.	
5	Pl. flottante ou croissant sur les pierres inondées.... O. rivulare.	
	Pl. croiss. sur les troncs ou sur les rochers secs....................	6
6	8 cils...	7
	16 cils..	15
7	F. tr.-obt. Cap. pyrif. Coiff. presque nue........ O. obtusifolium.	
	F. plus ou moins long.-acum...................................	8
8	Cils plus courts que les dents.................................	9
	Cils ég. aux dents..	11
9	Coiff. tr.-pil................................... O. rupestre.	
	Coiff. glabre ou tr.-peu pil...................................	10
10	Cap. immerg. et à c. court..................... O. pumilum.	
	Cap. à péd. app. et à c. all................... O. fastigiatum.	
11	F. lanc. mut.................................... O. tenellum.	
	F. lanc. acum...	12
12	Coiff. glabre................................... O. fallax.	
	Coiff. pl. ou moins pil..	13
13	Côte évan. loin du som. Cap. lisse en gén.......... O. speciosum.	
	Côte atteig. le som. Cap. str.................................	14
14	Coiff. presque ent. Cap. obl. à c. app............... O. affine.	
	Coiff. lobul. Cap. ov., pâle, à stries étr............. O. patens.	
15	F. à som. diaphane. Coiff. glabre. Cils filif....... O. diaphanum.	
	F. à som. non diaphane. Cils à bords rouges et à cell. larges........	16
16	Cap lisse.................................... O. leiocarpum.	
	Cap. str..................................... O. Lyellii.	

276. O. cupulatum. — Gaz. circul., *lâches*, vert terne. T. ramif. F. carén., lanc., imbriq. en séch. ; côte forte évan., révol., un peu papill. Mon. Cap. ov., 8-16 *str.* Op. à bec court bordé de rouge. Coiff. pil. 16 dents gém., lisses, souv. perf., *étal. en séch.* Fl. anthéridif. termin.

Rochers et murs. — Passim.

Var. *Rudolphianum.* Cap. un peu émergée. Coiff. à poils rares.

Lieux ombragés à Gonfaran (Var).

277. O. Sturmii. — Confondu avec le précéd. F. *révol. au mil.* seulement. Dents *unies à l'origine par une membr. fug. et incurv. en séch.* Fl. anthéridif. axil. 3-6 anth. Paraph. rares.

Même habitat. — (Granits roulés du Jura.)

278. O. anomalum. — Port des précéd. F. à côte var. en long. Mon. Péd. tordu à g. Cap. ov.; stries *alternativement pl. courtes,* à c. court, ventr. Coiff. à poils *raid.* vers le som. 16 dents gém., en gén. ent., dress. en séch., *grossièr. str. Traces de cils* ou de membr. basil. Fl. anthéridif. d'abord termin., puis axill. 10-15 anth. Paraph. nombr.

Murs et rochers. rar. troncs. — Passim.

279. O. saxatile. — Diffère du précéd. par ses f. *pl. all.* et *pl. fort. révol.* Cap. *all.* Dents gém. pl. courtes, *cohér. au som., fin. str.*

Rochers calc. — (Jura, Haute-Savoie.)

280. O. obtusifolium. — Coussin. pet., dens., en gén. vert-jaun. T. *presque simp.,* dress. F. sup. pl. gr. Toutes ov., conc., *imbriq.* en séch., *obt.,* bords pl., semi-papill.; côte courte, évan. F. périg. un peu pliss. Di. Péd. tr.-court. Cap. *resser.* vers l'ouvert., faibl. 8 str. Op. con. aig. 8 dents bi-gém., libres et granul. au som.; souv. perf. 8 cils lin. à *2 rangs de cell., ég. aux dents.* Coiff. lob., *lisse,* brune et papill. au som. Fl. anthéridif. termin.

Noyers, peupliers, saules et tilleuls. — Mai-juin. — Rar. fructif.

281. O. pumilum. — Pris pour une var. de l'O. *affine.* Coussin. *vert sombre.* T. tr.-pet., ramif. F. lanc., imbriq. en séch., *révol.,* aig. à pointe *hyal. tr.-courte,* un peu papill.; côte évan. Mon. Cap. *ov.* 8 *str., resserr.* à l'ouvert. Op. court, con. 8 dents bi-gém., *perf.,* granul. 8 cils à 2 *rang. de cell. à la b.* Coiff. brune, *lisse.* Fl. anthéridif. termin. 6-15 anth. à long péd. Paraph. rar. ou nulles.

Noyers, peupliers, érables, platanes. — Avril-mai.

282. O. fallax. (*O. Schimperi.*) — Diffère du précéd. par ses coussin. moins serr., ses f. *révol. au som. seulement,* avec

apic. *hyal.*, court, 1 *denté à la* ♭., sa cap. à *long c.;* les dents
pl. long. avec *cils diaphanes,* sa coiff. à *poils rar.* ou même
nuls.

Sureaux, peupliers, noyers, tilleuls, ormes. — Mai.

283. O. tenellum. — Confondu avec l'*O. affine.* Coussin.
circul. T. dress., ramif. F. du *pumilum*, mais obt. et mut. ;
côte atteig. le som. Mon. Cap. *presque immerg.*, *sub.-cyl.*,
8 *str.* Périst. court.; l'ext. comme chez le *pumilum.* 8 cils
simp. se rejoignant au som. Coiff. *tr.-poilue.* Fl. anthéridif.
termin. à fol. obt. et sans côte. 15-20 anth. à long péd. Paraph.
rar. aussi long.

Peupliers. — Mai-juin.

284. O. patens. — Confondu avec l'*O affine.* Coussin. assez
épais, *vert clair* ou jaun. à la surf. T. et r. souv. fascic. F. à bords
refl.; les sup. assez serr., imbriq., *arq. par l'humid.*, *aig.-sub.-
obt.*, *tr.-révol.*, carén., papill.; à côte *évan. au som.* F. périg.
pliss. Mon. Cap. émerg., ov., 8 *str.*, à c. court. Op. conv. *à
bec.* Périst. du précéd. Cils diaphanes *à 2 rangs de cell.* vers la
b., *à peine conniv.* Fl. anthéridif. termin. ou pseudo-axill. 10-20.
anth. Paraph. pl. long.

Troncs divers. — Mai.

285. O. affine. — Touff. *vert sombre.* T. dress. ou décomb.
souv. fastig. F. obt.-apic , *obl.-lanc.-aig.*, carén., *tr.-révol.*,
imbriq. et *un peu tordues* en séch., *papill.* Mon. Péd. all. et
dilaté au som. Cap. 8 str , *subfusif.* Op. à bec *pâle, bordé de
rouge.* Périst. ext. des précéd. Cils *simpl. conniv.* au som. Fl.
anthéridif. axill. 6-8 anth. Paraph. rar., assez long.

Troncs divers ; rar. pierres. — Passim. — Juin-juillet.

286. O. fastigiatum. — Pris pour une var de l'*O affine.*
En diffère par ses coussin. pl. dens., ses f. *pl. courtes*, pl. larges, *hyal. à la b., non papill.*; la cap. épais, *larg.* str.; la coiff.
couleur de paille, à pointe brune., les cils *pl. courts* que les dents.

Arbres champ., surtout noyers et peupliers. — Avril-mai.

287. O. speciosum. — Touff. assez lâches. T. ramif.,

dress. souv. fastig., assez all. F. du précéd., à côte *courte*. Mon. Péd. méd. Cap. faibl. 8 str. en séch., obl., *à long. c.* Op. con. bordé de rouge. Coiff. *tr.-pil.* Périst. ext. des précéd. 8 cils *égaux* aux dents, *à 2 rangs de cell.* Fl. anthéridif. axill. à fol. obl., côte mince. 10-12 anth. à péd. long. Paraph. rar. et courtes.

Arbres divers, rar. pierres. — Juin-juillet.

288. O. rupestre. — Touff. peu dens., méd. étend., *vert oliv.* T. dress., *robust.*, dichot. F. imbriq. en séch., *lanc. aig.*, *révol.*, papill.; côte *atteig. le som.* Mon. Cap. *souv. immerg.*, obt., 8 str.; à c. app. Op. conv. apic. bordé de rouge. Dents bigém. *un peu étal. en séch.*, et *fend. ou perf.*; 8 cils *courts*, imparf., *à 2 rangs de cell.* Fl. anthéridif. à fol. ov.-obt.; côte peu app. 10-15 anth. Paraph. nombr.

Pierres et rochers granit. des mont. — Print.

289. O. rivulare. — Touff. lâches, *noir* à l'int. T. déprim., *dénud. à la b.*, tr.-div. F. imbriq. en séch., ov.-lanc., *sub.-obt.*, ou apic., *faibl. révol.*, papill.; côte atteig. le som. Mon. Cap. obl., presque immerg., 8 str., à c. court. Op. conv. acum., bordé de rouge. Coiff. *nue.* Fl. anthéridif. à fol. ov.-obt., sans côte. 10-15 anth. all. à long péd. Paraph. rar. et égal.

Pierres, bois submergés. — Print. (Haute-Savoie; Dauphiné.)

290. O. diaphanum. — Coussin. méd., *vert foncé*, gris, à la surf. T. dress., ramif. F. carén., à bords réfl, tr.-faibl. papill., *à som. hyal. et dentic.*; côte évan. F. périg. à *long poil. hyal.* Mon. Cap. *immerg.*, obl. à c. court., str. Op. apic. bordé de rouge. 16 dents gém. souv. bif. 16 *cils hyal.*; *simpl.* Coiff. brun., *lisse.*, faibl. *pliss.* Fl. anthéridif. termin., à fol. sans côte. 15-20 anth. à long péd. Paraph. nulles.

Rochers, arbres champ. — Passim. — Mars-avril.

291. O. leiocarpum. (*Orth. striatum*, Hedv.) — Touff. lâches, vert. jaun. T. dénud., ramos-fastig. F. *fort. révol.*, imbriq. et *contourn.* en séch., ov.-obl., aig. ou apic. *légèr.-pliss.*, *tr.-papill.* F. périg. obl.-lanc.-apic., pliss. Mon. Péd.

court., atténué en c. Cap. obov., *lisse.* Op. conv. *à bec.* Coiff.
rar. nue, *à poils nombr. et dress. au som.* 16 dents gém. à
ligne divis. tr.-marquée. Cils à cell. larges, *arrond.* sur les angles, *converg.* Fl. anthéridif. à fol. ov.-acum.; côte mince.
15-20 anth. Paraph. Var.

Troncs d'arbres. — Print. — Passim.

292. O. Lyellii. — Coussin. lâches. T. couch., *dénud. à la*
b., ramos.-fastig. F. flex. ou squarr., *crisp. en séch., lanc. lin.,*
carén., un peu *pliss.,* bords var., souv. *dentic.* à la b. et au som.,
papill.; côte évan.; *couvertes d'excroissances cloisonnées (sporu-*
les.) F. périg. lanc.-lin.-acum., étal., dentic. Di. Péd. court,
atténué en c. Cap. ov., *faible* 8-*str.* Op. con. à bec. Coiff. *tr.-*
pil. Périst du précéd. cils *à 2 rangs de cell.* Fl. anthéridif. termin. à fol.-ov. aig., à bords infl.; côte courte. 10-15 anth. tr.-
all. Paraph. pl. long.

Troncs; rar. pierres; ne fructif. que dans les gr. forêts. — Juillet-août.

b. — *Sous-genre.* — ULOTA. — F. fort. crisp. en séch. Coiff.
peu pliss.

1 { Périst. simp. ou cils tr.-fug.. 2
  { Périst. d... 3

5 { Cap. close par la séch., fort crisp. et resser. à l'ouvert. après la spo-
  {   rose. 8 dents bigém.. **U. Ludwigii.**
  { Cap. faibl. pliss. et resserr. 16 dents gém. tr.-étal. en séch..........
  {   **U. Drummondii.**

5 { Cap. à long. c., tr.-resserr. au-dessous de l'ouvert. Péd assez tordu..
  {   **U. crispa.**
  { Cap. à c. court., faibl. resser. au-dessous de l'ouvert. Péd. peu tordu.
  {   **U. crispula.**

293. U. Drummondii. — Touff. dens., bomb., radic.,
vert gai ou jaun. T. couch. R. courts et dress. F. serr. étal.,
flex. à l'humid., ov., conc., sub.-obt. carén., faibl. révol., *légèr.*
ondul., ent.; côte évan. Cell. basil margin. hyal. F. périg. ov.-
obl., pliss. Mon. Cap. émerg., obl., *str.,* à c. court. Op. con.
Dents *dress. à l'humid.* Cils *nuls.* Coiff. *tr.-pil.* Fl. anthéridif.
axill.

Troncs de bouleaux. (Grande-Chartreuse.) — Aut.

294. U. Ludwigii. — Coussin. *pet.,* assez lâches, radi-

8

cul., *vert oliv.* T. fascic. F. *tordues* en séch., lanc.-lin., carén., *un peu révol.;* côte évan. Une bande étr. de cell. basil. hyal. F. périg. fin acum. Mon. Péd. tordu à g. Cap. obov. ou pyrif., *à 8 stries courtes.;* c. *long.* Coiff. *tr.-lob.* et *tr.-pil.* Op. conv. *à bec.* Dents en gén. *ent.,* granul. Cils *imparf.* ou *nuls.* Fl. anthéridif. à fol. ov.-lanc., sans côte. 4-8 anth. Paraph. rar. égal.

Hêtres, bouleaux et pins ; rar. les autres arbres. — Août-sept.

295. U. crispa. — Port de *l'U. Drummondii.* T. ramif., *tr.-foliées.* F. ov.-lanc.-lin., carén., *à bords pl.* Mon. Péd. *court.* atténué en c. Cap. **8** *str.* Coiff. *tr.-pil., lacin.* à la b. **16** dents bigém.; cils *à 2 rangs de cell.* Fl. anthéridif. termin., plus tard latér. 6-10 anth. à long péd. Paraph. pl. long.

Troncs des arbres dans les forêts. — Août-sept.

296. U. crispula. — Diffère du précéd. par ses touff. pl. molles, ses t. pl. courtes. F. pl. larges. Cap. pl. courte ainsi que le péd.

Même habitat. — Mai-juin.

24ᵉ FAMILLE. — ZYGODONTIACÉES.

Pl. en coussin. épais. T. dichot. ramif. Port. général. des *Orthotrichacées.* — F. toujours assez papill. — Mon., di., ou syn. Cap. dress., pyrif., str., immerg. ou émerg. Coiff. en capuc., lisse, obliq. Périst. var. Fl. anthéridif. termin. ou latér., gémmif.

a. — *Sous-genre.* — ZYGODON. — Périst. simple ou d.

297. Z. Brebissonii. (*Zygodon conoïdeus; Bryum conoïdeum,* Dickson). — Diffère à peine de l'*Amph. viridissimum.* F. *pl. étr.* T. pl. toment.; Di.-Cap. délic. à long. c.; **32** dents bigém., *fug.;* cils *nuls* ou *rudim.*

Arbres divers. — Print. (Vallon d'Oullins et environs de Lyon, mais rare.)

298. Z. conoïdeus. (*Zygodon Forsteri,* Dickson.) — Gaz.

épais. T. de 10-12 millim., *toment.*, peu ramif, foliée au som.
F. étal., imbriq. en séch. F. sup. *obl. spath.*, carén., acum.,
pl., ent., côte évan. Cell. inf. hyal. ; les sup. carr. arrond. F.
périg. conc., demi-tordues. Mon. Péd. dress., tordu à d. Cap.
dress., ov. pyrif. à col. all., *faibl.* 8 *str.* Op. rostell. 32 *dents*
bigém., *libres au som.* 8 *cils simp.*, alternes. Fl. anthéridif. termin. à fol. ov., conc. 10-12 anth. Paraph. nombr. pl. long.

Sur les arbres. — Print. — N'est pas signalé dans nos environs.

b. — *Sous-genre.* — Amphidium. — Périst. nul.

299. Amph. viridissimum. (*Gymnost. viridissimum ;*
Bryum viridissimum, Dickson.) — Coussin. dens., bomb., radic., vert foncé à la surf. T. fastig. F. serr., *crisp. en séch.*,
obl.-lanc., tr.-aig., ent., *en partie carén.*, bords courb., côte
évan. Toutes les cell. pet. arrond. F. périg. pl. délic. Di. Péd.
all. Cap. ov. *faibl.* 8 *str.* Op. *rostell.* Fl. anthéridif. termin.

Troncs des chênes et des châtaigniers. — Print. rar. fructif.

300. Amph. lapponicum. (*Gymnost. lapponicum,* Hedv.)
— Coussin. pet., *vert oliv.*, ternes à la surf. T. frag., radic. F.
lanc., ent., carén., un peu révol., *crisp.* en séch.; côte évan.
Cell. inf. hyal., rectang.; les sup. arrond. F. périg. dress.,
eng., acum. Mon. Cap. émerg., pyrif., 8 *str.*, à péd. *court.*
Op. pet., obliq. *rostell.* Fl. anthéridif. termin. à fol. ov.-acum.;
côte courte. 4-6 anth. pet. Paraph. rar.

Fissures des rochers au som. des mont. — Sept. (Dauphiné.)

25ᵉ Famille. — ENCALYPTACÉES.

Pl. gazonn. T. dress., ramif., toment. — F. étal., ov. ou
obl. spath., mut. ou mucron., pl. ou moins papill. Cell. punctif. ou carr. dans la partie sup., pl. larges et hyal. vers la b.
— Mon., rar. di. Coiff. lisse en forme d'éteignoir, descendant
en gén. au-dessous de la cap., souv. crénel., lob. ou frang. à
la b. — Cap. dress., régul., cyl., lisse ou str. Péd. méd. Op.
conv. con., à bec filif. - Périst. var. — Fl. gémmif., axill.
ou termin.

Genre ENCALYPTA.

1 { Périst. nul ou simp.. 2
{ Périst. d. L'int. membran. avec cils. Cap. str. en spirale............
E. streptocarpa.

2 { Coiff. frangée à la b... 3
{ Coiff. lisse ou simplement crénel. à la b................. 4

3 { F. apic.-subul., mais non pilif. C. court.............. E. ciliata.
{ F. sup. pilif. C. all. Cap. pliss................... E. longicolla.

4 { Cap. lisse. Périst. nul... 5
{ Cap. str. Périst. simp. F. souv. pilif....... ..... E. rhabdocarpa.

5 { F. souv. obt., ou non mucron. Coiff. ent. à la b....... E. vulgaris.
{ F. mucron. Coiff. crénel. à la b................. E. commutata.

301. E. vulgaris. (*Encalypta extinctoria.*) — Gaz. dens., vert foncé. T. presque simp.. courtes, radic. F. obov., obt. ou apicul., conc., *un peu révol.* à la b. F. sup. tr.-tordues en séch.; côte excurr. ou non. Mon. Cap. parf. légèr. pliss. An. simp. Périst. *nul.* ou tr.-fug. et tr.-imparf. Fl. anthéridif. axill., à fol. ov. Anth. avec paraph.

Terre et rochers. — Passim. — Print.

302. E. commutata. — Gaz. vert foncé à la surf., radic. T. du précéd. F. *crisp.* en séch., *étal.-arq.* à l'humid., obl.-lanc., *ondul., pl.;* ac. brun. F. périg. pl. larges. Mon. Péd. *pourpre,* tordu. C. distinct. Op. à long bec droit, bordé de rouge. An. simp. Périst. *nul.*

Rochers des hautes mont.

303. E. ciliata. (*Encalypta fimbriata.*) — Touff. peu étend., vert foncé, radic. T. all. F. incurv., *crisp.* en séch., *ondul.* par l'humid., *ellipt.-ligul., apicul.-subul., révol. vers la b.;* côte *pénétrant dans l'apic.* F. périg. indist. Mon. Péd. pâle, tordu à g. en h. Cap. *resserr.,* à l'ouvert. en séch., à c. peu app. Op. tr.-pet., rostell. An. nul. 16 *dents* persistantes, hygrom. Fl. anthéridif. à fol. ov., apicul., avec côte. 4-8 anth. Paraph. renfl.

Rochers, terre humide dans les mont. — (Bourg-d'Oisans; Haut-Jura.)

304. E. longicolla. — Gaz méd., vert *jaun.* T. *courtes,* tr.-dichot. F. serrr., *crisp.* en séch., *lanc., ondul.,* carén. au som-

F. inf. *mut. ou mucron.* F. périg. hyal., dress., canalic. Mon.
Péd. court, jaun. au som. Cap. à c. all. et *pliss.* Op. gr. à long
bec. An. *étr.*, assez persistant. 16 *dents bi-trif., cohér. au som.*
Fl. anthéridif. à fol. obl., conc., apicul. 6-12 anth. Paraph.
nombr.

Rochers des hautes mont. — Août. (Chasseron ; Dauphiné.)

305. E. rhabdocarpa. — Touff. pet., vert *foncé, décol.* à
l'int. T. all. presque simp. F. *un peu crisp.* et incurv. en séch.,
lanc.-ligul.-aig., apicul., conc.; côte atteig. le som. Base. hyal.
assez large. F. périg. ov.-acum., à côte excurr. Mon. Péd. court,
un peu tordu. Cap. à c. court, difforme, 8 *str.*, obliq. An.
simp. Op. à long bec. 16 dents *souv. bif.* Fl. anthéridif. à fol.
ov., aig., à côte. 10 anth. Paraph. nombr. pl. long.

(Haut-Jura ; Haute-Savoie.)

306. E. streptocarpa. — Touff. *prof.*, dens., tr.-radic.
vert foncé. F. serr., *crisp. en séch.*, courb. au som. à l'humid.,
ligul., à bords *réfléch. vers la b.*, obt., ent., à côte papill. F.
périg. obl.-lanc.-acum., hyal. à la b. Di. Péd. all., *pourpre
foncé.* Cap. cyl., pyrif., *str. en spirale à g.* Op. long. con., renfl.
au som., *tr.-rouge.* 16 *dents subul.* et papill. Périst. int. *à
membr. ciliée. Cils égal.* 1/2 des dents, filif., irrégul., souv.
adh. aux dents et entre eux, conniv. Fl. anthéridif. termin.
Anth. et paraph. nombr. Pl. anthéridif. pl. pet.

Fissures des rochers et des vieux murs. — Eté. — Rar. fructif. (Environs de
Lyon ; Jura.)

26ᵉ Famille. — TETRAPHISACÉES.

307. Pl. gazonn. T. simp. ou dichot., dress., radic. — **F.**
parfois trist. F. inf. tr.-pet., lanc., dress. F. sup. obov., pl.,
étal., courb., toutes tr.-ent.; côte évan. Tissu cellul. arrond.,
liss. rar. rhombh. ou rectang.—Mon. ou di. Péd. méd. un peu
tordu. Cap. dress. ou sub-incurv., cyl., fin. str. Périst. simp.
Dents adhér. à la colum. et formant un corps con. div. en 4
pyramides, fort. str. sur le dos. — Op. gr., droit ou obliq.

8.

Coiff. mitrif., pliss., crénel. à la b., atteig. le mil. de la cap.
— Fl. anthéridif. termin , gemmif., sur des prolifications naissant au centre des fl. capsulif. — On rencontre parfois à l'extrémité des t. stériles des fl. syn. qui avortent.

Genre TETRAPHIS.

308. Tet. pellucida. (*Mnium pellucidum.*) — Gaz. épais,
vert à la surf., rouss. à la partie inf. T. fertiles, dress. T. stériles procomb., all. Innov. *long. dénud. partant de la b.*, se ter-
minant souv. *par un capitule de fol. obov.*, obt., ent., renfermant des paraph. et des granulations vertes. F. inf. tr.-pet ,
espacées; les moyennes *ov.-obl.*, brièv. acum., *pl., ent.*, assez
étal.; côte évan. près du somm. Les autres de la famille. Cette
espèce est mon.

Fissures humid. des rochers, creux des vieux arbres, dans les mont. — Print.
(Cévennes; Hauteville et Colombier.)

27ᵉ Famille. — TRICHOSTOMACÉES.

Pl. gazonn. T. dress., var., régul. ramos.-dichot. — F. va-
riant de l'ov. au subulif.-lin., étal., rar. dist. ou trist., parfois
raid. et couvertes en partie par des filaments serr. Cell. pet.
arrond., ou carr., le plus souv. rectang. et hyal. à la b., en
gén. tr.-chlorophyll., souv. papill. — Mon., di. ou syn. Coiff.
en capuc. Cap. ov., obl. ou subcyl., dress., rar. incl. ou incurv. Péd. long et flex. en gén. Op. con , à bec var. — Périst.
rar. nul; 16 dents souv. tr.-long., bif. jusqu'à la b. ou presque jusqu'à la b.; ou 32 dents général. tordues comme les to-
rons d'une corde. Membr. basil. nulle, ou tr.-étr., ou large
et ornée dans ce dernier cas de dessins régul.

1 { 52 dents tordues sur elles-mêmes, filif. Membr. basil. toujours app.... **Barbula.**
Dents non tordues 2

2 { F. dist. ou trist .... **Distichium.**
F. étal. en tous sens... 5

Genre DIDYMODON.

309. D. rubellus. (*Weisia curvirostra*, Hedv.; *Grimmia rubella*, Roth.; *Bryum recurvirostrum*, Dickson.) — Coussin. vert sâle à la surf., à l'int. *rouge vif*. T. dress., ramif. F. inf. roug. F. sup. vertes, *étal.*, *tordues* en séch., *lanc.*, *all.* Toutes conc., *canalic*, à bords réfl., ent. ou *dentic. au som.;* côte évan. au som. Cell. assez unif., pet., arrond. F. périg. pl. larges et sub-eng. Syn. Péd. tordu à d. Cap. brun., cyl. Op. con., *à bec* méd., obt. Périst. *fug.* Dents ent. ou fend., ou bif. An. simp. 6-7 anth. Paraph. assez courtes.

Rochers, terre, murs. — Passim.

310. D. luridus. — Coussin. épais. *bomb.*, *rouss.* à l'int., *vert. oliv.* à la surf. T. méd., presque simp. F. serr., *étal.*, ov.-lanc., aig., *carén.*, crisp. en séch., bords réfl., *ent.;* côte évan. au som. F. périg. obl., obt., pliss.; côte évan. Di. Péd. raid., tordu à d. Cap. obl. Op. *court, con.* An. simp. Périst. *tr.-pet.*, *irrégul.* et tr.-fugace. Pl. anthéridif. pet. Fl. à fol. ov., obt., imbriq., à côte mince. 8-15 anth. Paraph. obt., nombr.

Terres humid.; rochers en décomposition. — Mars-avril. (Environs de Lyon : Bugey ; Isère.)

ADDITION.

311. D. cylindricus. (*Weisia cylindrica*, Bruch; *Trichostomum cylindricum*, Muller.) — Gaz. bomb., *peu cohérents*, vert terne ou jaun. T. peu div., rad. à la b. F. *tr.-crisp.* en séch., tr.-étal., *flex. et ondul.* à l'humid., lanc.-lin., aig., bords *pl. et ent.;* côte atteig. le som. F. périg. peu app. Di. Péd. *pâle* au som., tordu à d. Cap. dress., *subcyl.*, à c. court. Op. con. acum., en gén. dressé. An. mince, *persist.* Périst. fugace; 16 dents parfois perforées. Fl. anthéridif. à fol. conc. 20-25 ant. all., avec paraph. nombr. filif.

Roches granit. humid. — Hiver. (Vosges; Bresse; Alpes; Pyrénées.)—Schimper place cette espèce dans un nouveau genre *Trichodon.*

Genre DISTICHIUM. (*Didymodon.*)

312. D. capillaceum. — Coussin. peu serr., *soy.*, *vert jaun.* T. tr.-grêl., toment., ramif. F. serr., *étal.*, pl., lanc., *tr.-long. subul.*, canalic., à gaîne blanch.; côte prolongée dans l'ac.; *ac. parfois dentic.* Cell. inf. lin.; les sup. hexag.-rectangul. F. périg. peu app. Mon. Péd. sétacé. tordu à d. Cap. *en gén. dress.*, *obl.* Op. con. An. *d.* Dents ent., fend. ou irrégul. bi-trif. Anth. nues, axill. dans l'aisselle des f. sup., solit. ou gém. Paraph. pl. long.

Mont. — Passim. — Eté. (Jura; Alpes calcaires.)

313. D. inclinatum. — Coussin. vert oliv., noir. à l'int. T. courtes, décomb. F. serr., *pl.*, *légèr. crisp.* en séch., fin. dentic. *à la b. de l'ac.*, assez étr. F. périg. eng., subul.-acum. et dentic. au som. Mon. Péd. tordu à d. en b, à g. en h. An. ass. large. Cap *ov.*, souv. *incl.* Dents all., ent., cribl. ou bi-trif. Fl. anthéridif. à 1-3 fol. Anth. et paraph. du précéd.

Rochers et terre humid. des mont. — Eté. (Chasseron; Lautaret; Alpes du Dauphiné.)

Genre TRICHOSTOMUM. (*Didymodon.*)

a — *Sous-genre.* — Eutrichum. — F. lin. Cell. arrond. et serr.

314. E. rigidulum. — Gaz. étend., pl., *vert brun.* T. de 1-3 cent., peu radic. et *peu ramif.* F. étal., tordues en séch., obl.-lanc.-lin.-*aig.*, carén., ent., bords *réfl.*; côte *atteig. le som.* F. périg. peu app. Di. Péd. un peu flex., tordu à d. Cap. *cyl.* dress. ou légèr. incurv., *lisse.* Op. à bec droit ou obliq. An. simp. Périst. var., tr.-développé. Dents *conniv.* par l'humid. Fl. anthéridif. à fol. ov., conc. acum., à côte. Anth. et paraph peu nombr.

Murs et rochers. — Aut. et hiv. — (Jura; Savoie; Dauphiné.)

ADDITION.

314 *bis*. E. barbula. — Touff. lâches, vert jaun. T. d'abord simpl., puis dichot. F. inf. *pet.*, écart. Les sup. pl. gr., obl.-lanc., *ondul.*, *aig.*, *dent.* au som., à bords souv. infl. Côte évan. au som. F. périg. sembl., mais pl. pet. Mon. Péd. all., pourpre. Cap. subcyl., un peu incurv. à la mat. Op. à long bec. Dents all. à membr. basil. tr.-étr. An. *nul.* Fl. anthéridif. tr.-rapproch. des capsulif., à 1 fol. pet., ov.-lanc. Anth. et paraph. peu nombr.

Rochers et murs calc. dans la région méditerranéenne. — Eté.

b. — *Sous-genre*. — Leptotrichum. — F. lanc. ou subulif. Cell. quadrang.

1	F. vertes, jamais revêtues d'un dépôt glauque abond...............	2
	F. revêtues d'un dépôt glauque tr.-abond. T. tr.-toment. Dents conniv. en sécb.................... **L. glaucescens.**	
2	T. de 1-10 millim , vert pâle ou jaun	3
	T. de 10-50 millim., vert gai ou doré, brill.....................	4
3	F. tr.-révol., tordues en sécb., à peine dent. au som. Pédic. court.... **L. tortile.**	
	F. à bords incurv., non tordues en sécb., tr.-dent. au som. Péd. tr.-long et pâle............................... **L. pallidum.**	
4	T. de 10-20 millim. F. presque pl., tr.-long subul. **L. homomallum.**	
	T. de 5-10 cent., vert doré brill. F. presque tubul., long. lin.-subul... **L. flexicaule.**	

315. L. tortile. — Touff. assez serr., *vert jaun. brill.* T. de 5-10 millim., peu ramif. F. *hom. falcif.*, ou étal. et incurv., raid. ou *un peu tordues* en sécb. F. sup. pl. serr., lanc.-subul., *dentic.* au som., *étr. révol.;* côte excurr. F. périg. pl. larg. Di. Péd. assez raide. Cap. dress., pet., cyl., un peu arq. Op. con. aig. An. simp. Périst. var. Pl. anthéridif. délic. Fl. du précédent.

Bords des routes et des champs dans les forêts. — Aut. — (Alpes granit.)

316. L. flexicaule. — Touff. épais., *vert doré brill.* T. de 3-10 cent., génic., frag. et radic. F. serr., étal. ou *hom.*, *ondul.* en sécb., obl.-lanc., bords pl., puis *lin.-subul.*, *tr.-canalic.;* côte subul. dentic. au som. Cell. *inf. lin.* F. périg. eng., ent., long. subul.; côte excurr. Di. Cap. pet., dress., ov.-obl., *un peu pliss.* à la mat. Péd. all. Op. à bec court, droit ou obliq.

An. d. Périst. tr.-frag., irrégul., dents *souv. anastom.* Pl. anthéridif. délic. Fl. à fol. ov., conc., acum., sans côte. 5-15 anth. all. Paraph. filif.

Hautes mont. calc. — Mai-juin. — (Rians-sur-Pacôme.)

317. L. homomallum. — Touff. assez étend., lâches, *vert foncé.* T. de 10-20 millim., génic., ramif., tr.-fructif. Innov. *dénud.* naissant de la b. F. en gén. *hom.* F. inf. tr.-pet. F. sup. subul., brill., *bords en gén. pl.,* ent. ou à peine dentic. au som.; côte long. excurr. Cell. *en gén. lin.* F. périg. tubul., puis subul. Di. Péd. à peine flex., tordu à d. Cap. dress., ov.-obl., lisse, assez régul. Op. court, con. *obt.* An. d. Dents *rapprochées* 2-2, inég., *souvent unies aux articulations.* Pl. anthéridif- délic. Fl. assez sembl. à celles du précéd.

Terrains sableux, bord des routes. — Print. et aut. (Mont. granit.)

318. L. pallidum. (*Bryum pallidum*, Schreber.) — Gaz. *vert glauque* ou jaun. T. de 5-10 millim., ramif. en vieill. Innov. partant de la b. F. inf. lanc.-acum. F. sup. *tr.-long. subul.;* conc. et *demi-cyl.* à la b., étal., raid., *parf. falcif.;* côte large excurr. F. périg. tr.-eng. Mon. Cap. dress., obl., parfois faibl. incurv. Op. à bec court. An. simp. Dents *libres, régul., tordues* en séch. Fl. anthéridif. axill., à fol. conc., ov.-acum.; côte mince. 6-10 anth. all. Paraph. pl. long.

Terre dans les bois. — Print. Eté. — Charbonnières.

319. L. glaucescens. — Touff. épais., prof. *à dépôt glauque abond.* T. de 3 cent., tr.-ramif., toment. F. inf. pet., écart., *décol.* F. sup. serr., all., lin., étal.; toutes *dentic.* au som., *bords pl.;* côte évan. au som. ou *excurr.* Cell. à peu près unif., rectang., all. F. périg. conc., obl. Mon. Péd. court. Cap. dress., obl., un peu *pliss.* à la mat. Op. con. An. d. Dents var. Fl. anthéridif. à fol. conc., long. acum. 3-6 anth. Paraph. rar. et courtes.

Creux des rochers, lieux abruptes des hautes mont. — Eté. — (Alpes du Dauphiné et de la Savoie; au Chasseran, Jura.)

ADDITION.

319 bis. L. tophaceum. — Touff. denses, *vert oliv.,* souv.

incrustées de calcaire. T. drcss.., dichot., de 15-20 millim. F.
serr., *assez uniformes, faibl. incurv.* à la séch., ov.-obl., conc.,
lanc., carén., en gén. *sub-obt., révol. au mil.,* cnt.; côte *évan.
au som.* F. périg. obt. Di. Péd. *pourpre,* tord. à d. Cap. *lisse,*
obl., ferme. Op. coniq. acum. An. *nul.* 32 dents souv. cohér.
2 à 2.

Grottes calc. — Aut. et hiv. — Saint-Germain-au-Mont-d'Or.

Var. *brevicaule.* — T. dichot. à r. *fastig.* Touff. vert *noirâtre.*
F. obt., révol.

Genre BARBULA. (*Tortula.*)

a. — *Sous-genre.* — Tortula. — F. étr., raid.; côte épais., revêtue d'une masse filamentcuse.

1 { Cap. ov. Coiff. recouvrant 1/2 cap. Dents 5-4 fois tordues........
       T. rigida.
   { Cap. cyl. Coiff. ne recouvr. que l'op. Dents à peine tordues......... 2

2 { Cap. dress. An. simpl.............................. **T. ambigua.**
   { Cap. iucurv. An. d. et large.. .... **T. aloïdes.**

320. **T. rigida.** — Touff. var. T. de 3-5 millim., simp. F.
ov.-obl. F. sup. 2 fois pl. long., à b. hyal. et imbriq., puis
étal., obt. ou apic.; bords refl. et membr. Côte large, rousse,
nue pendant l'été. F. périg. obt., peu dist. Di. Péd. tordu à g.
en h., à d. cn b. Cap. dress., à c. court. Op. à bec obliq., égal.
1/2 cap., crénelé à la b. An. simp., se roulant en spirale. Pl.
anthéridif. subdisc. mêlées aux capsulif. Fl. à fol. suborbic.,
conc.; côte mince. 15-20 anth. Paraph. tr.-nombr., avec articles
renfl.

Passim. sur terre et murs, dans les mont. — Aut. et hiv.

321. **T. ambigua.** — Confondu avec le précéd. F. *pl. all.*
Cap. cyl. Op. *pl. court, ent.* à la b. An. tr.-étr., se divis. en
fragm. sans se rouler.

Fréquent dans le Lehm. — Passim.

322. **T. aloïdes.** (*Trichostomum aloïdes,* Brid.) — Confondu
avec le *T. rigida.* F. *lin.-lanc.-acum.,* faibl. étal. Péd. incurv.
au som. Cap. gr., *en gén. incurv.* Membr. basil. tr.-étr. Dents

simpl. incurv. par la séch., 1 fois tordues par l'humid., rapprochées 2-2. An. d. assez persistant.

Même habitat. — Rare dans nos environs.

b. — *Sous-genre.* — BARBULA. — F. molles à côte mince et en gén. nue. Membr. basil. distinct., mais assez étr.

1 { Côte revêtue dans la 1/2 sup. d'une marse filamenteuse............ 2
{ Côte nue......................... 4

2 { F. à contour membran., surtout au som. Poil tr.-dentic............
{   **B. membranifolia.**
{ F. non membr. Poil presque lisse..................... 5

3 { F. papill. surtout au som.................... **B. papillosa.**
{ F. non papill....... .... **B. chloronotos.**

4 { F. étr. lanc., ou lanc.-lin. Membr. basil. souv. peu app............ 5
{ F. ov. ou lanc.-spath. Memb. basil. app....................... 12

5 {⎧ Cap. pet., ov. Dents à peine tordues. Membr. basil. assez large.......
⎪   **B. gracilis.**
⎨ Cap. obl., arq. Dents faibl. tordues. Memb. basil. étr............
⎪   **B. inclinata.**
⎩ Dents au moins 2 fois tordues........ 6

6 { F dentic. au som., tr.-crisp. à la séch............ **B. paludosa.**
{ F. ent.. .. 7

7 {⎧ Touff. assez gr., lâches. T. all. fastig. F. long. lanc.-lin., tr.-crisp. en
⎪   séch., ondul............................... **B. tortuosa.**
⎨ Coussin. serr, verts à la partie sup., rouss. à l'int. F. lanc., obt. ou
⎩   lanc.-acum..... 8

8 { F. périg. tr.-eng., tubul..................................... 9
{ F. périg. à bords incurv., mais non tubul.................. 10

9 {⎧ F. partiell. révol. Côte parfois évan. au som. Péd. jaune paille dans
⎪   toute sa longueur.................... **B. convoluta.**
⎨ F. fort. révol. Péd. roug. à la b. Cap. pet. An. caduc............
⎩   **B. revoluta.**

10 {⎧ Côte formant mucron........................ 11
⎨ F. lanc.-acum., 2 pliss. Côte atteign. le som. Membr. basil. à peine app.
⎩   **B. fallax.**

11 { F. lanc.-obt., étr. révol............... **B. unguiculata.**
{ F. lanc.-acum., fort. revolut........... **B. Hornschuchiana.**

12 { F. à margo distinct des 2 côtés................ **B. marginata.**
{ F. sans margo, ou à margo d'un côté seulement................ 13

13 { F. acum. apicul., non pilif. Côte évan. au som..... **B. cuneifolia.**
{ F. obt. Côte excurr. en poil long, blanc, lisse....... **B. muralis.**

323. B. membranifolia. — Confondu avec le suiv. Coussin. serr., *bomb.*, *blanch.* T. de 5-12 millim., dress., peu ramif. F. inf. écart., imbriq., conc., ov. F. sup. 2 fois pl. long., imbriq. au som. ; toutes à bords courb., *faibl. dentic. au som.*

F. périg. lanc. Mon. Fr. solit. Péd. de 10-18 millim., droit,
tordu à g. en h., à d. en b. Cap. obl. Op. con. à bec court,
droit ou obliq. An. simp., large. Dents 3-4 fois tordues, égal.
1/2 cap. Membr. basil. étr. F. anthéridif. à 2 fol. ov., conc.,
souv. sans côte. 10-20 anth. Paraph. clavif.

Murs, rochers, collines pierreuses. — Avignon et Midi. — Découvert à la
Pape par un jeune botaniste, Em. Saint-Lager. — Eté.

324. B. chloronotos. — Ressemble beaucoup au précéd.
F. *non membran.* sur les bords ; poil *à peine dentic.* Di. Taille
moindre. Pl. anthéridif. délicate, à fl. polyphylles.

Même habitat.

325. B. papillosa. — Coussin. pet., vert *luride* ou brun.
T. courtes, dress., radic., peu ramif. F. serr., arq. à l'humid.,
imbriq. et tordues en séch., *obov.-spath.*, conc., aig, *ent.*, à
bords infl. ; poil *brun* à la b., *presque lisse.* F. périg. peu développées.

Alpes du Dauphiné. (Ravaud.) — En gén. stérile.

326. B. unguiculata. — Touff. serr., souv. étend., *vert
tendre* à la surf. T. var. simp. ou *dichot*, radic. F. obl.-lanc.,
étal. à l'humid., *faibl. crisp.* en séch., *carén ;* les sup. pl.
long. F. périg. all., aig. ou *mucron.*, *souv. pl.*, 1/2 eng. Di.
Cap. brill. à la mat., subcyl., dress. Péd. raide ou flex., tordu
à d. en séch. Op. long. conc., arq. An. nul. Dents plusieurs
fois tordues. Pl. anthéridif. sembl. Fl. termin. à fol. ov.-acum.
Anth. épais. Paraph. filif. Passim. Tr.-polymorphe.

Var. princip. : *cuspidata, microcarpa, obtusifolia, fastigiata.*

327. B. paludosa. — Touffe *vert-gai* à la surf., brun. à
l'int. T. dress., grêle, dichot., radic. jusqu'au som. F. assez
serr., imbriq.-étal.-arq., lanc.-*acum.*, faibl. carén., ondul.,
bords pl., dentic. au som., côte *forte* atteig le som.; faibl. papill. Les *cell. inf.* sont *lin.* F. périg. 1/2 eng., acum., *dentic.*
au som., à côte. Di. Péd. pourpre, un peu tordu à d., méd.
Cap. dress., obl.-cyl. Op. un peu arq. An. tr.-étr. Dents tr.-
all., fort tordues. Fl. anthéridif. du précéd.

Lieux humides des mont. calc. — Août. — (Haut-Jura, Dauphiné)

328. B. gracilis. — Touff. incohér., *rouss.*, rar. vertes à la surf. T. *courtes*, *grêl.*, dress., *souv. simp.* F. étal., ov.-obl., conc., *un peu pliss.* F. sup. pl. long. et serr. ; bords courb. tr.-ent. ; côte *excurr. mucron.* F. périg. *tr.-eng.* ; ac. long et *flex.* Di. Péd. raid., tordu à d. Cap. dress., rar. incurv. Op. assez court. An. nul. Pl. et fl. anthéridif. des précéd.

Terrains argileux. — Passim.

329. B. fallax. — Coussin. tr.-étend., en gén. *rouss.* T. var. *à peine ramif.*, souv. couch. à la b. F. serr., un peu *tordues* en séch , *squarr.*, acum. ; *bords réfléc.;* côte dépass. rar. le som. *Toutes les cell. arrond.* et *chlorophyll.* F. périg. obl., 1/2 *eng.*, acum., *à peine révol.;* côte se continuant dans l'ac. Di. Fructif. du *B. unguiculata.* Cap. *pl. obt.*, oliv. Dents *tr.-fug.* Pl. et fl. anthéridif. des précéd.

Collines pierreuses, vieux murs, dans les terrains calc. — Passim, — Aut. et hiv.

330. B. inclinata. (*Tortula nervosa.*). — Touff. incohér., humbles, *vert-jaun.* T. de 10-20 millim., ramif., *fascic.*, frag. F. étal., *tr.-serr.*, conc., bords *incurv. au som.*, tr.-ent., ondul., *tr.-crisp.* en séch. ; côte *briév. mucron.* F. périg. *hyal.* vers la b., obl.-acum., à côte atteig. le som. Di. Péd. flex., tordu à d. Cap. ov..obl., *subhoriz.*, *rar. régul.* Op. à bec assez court. An. nul ou peu app. Dents fug. Pl. et fl. anthéridif. des précéd.

Bords des ruisseaux, collines calc. — Print.-été. — (Jura, Haute-Savoie.)

331. B. tortuosa. — Touff. *épaiss. bouff.*, tr.-radic., *vert-jaun.* T. ramif., à cyme molle. F. *tr.-serr.*, *sub-carén.*, *ondul.*, à côte mucronulée. F. périg. subul., *hyal.* à la b. Di. Péd. souv. flex., tordu à d., *couleur paille* en h. Cap. en gén. *dress.*, ov.-obl., assez régul. Op. obliq., long. con. An. nul. Membr. basil. tr.-étr. Pl. anthéridif. à fol. obl.-lin.-acum., dress.15-30 anth. Paraph. pl. long.

Rochers couverts d'humus dans les mont. calc. — Print.-Été. — (Bugey.)

ADDITION.

332. B. squarrosa. — Confondu avec le *B. tortuosa*

Touff. lâches, vert-clair à la surface, brun. à l'int. T. rob., *élancées*, flex., irrégul., dichot., radic. seulement à la b. F. lâches, *tr.-étal.*, crisp. en séch., ov.-obl. et imbriq. à la b., puis long. lanc., aig., à côte excurr., *carén.*, *ondul.*, à bords pl., *dent.* à partir du mil., à dents espacées, gr. au som. F. périg. presque ent., long. acum. Di. Péd. roug. à la b., jaun. au som. Cap. dress., ov.-obl., subcyl., un peu aig., d'un roux vif. Dents du périst. pourpre-clair, papill. et fug., faisant 2 tours de spire. An. simpl. fl. anthéridif. inconnues.

Sur terre. — (Isère, environs de Marseille, de Paris, de Besançon, de Fontainebleau, etc.) — Mai-juin.

333. B. revoluta. — Coussin. épais, *verts* à la surf. T. ramos.-fastig. F. serr. au som., conc. à bords fort. révol. et *formant deux ourlets cylind. presque contigus.* imbriq. à la b., *crisp.* en séch.; côte brièv. mucron. F. périg. révol., apic., étal., à côte. Di. Péd. tordu à d. Cap. pet., dress., ov. Op. à bec *obliq.* An. simp. Dents *crisp.* en séch. Membr. basil. assez large. Fl. anthéridif. à fol. ov.-acum. Anth. pet. Paraph. pl. long.

Murs et pierres, surtout dans les terrains calc. — Printemps. — Passim.

334. B. Hornschuchiana. — Confondu avec le précéd. Touff. lâches, frag., vert., quelquefois jaun. T. assez courtes, souv. décomb., émettant à la b. des innov. grêl. F. *pl. larges* que dans le *B. revoluta*, *moins révol.* Cap. pl. all. An. *persistant.* F. périg. *long. mucron.*, un peu pliss. et légèr. tordues au som.

Graviers des rivières, murs en terre. — Print. — (Lyon; Isère.)

335. B. convoluta. — Touff. pl. épais., étend., d'un *beau vert* à la surf. T. délic., tr.-dich., dress., radic. à la b. F. étal., crisp. en séch., *obl.-lanc.*-acum. ou apic., *révol.* au moins d'un côté, *ondul.*, parfois *sub-obt.* F. périg. obt., sans côte. Di. Péd. tordu à g. en h., à d. en b. Op. à long bec *cernué.* An. *d.* Membr. basil. assez large. Fl. anthéridif. à 2 fol., suborbic., apic., à côte. 6-7 anth. Paraph. nombr.

Champs et collines pierreuses. — Eté. — (Trias et grès bigarré.)

336. B. cuneifolia. — Gaz. étend. Pl. isolées. T. courtes, simp. F. inf. écart. F. sup. serr., *ov.-spath.*, molles, *acum.*; bord pl., tr.-ent ; côte mince, rar. pilif. Cell. peu serr. Mon. Péd. raid., tordu à g. Cap. dress.. régul., cyl., *noir.* Op. long. con. assez court. An. simp., étr. Dents *fort. tordues.* Membr. basil. assez large. Fl. anthéridif. à fol. obt.-acum. 8-10 anth. pet. Paraph rar.

Terre argileuse, terrains boueux. — Mai. — (Surtout méditerranéenne.)

337. B. marginata. (*B. cæspitosa.*) — Végétation du *B. muralis.* F. *mucron.*, non pilif. Di. Péd. tordu à g. en h. Cap. subcyl. brune. Op. long. con. An *d.* Dents *fort. tordues.* Memb. basil. méd. Pl. anthéridif. sembl.

Terre argileuse, pierres couvertes d'humus. — Print. — Tr.-rare.

338. B. muralis. — Touff. serr., étend., *blanch.* T. courtes, peu ramif., tr.-radic. à la b. Innov. *fastig.* F. étal., *tordues* en séch. F. sup. ov.-spath., à *margo unilatéral* au som., un peu révol., *obt.*, ent. F. périg. obl., un peu aig. Mon. Cap. dress., cyl. Op. long. con., un peu obliq. An. *simp.*, tr.-étr. Dents fort. tordues. Membr. basil. tr.-étr. Fl. anthéridif. à fol. ov.-obt., pilif. Anth. et paraph. clavif. assez nomb.

Passim. — Print.-été.

Var. *Incana.* Plante moins développée dans toutes ses parties, mais à poil foliaire tr.-long. — *œstiva.* F. étr. à poil court ou simpl. mucron. — *Rupestris.* Plante tr.-développée.

c. — *Sous-genre* SYNTRICHIA. — F. larges., ov.-spath., ou ov.-lanc. Membr. basilic. formant un tube égal. au moins 1/3 du périst., et ornée de dessins régul.

1 { F. simpl. mucron., non pilif..........	2
{ F. à poil all...	3
2 { F. margin., faibl. tordues en séch.................... **S. subulata.**	
{ F. non margin., fort. tordues en séch. et briév. mucron. **S. inermis.**	
{ F. non margin., faibl. tordues en séh., assez long. mucron............ **S mucronifolia.**	
3 { Poil lisse ou à peine dentic.......	4
{ Poil assez fort. dentic	5

4 { Coussin. peu étend., blanch. à la surf. Port du *muralis*. **S. canescens**.
{ Coussinets épais, vert à l'humid., brun. au soleil Port du *subulata*. ..
{ **S. lævipila.**

5 { Poil fort. dentic. F. lanc., obt., pl. ou révol. aux 2/3; ondul.........
{ **S. ruralis.**
{ Poil. fin, dentic. F. lanc.-acum., partiell. révol..... **S. aciphylla.**
{ Poil med dentic. F. ellipt., obt., révol. — Syn....... **S. princeps.**

339. S. canescens. — Confondu avec le *B. muralis*; en diffère par sa membr. basil., son péd. tordu à d. en b, à g. en h., sa cap. pl. pet. et son an. d. F. obov. peu révol. Pl. assez délic.

Bords des ruisseaux, rochers, troncs. — Print. (Espèce méridionale.)

340. S. subulata. — Touff. étend., *vertes* à la surf., jaun. ou décol. à l'int. T. assez all., simp. ou ramif., radic. F. conc., à bord *pl.* ou réfl., ent. ou dentic.; côte *forte*. F. périg. obl., conc., aig., un peu dentic., marg. Mon. Péd. robuste, légèr. tordu à d. en b., à g. à partir du mil. Cap. gr., *cyl., un peu arq.*, brill. Op. con., méd. An. d. Dents fort. tordues. Membr. basil. égal. 1/2 *du périst.* Fl. anthéridif. axill. à fol. ov., obt. ou acum., à dents érosées et à côte. 10-12 anth. Paraph. clavif.

Champs, murs, racines des arbres. — Passim. — Eté.

341. S. lævipila. (*Tortula ruralis*, var. *lœvipila*.)—Coussin. épais, souv. incohér. T. du *subulata*. F. inf. écart., obl., *obt.*, *rouss.* ou décol. F. sup. pl. gr., *spath.*, souv. *tordues*. Toutes *pilif.*, conc., *révol. au mil.*, tr.-ent. 1 f. périg. hyal., sans côte, manquant parfois. Mon. Péd. roug., faibl. tordu. Cap. *ov.-obl., incurv. et obliq.*, épais. Op. long. con. An. d. Dents tr.-tordues. Membr. basil. *égal.* 1/3 *du périst.*, blanch. Fl. anthéridif. axill., à fol. suborbic., imbriq., apic., à côte. 6-10 anth. Paraph. clavif.

Troncs d'arbres. — Juin. — Passim.

342. S. ruralis. — Touff. prof., étend., *souv. brûlées* par le soleil. T. ramif., dress. ou décomb. à la b., dichot., radic. Innov. fastig. F. *eng.* à la b., *squarr., tordues* en séch. F. sup. serr., *pliss.*, carén., souvent *à peine révol.*, ent. F. périg. ov.-obl. Di. Péd. tordu à g., *papill.* à la b. Cap. subincurv., cyl., épais. Op. all., con., à bec. An. d. Dents fort. tordues. Membr. basil. *égal.* 1/2 *du périst.* Fl. anthéridif. à fol. courtes, ov., tr.-conc. 15-30 anth. all. Paraph. tr.-nombr., clavif.

Vieux troncs, murs, pierres. — Passim. — Print. Été.

Var. *rupestris.* T. méd., raid. F. serr., presque planes, à long poil dentic. — *pulvinata.* T. tr.-courtes, moll. F. arq., carén., à poil court presque lisse. — *calva.* T. courte. F. simpl. mucron. — *ruraliformis.* T. élancées, robust. F. scarïeuses, à poil tr.-long; limbe membranif. le long du poil.

343. **S. inermis.** — Confondu avec le *subulata.* F. *moins larges,* pl. raid., *révol.* dans les 2/3 inf ; côte évan. ou brièv. mucron. Cap. pl. grêl., pl. solid., pl. noir.

Collines séch. dans les départem. méridion. — Print.

344. **S. princeps.** (*Tortula princeps,* Notaris; *Barbula Muelleri,* Schimp.) — T. robust. F. *arrond.* au som., ent., révol. Syn. Cap. *subcyl.*

Rochers et base des troncs dans le midi de la France.

345. **S. aciphylla.** — Touff. lâches, prof., *vert oliv.* ou luride à la surf. T. *rob.,* dress., *tr.-dichot., radic. jusqu'au som.* F. assez serr., conc.-carén., dress., *crisp.* et imbriq. en séch., obl.-aig. ou acum., ent., *révol. à la b.;* côte excurr., en poil long, *brun. roug.* F. périg. ov., eng., un peu pliss. Di. Péd. dress., ferme, tordu à g. en h. Cap. obl., dress., légèr. *incurv.* Op. long, con. acum. An. persist. Dents 1/2 *fois* tordues. Fl. anthéridif. à fol. ov., imbriq., acum., en gén. à côte mince. 10-20 anth. Paraph. tr.-nombr., clavif.

Lieux frais et ombragés des mont. (Jura; Savoie; Dauphiné.)

346. **S. mucronifolia.** — Gaz. lâches, peu étend., vert foncé à la surf., pâles à l'int. T. courtes, dress., dichot., peu radic. F. serr., *dress.-étal.,* légèr. conc. F. sup. pl. long., *obl.,* aig., *étr. révol. vers la b.,*ent., poil *brun méd.* F. périg. courtes, dress., ov., 1-2 eng. Mon. Péd. tordu à d. vers la b. Cap. dress. ou obliq., subcyl. Op. con. acum. An. large. Membr. basil. *égal.* 1/4 *du périst.* Dents courtes, 1 *fois* tordues. Fl. an-

théridif. à fol. ov.-acum., dress., à côte. Anth. et paraph. clavif. peu nombr.

Terre et fissures des rochers dans les mont. — Eté. (Mêmes localités.)

Genre DESMATODON.

347. D. nervosus. (*Barbula nervosa*, Milde; *Trichostomum convolutum*.) — Coussin. assez élevés, *vert oliv.* à la surf.
T. de 5-12 millim., dichot., radic. à la b. Innov. naissant vers
le som. F. serr., *tr.-tordues en séch.*, conc., à *bords réfléch.*
F. inf. ov. F. sup. obl., à côte excurr. *mucron.* et épais. F.
périg. hyal., lanc.-apicul. Mon. Péd. filif. tordu à d. en b., à
g. en h. Cap. dress., *ov.* Op. con. *acum.*, un peu obliq. An. peu
app. Dents légèr. tordues. Fl. anthéridif. gemmif., à fol. obt.,
à côte. 10-15 anth., qq. paraph.

Murs argileux, roches décomposées. — Print. (Environs de Lyon; Haute-
Savoie.)

348. D. latifolius. (*Dicranum latifolium*, Hedv.; *Desmato-
don glacialis*; *Trichostomum latifolium*; *Didymodon apiculatum*.)
— Touff. vert clair à la surf. T. de 5-12 millim., assez ramif.,
radicul. jusqu'au som. F. *dress.*, étal., ent., obl.-lanc., conc.,
souv. tordues, obt. ou acum., à bords réfléch.; côté épaisse
formant un *mucron dentic. et all.*, ou évan. au som. F. périg.
hyal. à la b., dress., carén., pilif. Mon. Péd. *jaune orang.*,
tordu à g. en h. Cap. dress., *ov.-obl.* Op. conv. apic., *obt.* An.
simp. Fl. anthéridif. à 1-2 fol. conc., puis carén., obt. 10-15
anth. Paraph. nombr., clavif.

Terre, dans les mont. — Eté. (Environs de Lyon; Jura; Savoie; Dauphiné.)

28ᵉ Famille. — POTTIACÉES.

Pl. gazonn., pet., innov. sous le som. T. ramos.-dichot., rar.
annuelles et simp., tr.-radic. à la b. — F. ov.-obl., ou ov.-
spath., mucron., à côte ronde. Cell. sup. larges, hexag.-ar-
rond.; les infér. hyal. et rectang. — Mon. — Coiff. en capuc.
Cap. ov. ou subglobul., souv. tr.-ouverte après la sporose.

Péd. droit, assez court en gén. Op. mamill. ou à bec. — Périst.
nul ou simp. 16 dents assez imparf., souv. irrégul. bif., rar.
filif., sans ligne divis. — Memb.. basil. étr.

{ Périst. nul................................. **Pottia.**
{ Périst. simp............................... **Anacalypta.**

GENRE POTTIA. (*Gymnostomum.*)

349. P cavifolia. (*Gymnost. ovatum*, Hedv.) — Touff. déprim. et lâches, rouss. *ou gris.* T. courtes, dress., peu div. F.
inf. ov.-acum. F. sup. serr., *obl.*, crisp. en séch., à *bords incurv. vers le som.*, conc.; toutes pilif., à côte *lamell.* F. périg.
peu app. Cap. ov., dress., *noire brill.* à la mat. Péd. tordu à
g. Op. à bec obliq. Fl. anthéridif. termin. à l'origine. 4-8 anth.
Paraph. un peu renflées.

Champs herbeux, terre des murs. — Print. (Environs de Lyon, mais rare.)

350. P. minutula. (*Gymnost. rufescens*, Hornsbruch; *Pottia
gymnostoma*, Milde.) — Ressemble à l'*anacalypta starkeana.*
Péd. *jaune orang.*, tordu à g. en h. Cap. subglobul., *tronquée
au som.* Op. élevé, mamill., obt. Fl. anthéridif. à fol. pet.,
souv. caduq. 2-3 anth. pet. Paraph. tr.-courtes ou nulles.

Champs incultes, sablonneux. — Passim.

351. P. truncata. (*Gymnost. intermedium*, Turner; *Pottia
eustoma*, Ehrardt.) — T. en gén. simp., dress. et courtes. F.
tr.-étal., dress. et tordues en séch. F. inf *subspath.* F. sup.
obl., carén., pl., ent., un peu ondul.; côte *non lamell.*, *mucron.*
ou évan. F. périg. peu app. Péd. tordu à d. en b. à g. en h.
Cap. obov., tronquée, souv. courte, à large ouvert. Op. con. ou
à bec all. Fl. anthéridif. à fol. ov., sans côte. 2-3 anth. Paraph. nulles.

Champs, prés, bords des chemins. — Passim. — Print.

GENRE ANACALYPTA. (*Pottia.*)

352. A. starkeana. (*Weisia starkeana.*) — Pl. en touff.
ou isolées. T. *tr.-courtes*, simp. F. sup. pl. gr., ov.-lanc., tr.-

ent., *en partie révol.;* côte *mucron.,* rar. évan., couleur de fer. F. périg. peu app. Cap. ov.-dress. Péd. tordu à g. Op. *con. obt.* Dents obt., ent. ou *criblées.* Fl. anthéridif. aphylle ou 1-phylle. 2-3 anth. Paraph. nulles.

Terrains argilo-calc. — Print.

353. A. lanceolata. (*Weisia lanceolata; Grimmia lanceo-lata,* Schreder; *Bryum lanceolatum,* Dickson.) — Gaz. assez étend., *vert rouss.* T. dress., en gén. simp. F. du précéd. *crisp.* au séch.; côte *pl. long.* mucron. F. périg. pl. étr. Péd. tordu à g. Cap. dress., ov., épais. Op. *à bec obliq.* Dents var., granul. Fl. anthéridif. à 2-3 fol. ov.-acum., délic. 3 anth. Paraph. rares.

Prés, champs, murs. — Passim. — Print

29ᵉ Famille. — SÉLIGÉRIACÉES.

Pl. humbles, gazonn., filif. ou dichot. — F. étal., lanc.-su-bul., brill., à côte. Cell. étr. et serr. — Mon. ou di. — Coiff. en capuc. ou con. lobée à la b. Péd. all. Cap. globul., ou ov., souv. turbinée et larg. ouverte après la sporose, en gén. épais. — Op. large, en gén. long. rostel. Périst. des *Weisia.*

1 { T. filif. ou flex., dichot., dénud. à la b. Di............. **Blindia.**
  { T. simp. ou peu div., en gén. courtes. Mon...................... 2

2 { Cap. globul., turbinée en séch. Dents lanc.-subul....... **Seligeria.**
  { Cap. obl. Dents tr.-courtes, tronquées............. **Brachyodus.**

Genre SELIGERIA. (*Weisia.*)

1 { F. exactement trist...................... .... **S. tristicha.**
  { F. étal., non trist.. 2

2 { Op. à bec droit. Péd. incurv. au somm............ **S. recurvata.**
  { Op. à bec obliq. Péd. dresse ou flex........... 3

3 { Pl. tr.-pet. F. lin.-lanc. Dents étr..... .... **S. pusilla.**
  { Pl. méd. développée. F. inf. ov........ .... **S. calcarea.**

354. S. pusilla. — Touff. *souv. glaucesc.* T. presque toujours *simp.* F. conc. à la b., puis canalic. F. sup. serr., ent., *long. acum.;* côte subul. Cell. de la b. hyal., les sup. carr. F.

9.

périg. hyal., lanc., aig., moins subul. Péd. pâle de 5 millim. Cap. tr.-pet., *obov.* Dents *en gén. ent.*, conniv., étal. en séch. Fl. anthéridif. à fol. ov. sans côte. 4-6 anth. Paraph. rar. ou nulles.

Lieux ombragés et humid., roches calc. — Eté. (Jura ; Savoie ; Dauphiné.)

355. S. calcarea. — Taille plus développée. F. *pl. courtes, subit-lin.* Cap. pl. gr. Péd. épais. Op. pl. court. Périst. pl. complet.

Roches crétacées. — Print. (Jura; Bugey.)

356. S. tristicha. — Touff. déprim., raid., *noir.* T. dress., tr.-dichot. Innov. fastig. F. serr., conc., *lin., subobt.,* pl., ent.; côte *dépass. le som.* Cell. de la b. hyal.; les sup. arrond. F. périg. ov.-lanc.-acum., dress., à côte. Cap. du *Pusilla.* Op. à long bec. Fl. anthéridif. à fol. obl., imbriq.; côte nulle ou peu visible. Anth. pet. et paraph. rares.

Rochers calc. humid. — Mai-août. (Environs de Lyon; Cévennes.)

357. S. recurvata. — Touff. gazonn., *vert clair,* tr.-fructif. T. *presque simp.,* courtes, dress. F. serr., étal. F. sup. *obl.-lin.-subul.,* canalic., pl., ent.; côte *se prolong. dans l'ac.* Cell. de la b. hyal. F. périg. 1/2 eng. Péd. all., *incurv.* à l'humid. Cap. *horiz.* ou pend., à c. court, pyrif. Op. à bec presque droit. Dents souv. bif. Fl. anthéridif. à fol. obl., aig., à côte. Anth. et paraph. du précéd.

Rochers de grès ou calc. des mont. — Print. — (Jura; Haute-Savoie; Dauphiné.)

Genre BLINDIA. (*Weisia.*)

358. B. acuta. — Touff. assez raid., *vert pâle.* F. serr. *assez raid.,* parfois *hom.,* conc. à la b., subul., *canalic.,* pl., ent. ou *dentic.* au som.; côte dépass. le som. Cell. des oreill. carr., roug. orang. F. périg. obl., eng.; côte formant un ac. subul. Péd. ass. long. Cap. globul., pyrif. Op. à petit bec obliq. Dents rouges, *conniv.* à l'humid. Fl. anthéridif. à fol. brièv. acum., à côte mince. 15-20 anth. Paraph. nombr.

Vallon d'Oullins; Savoie; Dauphiné.

Genre BRACHYODUS.

359. B. trichodes. (*Gymnostomum trichodes*, Weber et Mohr.) — Touff. *tr.-pet.*, lâches, *vert* ou brun. T. tr.-courtes, peu divis. F. serr., un peu hom., *pl.* ent., *lanc.*; côte subul. un peu canalic. Cell. inf. hyal. rhomb. — F. Périg. obl. acum. Péd. tordu à g. en h., souv. incurv. Cap. *souv. pliss.*, obl.; c. peu app. Op. à bec all. An. d. ou tr. Dents *étal.* à l'humid. Fl. anthéridif. à fol. obl., conc. 2-3 anth. Paraph. nulles.

Roches arénacées. — Print. (Grès bigarré, mais rare.)

30ᵉ Famille. — FISSIDENTIACÉES.

Différent des *Dicranacées* par leurs f. dist., lanc., et munies d'une aile engaînante (*lame dorsale*), rappelant par leur forme et leur disposition celles des *Iridées* chez les phanérogames, et par leur périst. à dents régul. et génic. ou tr.-irégul. bif. — Cell. des f. pet., arrond., parfois sub.-carr. ou un peu hexag., chlorophyll., souv. transluc. aux bords. Fl. termin. ou axill. Coiff. en capuc. ou mitrif. — Cap. en gén. cern., pl. rar. dress. — Op. à bec.

Pl. gaz. méd. ramif. Dents régul., génicul., à ligne divis.	**Fissidens.**	
R. et t. filif., aquatiques, flott. Dents en gén. irregul. bif. sans ligne divis...........................	**Conomitrium.**	
1 { Fruit terminal..		2
Fruit axillaire...		6
2 { F. à margo pl. ou moins large.............................		3
F. non margin., fin. dentic...........................		5
3 { F. ent; margo étr. mais épais....................	**F. bryoïdes.**	
F. denticul...		4
4 { Margo large surtout à la b. Péd. court, épais........	**F. crassipes.**	
Margo étr., hyal., évan. au som. Péd. flex..........	**F. incurvus.**	
5 { T. all.; innov., partant de la b. nues ou à f. squamnif. Fr. nombr.....	**F. osmundioïdes.**	
T. courtes. Fr. solit..............................	**F. exilis.**	
6 { F. tr.–ent.................................	**F. grandifrons.**	
F. fin. dentic....................................		7
7 { Toutes les f. à lame dorsale. Côte excurr..........	**F. taxifolius.**	
F. inf. sans lame dorsale. Côte souv. évan......	**F. adianthoïdes.**	

360. F. incurvus. (*Dicran. tamarindifolium.*) — Pl. pet.
tr.-délic., d'un *beau vert.* T. dress. ou incurv. F. inf. tr.-pet.,
ov.-obl. F. sup. étal., *lanc.*, *apic.*; à lame *disparaissant à la b.*,
à bord épais et dentic.; côte évan. ou apic. Mon. Péd. *souv.*
génic., tordu à g. Cap. ov. *un peu incurv.*, dress. ou obliq.,
con., *rostel.* An. nul. Fl. anthéridif. dans une innov. spéciale,
à fol. ov., conc. 3-6 anth. Paraph. nulles.

Lieux ombragés, fossés, bords des routes. — Hiv. et print. (Environs de Lyon.
Jura.)

361. F. crassipes. (*F. incurvus*, var. *fontanus.*) — Gaz.
ass. étend. et serr., *vert assez foncé.* T. décomb. à la b., dress..
dichot., peu radic. F. peu serr., *obl.-lanc.*, aig., làchem. dentic.; côte évan. Lame *pl. courte* dans les f. inf. que dans les sup.,
disparaissant avant la b. F. périg. peu app. Mon. Péd. *génic.*
à la b., pâle au som. Cap. symétr., en gén. dress., obl. Op·
con. apic. Dents parfois trif., tr.-papill. Fl. anthéridif. à fol.
tronquées; lame lanc. 10-20 anth. Paraph. nulles.

Pierres inondées, vannes de moulins. — Aut. (Dauphiné.)

362. F. Bryoïdes (*Dicranum viridulum; Fissid. viridulum.*)
— Ressemble à *l'incurvus.* F. *marg.* sur tout le contour, parfois *à dents rares* vers l'apicule.; côte excurr. *mucron.* Fl. anthéridif. axill. à 2 fol. suborbic. avec apic. étal. 4-6 anth. Sans
paraph.

Habitat de *l'incurvus.* — Passim.

363. F. exilis. — Confondu avec le précédent. T. encore
pl. courte. An. large. — Echappe souvent aux recherches.

364. F. osmundioïdes. (*Dicran. viridulum*, var. *osmun-*
dioïdes.) — Touff. épais., vert foncé ou brun. T. dress. ramif.
F. des innov. ov. *sans lame.* F. inf. écart., pet., à lame *au som.*
seulement. F. sup. serr., lanc.-apicul.; lame large *atteig. la b.,*
élargie au som., brièv. acum., et *fin. dentic.;* côte évan. F. périg. ov.-obl., courb. et hom. Di. Cap. ov. pet., dress. ou cern.
Op. à *long* bec. Fl. anthéridif. à 3 fol. ov. avec pet. lame li-
néaire. Anth. rar. Paraph. nulles. Fr. tr.-abondants.

Lieux humid. — Print. (Haut-Jura; Haute-Savoie.

365. F. taxifolius. — Touff. déprim., vert souv. *noir*. T.
à r. fascic. Innov. *obliq*. F. serr., obl., *tordues* èn séch., *partiell. pliées;* lame *atteig.* la *b.*, *tr.-développée chez les f. média-
nes, dentic.* et mucron.; côte excurr. F. périg. ov.-acum., ac.
ensiforme, à côte. Mon. Péd. long. flex., non tordu. Cap. obl.,
obliq., épais. Op. conv. à bec court. Fl. anthéridif. à 4 fol. ov.,
mut. 2-3 anth; nues.

Terre argileuse humid., bords des routes. — Aut. et hiv. — Passim

366. F. adianthoïdes. — Touff. serr. dans les lieux secs,
lâches dans ceux humid., vert foncé. T. dress. qq. fois décomb.
Innov. rar. et *grêl.* F. obt. Les sup. à lame *large* à som. *dent.*
ou érosé, à bord *dentic.* et *diaphane;* côte évan. F. périg.
lanc.-lin. souv. un peu tordues. Mon. Péd. raide. ou flex., non
tordu. Cap. en gén. obliq., ov.-obl., épais., tr.-resserr. sous
l'ouvert. Op. à long. bec *incurv.* Fl. anthéridif. à fol. ov., imbriq., dent., à côte. 10-20 anth. tr.-pet. Paraph. rar ou nulles.

Terres pierreuses, murs moussus, rac. des arbres.—Hiv. et print. — Passim.

367. F. grandifrons. — T. raid., dichot., dress. arq., F.
pl. all. que chez le précéd., à lame *lin. tr.-ent.*, se composant
de plusieurs couches de cell. Fr. inconnus.

Même habitat. — Est peut-être une var. du précéd. (Vaucluse; espèce surtout méridionale.)

GENRE CONOMITRIUM (*octodiceras.*)

368. C. Julianum. (*Scytophyllum fontanum.*) — Touff.
gazonn. T. irrégul. ramif. F. écart., lanc.-lin., mut., non
marg. F. inf. aig., avec apic. vertical., sans lame. F. sup. pl.
all.; lame atteig. la b., tr.-all. et lanc., tr.-ent.; côte évan. Mon.
Péd. court. épais. Cap. pet., obcon. Op. conv. long. Dents irrégul. bi-trif. Fl. anthéridif. termin. sur un rameau court, à
2 fol. 3-5 anth. Paraph. nulles.

Pierres et rochers inondés. — Print.-été. — Espèce méditérranéenne.

31e FAMILLE. — LEUCOBRYACÉES.

Pl. à f. glauques par l'humid., blanch. par la séch., composées de plusieurs couches de cell. rect., car. vers la b., hyal., hygrom., et pourvues de pores, entremêlées de cell. lin., chlorophyll. Fr. des Dicranacées.

Genre ONCOPHORUS. (Dicranum; Leucobryum.)

369. O. glaucus. — Touff. bomb., frag., décol. à l'int. T. dress., décomb. sur la périphérie, tr.-dichot., radic. aux aisselles des r. Innov. fastig. F. serr., falcif., imbriq. à la b., dress., étal., conc. à la b., puis larg. lanc., fistuleuses au som., apic., ent., sans côte. F. périg acum., étal., non fistuleuses. Di. Péd. rouge, tordu à d. en séch. Cap. cern., subhoriz. à la mat., coriace, 8 str. Coiff. blanch. dépass. souv. la cap. Op. gr. à long bec. subul. Dents méd., conniv. à l'humid. 10-15 anth. Paraph. nombr.

Taillis, terre humid. Commun à Charbonnières. — Aut. et hiv.

32ᵉ FAMILLE. — DICRANACÉES.

Pl. gazonn. ou en touff. souv. épais., ramos.-dichot., var. T. et r. souv. envahis. par un feutre radic. épais. — F. lanc., ou lanc.-lin., lisses et brill. ou papill., côte épais., souv. dent.; souv. auric. Cell. en gén. lin. et sinueuses., pl. court. et carr. arrond. au som., rhomb. ou rectang. vers la b., souv. de couleur orang. vers les oreillettes. — Mon. ou di. — Coiff. en capuc. assez gr. Péd. long, flex., souv. tr.-incurv. Cap. dress. ou cern., lisse ou str., à c. souv. épais et goitr. Op. rostell. rar. con. — Périst. simp. de 16 dents rouges, tr.-articul., souv. génic., à ligne divisur. app, en gén. régul. ou irrégul. bif. Membr. basil. nulle excepté chez les Ceratodon. — Fl. anthéridif. gémmif. et termin., sauf. dans une espèce. Pl. anthéridif. souv. tr.-simp. et nichées dans le feutre radic. des pl. capsulif.

1 { Péd. courbé en c de cygne...... 2
  { Péd. droit ou simpl. flex............................... 5

2 { Coiff. frangée à la b. Cap. str F. souvent sans oreill. Tissu cellul. rhombh.
  {   ou carr.............................. .... **Campylopus**
  { Coiff. non frangée. Cap. lisse............... **Dicranodontium.**

3 { Cap. all. acum., à long c. Dents souv. simpl. fend.. **Trematodon.**
C. court, en gén. renfl. et goîtr. Dents bif.... 4

4 { F. non papill. Cap. fort. cannel. Op. con. Dents régul. bif. jusqu'à la b.
T. régul. dichot.............................·......... **Ceratodon.**
F. souv. papill. Cap. lisse ou str. Op. en gén. subul. Dents partiell. et
souv. irrégul. bif. Ramification souv. confuse.................... 5

5 { F. auric. à la b. Cell. des oreillettes orang, brun. ou hyal...........
Dicranum.
F. non auric.................................·................ 6

6 { F. lanc., obt. ou acum. Péd. épais............... **Dichotontium.**
F. lanc.-subul., ou lanc. lin. Péd. mince, souv. tordu et flex........ 7

7 { Pl. souv. radic. jusqu'au som. F. en gén. papill. ternes, Cap ov.-
obl., souv. dress., à col. en gén. goîtr...... ... **Cynodontium.**
Pl. radic. à la b. seulement. F. non papill. à cell. basilaires pl. larges.
Cap. en gén. cern., à c. rar. goîtr................ **Dicranella.**

Genre TREMATODON. (*Dicranum.*)

370. T. ambiguus. — Touff. gazonn., vert jaun. T. tr.-
ramif. en vieill., dress., *toment.* à la b. et aux aisselles des r.
F. serr., étal., incurv., obl.-lin.-acum., pl., ent.; côte pl., un
peu excurr.; ac. *dentic.* F. périg. obl., 1/2 eng., long.-acum.
Mon. Péd. grêl., tordu à d., *jaune paille.* Op. rongé à la b.,
à bec subul., flex., obliq. An. d. Dents tr.-rouges. Fl. anthéridif. termin. à fol. briév. acum., conc., à côte. 15-20 anth. Paraph. nombr.

Lieux humid. et marécageux des mont. — Juin-juillet (Ne paraît pas signalé dans notre bassin).

Genre CERADON.

371. C. purpureus. *C. Dydimodon purpureum; Dicran. purpureum,* Hedv.; *Mnium purpureum.*) — Touffes. molles, pl., vert
foncé ou sale. T. var., fastig., radic. en vieill. F. assez serr.,
étal. ou tordues. F. inf. lanc. F. sup. lanc.-lin., pl. all., conc.,
carèn., *à bords réfléch.,* parfois *dentic.* au som.; côte subexcurr.
F. périg. long. eng., briév.-acum.; côte atteig. le som. Cell.
carr. un peu obl. à la b. Di. Péd. *rouge,* tordu à d. en h., à g.
en b. Cap. un peu cern., obl. rouge foncé, à c. court et *goîtr.*
Op. con., crénel. An. large. Pl. anthéridif. délic. Fl. à fol. ov.,
conc., long.-acum., révol., dentic ; à côte. 10-12 anth. Paraph.
filif.

Passim. — Print. — Tr.-polymorphe.

372. C. cylindricus. (*Trichost. cylindricum*, Hedv. ;
Dicran. cylindricum, Weber et Mohr ; *Trichodon cylindricus*.)
— Touff. tr.-lâches. T. tr.-pet., dress., simp., radic. à la b. F.
étal., conc., eng. *à la b*, obl.-lanc.-subul.-lin., *un peu dentic.*,
crisp. en séch., à bords *pl. ;* côte excurr. *dentic.* au som. Cell.
inf. hyal., rectang. ; les sup. court., papill. F. périg. eng.,
tubul., lin.-subul. Di. Péd. du précéd. Cap. dress., *long.-cyl.*,
cern. à la mat.; c. court. Op. con. non crénel. An. large. Pl.
anthéridif. délicate. 20-25 anth. allong. Paraph. nombr.

Terrains arénacés humid. des mont. — Eté. (Alpes)

Genre DICRANUM.

14 { T. tr.-all. F. ent. ou à peine dentic. au som...... **D. elongatum**.
  { F. tr.-dentic. au 1/5 sup............................... 15

15 { Touff. lâches. Feutre blanc dans la jeunesse. Cap. cyl. à c. saillant....
  {   **D. scoparium.**
  { Touff. tr.-denses. Feutre roux. Cap. obl. à c. peu saillant..........
  {   **D. congestum.**

373. D. Starkii. — Touff. étend., frag., vert foncé ou
jaun. T. décomb., puis dress., dénud. à la b. F. *hom., souv.*
falcif., lanc. et long. subul., *presque tubul.,* conc.; côte mince
dentic. au som. F. périg. obl., long. acum., dentic. au
som., à côte. Mon. Péd. tordu à g. en h , à d. en b.
Cap. obl. ou gibb., à c. *goîtr.* Op. con. à long bec obliq., à
bord crénel. An. d. Fl. anthéridif. à fol. ov.-acum.; côte mince.
Anth. et paraph. nombr.

Rochers et terrains granit. dés mont. — Eté. (Alpes ; Cévennes ; Pilat.)

374. D. falcatum. — Confond. avec le précéd. Touff. déprim., vert foncé, *noir.* à la partie inf. T. du précéd. R. fastig.
F. serr., lanc.-subul., conc., noir. en vieill. ; côte mince excurr. Péd. *court,* épais, peu tordu. Cap. ov., sub-cern., à c.
goîtr. Op. gr. à bec obliq. An. simp., persistant. Fl. anthéridif. du précéd.

Rochers et terrains humid. des Alpes. — Août-sept.

375. D. strictum. — Touff. épais. T. dress., dichot., *frag.*
F. serr., *décolor.* en vieill., conc. *tr.-ent.;* côte *excurr.* subul.-
canalic. Di. Péd. tordu à d. Cap. rar. un peu obliq., subcyl.,
lisse, à c. court. Op. con. à bec droit ou obliq. An. d. Pl. anthéridif. délic. Fl. à fol. ov.-acum. Anth. avec paraph. fusif.

Terre et troncs pourris dans les Alpes. — Eté. —Tr.-rare. — Souvent confondu avec les précéd.

376. D. montanum. — Coussin. mous, *comp.,* d'un *beau*
vert. T. tr.-dichot., *fastig.* F. serr. au som., lanc.-lin., conc.,
pl., dentic. au som., *papill. au dos;* côte assez *mince.* F. périg.
eng., à long ac. lin. Di. Cap. obl.-cyl., *pliss.* en séch., à c. court.
Péd. tordu à d. Op. à long bec. An. d. Pl. et fl. anthéridif. du
précéd.

Troncs des pins et des bouleaux. — Eté. — Rar. fructif.

377. D. flagellare. — Touff. épais., *vert-gai*. T. dress. de 5-10 cent., frag. *nodul.* en vieill. F. serr. surtout au som., *hom.* et *falcif.*, crisp. en séch., conc., *pl. dent.* au som.; côte *évan.* au som. F. périg. eng. ; ac. all. Di. Péd. du précéd. Cap. cyl., assez fort. *str.* en séch. Op. à bec subul. An. *mince.* Fl. anthéridif. à fol. acum., dentic. au som., à côte.

Rac. et troncs pourris. — Juin-juill. (Jura ; Dauphiné)

378. D. longifolium. — Touff. déprim., molles, *glaucesc.* T. délic., *décomb.* et *toment.* à la b., tr.-dichot. F. en gén. *hom.* et *falcif.*, soy. F. inf. décol., lanc.-aig. F. sup. lanc. subul., conc., *pl.* et *ent. à la b.*, canalic. et *dentic.* vers le som.; côte excurr. subul. F. périg. *eng.*, *acum.-subul.* Di. Péd. peu tordu. Cap. cyl., rousse, presque *lisse*, à c. court. Op. long. subul. An. *d.* Pl. anthéridif. délic. Fl. nombr. à fol. obl.-acum.; à côte. 15-20 anth. Paraph. nombr., subspatulif.

Rochers ombragés des mont. — Aut.

379. D. Santeri. — Est peut-être une var. du précéd. Touff. étend., molles, brill., d'un *beau vert.* Dents *pl. rouges* et *pl. fort. articulées.*

Troncs des hêtres. — Sept.

380. D. albicans. — Touff. denses. F. canalic., presque *tubul., tr.-ent.* Cap. subcyl. Op. à tr.-long bec subulé.

Signalé aux Sept-Laus par Ravaud.

381. D. scoparium. — Touff. épais., vert *clair* ou jaun. T. de 7-20 cent., couch. à la b., rig., *tr.-dichot.* F. *hom.*, à bords *infl.*, souv. *falcif.*, lanc.-subul., conc., faibl. *str.* et *crisp.* en séch.; côte *sillonnée* au dos, *dent.* au som. F. périg. eng.; ac. *filif.* Di. Péd. tordu à d. Op. à long bec. An. *nul.* Pl. anthéridif. délic. Fl. à fol. ov.-lin.-acum., dentic., à côte. 10-15 anth. Paraph nombr.

Passim sur terre dans les bois. — Juill.-août.

Var. *recurvatum*. T. grêl., dress., moll. F. recourb., peu hom., tr.-dent. au som. Cap. presque droite. — *curvulum.* T. courte, dress. F. hom., arq., dent. au mil. Cap. à c. app. —

orthophyllum. T. décomb. à r. dress. F. du som. dress. Cap. à peine arq. — *paludosum*. Ressemble au *palustre*.

382. D. elongatum. — Confondu avec le précéd. Coussin. serr., *vert pâle*. T. de 20 cent. et plus, dress., frag. R. *écart.* F. serr. et all. vers le som., brill., *blanch. à la b.*, lanc.-subul., *à peine dentic.* au som. Côte excurr. et *lisse*. Di. Cap. incl., ov., sillonn. en séch.; c. faibl. goîtr. Péd. tordu à g. en h., à d. en b. Op. long. subul., à bord *rouge*. An. hyal. Pl. et fl. anthéridif. du précéd. Paraph. pl. long. que les anth.

Rochers humid. des mont. — Août-sept. (Alpes de la Haute-Savoie.)

383. D. congestum. (*Dicran. scoparium*, var. *fucescens*.) — Touff. vertes ou *ferrugineuses*. T. de 6-7 cent. F. inf. *rouss.* F. sup. serr., lanc.-subul., un peu arq., hom. à l'humid., *tordues*, conc., canalic.; côte pl., excurr., *lisse*. F. périg., tr.- eng., obt. avec ac. long, *subul.* et *dentic*. Di. Péd. faibl. tordu à g. Cap. obl., ov., *sillonn.* en séch., à c. peu app. Op. à long bec, subul., *flex*. An. *d.* Dents souv. *lacérées*. Pl. anthéridif. délic., mais ramif. Fl. à fol. conc., méd. acum., à côte. Anth. et paraph. du précéd.

Régions montag. — Passim. — Eté. (Haut-Jura; Alpes; Cévennes.)

384. D. palustre. (*Dicran. Bonjeanii*, Notaris.) — Confondu avec le *scoparium* et avec le *Schraderi*. Touff. prof., serr., brill., *vert doré*. T. de 13 à 20 cent., dress. Feutre *passant du roux au blanch*. F. étal., à bords *légèr. incurv.* en séch., lanc.-lin., *dent.* et ondnl. au som.; côte mince, évan. F. périg. eng., tubul., tronquées et *corrod.* au som.; ac. *long* et *tubul*. Di. Cap. sub-horiz, *str., presque lisse en séch*. Op. à long bec subul. An. *nul.* Pl. anthéridif. inconnue.

Lieux tourbeux des mont. — Eté. (Jura.)

385. D. Schraderi. (*Dicran. Bergeri*, Blandov.) — Touff. serr., prof., brill., *jaun.* ou *oliv*. T. de 10-20 cent., *dress.*, *lâchem. feutrées*. F. étal. serr. au som. F. sup. *lancéol.-lin.*, aig., conc., canalic., papill. au dos. Côte évan. au som., *dent.* au dos. F. périg. du précéd. Péd. pâle, grêle, un peu tordu. Cap. obl., *faibl. str.*, à c. court. Op. à long bec. An. *d.*

Lieux bourbeux. (Dauph.) — Eté.

386. **D. spurium**. — Touff. méd., vert. *jaun. brill.* T. dichot., raid.. dress., de 3-10 cent. Feutre *jaun.*, puis brun. F. inf. pet., écart. F. sup. serr., *obl.-lanc.*-lin., étal., conc., à *bords incurv.*, papill.; côte *évan.*, dent. au dos. F. périg. des précéd. Cap. cyl., sill. Péd. tordu à d., *couleur paille.* Op. à long bec, à bord rongé. An. *d.*

Taillis secs et rocailleux. — Mai-juin. (N'est pas signalé dans le bassin.)

387. **D. undulatum**. (*Dicran. polysetum,*Swartz ; *Dicran. rugosum*, Brid.) — Touff. étend. peu cohér., vert *jaun. brill.* T. rob., *décomb.* à la b., dichot., à feutre *d'abord blanch.* F. peu serr., brill., décol. ou *noir.* en vieill. F. sup. ser., lanc.-lin.-subul., ent., *pliss. dent.* surtout au som., carén. et à bords pl. au som. Côte atteig. le som., dentic. au dos. F. périg. du précéd.; ac. méd. et *denté.* Péd. *pâle*, all., légèr. tordu. Cap. obl.-cyl., *à peine str.* ; c. court. Op. con. subul. An. nul ou peu app.

Passim. — Bois secs et rocailleux. — Sept.-oct.

388. **D. majus**. (*Dicran. scoparium*, var. *majus ; Dicran. polysetum.* Brid.) — Touff. lâches d'un *vert gai.* T. de 20 cent., dichot., *peu toment.* F. *hom.* Les sup. pl. all., lanc.-subul.. *soy.*, dentic. au som.; côte excurr., dent. au som. F. périg des précéd. ; ac. all. et *subul.* Péd. un peu tordu. Cap. *horiz.*, obl. cyl., *noir.* à la mat., *str.* Op. à long bec subul. An. *nul.*

Forêts des mont. — Eté. (Bresse ; Haut-Jura.)

GENRE DICRANODONTIUM. (*Dicranum.*)

289. **D. longirostre**. (*Didymodon longirostrum.*) —Gaz. pl. *brill.*, vert gai. T. de 3-10 cent., dress. ou *genic.* à la b., dichot., *tr.-toment.* à la b. F. dress. ou *hom.* et *falcif.* F. inf. ov.-lanc. F. moy. lanc.-lin. F. sup. lin. subul., conc., *dentic.* au som.; côte *lisse occupant le limbe presque ent.* Cell. basil. hyal. F. périg. eng., tr.-long. subul. Di. Péd. dress. en séch., tordu à g. en h., à d. en b. Cap. ov.-cél. Op. conv. subul. An. tr.-étr. Dents *souv. bif. jusqu'à la b.* Fl. anthéridif. à fol. suborbic.,

puis lin.-subul., dentic. au som. 20-30 anth. Paraph. pl.
long.

Terrains ombragés, troncs pourris dans les mont. — Aut. (Jura.)

Genre DICRANELLA. (*Dicranum*.)

1 { Cap. incurv. 2
{ Cap. dress., ou obliq. par l'inflex. du péd 6

2 { F. hom. au moins les sup., ou dress. 3
{ F. diverg., étal. en tous sens. .... **D. Schreberi.**

5 { Péd. assez. raid. Cap. lisse. Op. à bec. méd. .... **D. varia.**
{ Cap. str. après la sporose. Op. à long bec subul. 4

4 { Touff. vert soy. F. obl. long. sétacées .... **D. heteromalla.**
{ Touff. vert. jaun. F. obl.-lin 5

5 { F. tr.-ent. ou à peine dentic. au som. Cap. pet. larg., ouvert. après la
{ sporose. An. nul. .... **D. cerviculata.**
{ F. dentic. à partir du mil. An. d. .... **D subulata.**

6 { F. à peine hom. Cap. tr.-plis. après la sporose. Op. subul. ....
{ **D. curvata.**
{ F. sup. fort. hom. Cap. lisse. Op. acum. .... **D. rufescens.**
{ F. étal. en tous sens. Cap. str. après la sporose. Op. subul. ....
{ **D. crispa.**

390. D. Schreberi. — Touff. pet., lâches, d'un *beau vert*.
T. *courtes*, dress., peu ramif., radic. à la b. F. *eng.* à la b.,
subit. lin., subul., *crisp.* en séch. F. inf. *tr.-ent.* F. sup. *dent.*
au som.; côte évan. F. périg. sembl., tr.-étal. Di. Péd. de 15
à 20 millim., tordu à d., pourpre. Cap. *lisse*, var., à c. goîtr.
Op. *long. con.*, à bord entier. An. *nul.* Pl. anthéridif. délic.

Terre argileuse humid. — Aut. — Tr.-rare. (Grès bigarré; Dauphiné.)

391. D. crispa. — Confondu avec le précéd. F. pl. étr.
et *fort. crisp.*; côte *dépassant le som.* Cap. symétr., str. à la
mat. Op. à bord crénel., *à bec long*, subul., obliq. An. mince.

Même habitat., dans les mont. — Été — Tr.-rare. (Haute-Savoie.)

392. D. varia. — Touff. comprim. *vert gai* ou rouss. T.
courtes, peu ramif., *radic. à la b.* F. serr., lanc.-subul., *dress.*
à l'humid., pl. ou un peu révol., tr-ent. ou dent. au som.;
côte un peu excurr. F. périg. 1/2 eng., long. subul. Di. Péd.
pourpre, tordu à d. Cap. obliq., var., resserr. à l'ouvert., à
c. court, épais. Op. gr., con., à bord. ent. An. nul. Dents *conniv.* Pl. anthéridif. délic. Fl. à fol. ov. subul.

Terre dénudée, bords des champs. — Passim. — Print. et aut.

393. **D. rufescens.** (*Dicran. varium*, var. *rufescens*, Turner.) — Port. du précéd. T. *roug.* presque simp. F. écart., *falcif.*, lanc.-lin., pl., *à dents écart.* et obt., noir en vieill., côte évan. au som. F. périg. pet., *hyal.*, lin., à côte mince. Di. Péd. pourpre, tordu à g. Cap. dress., ov., lisse, resserr. à l'ouvert., à c. court. Op. gr. à bec court. An. nul. Articulations des dents serr. à la b. Pl. anthéridif. délic. Fl. à fol. conc.-acum.-subul., hom., à côte.

Terre dénudée et humid. — Sept.-oct. (Grès bigarré.)

394. **D. subulata.** — Port. des précéd. F. serr. au som. des innov., dress., obl.-lin.-subul., canalic., *dentic.* dans la 1/2 sup.; côte atteig. le som. 1-2 f. périg. *tr.-eng.* et *subul.* Péd. pourpre tordu à d. en b., à g. en h. Cap. obliq., ov., cern. à c. goîtr., *str.* en séch. Op. con. *à bec subul.* pâle et arq.

Terre rocailleuse, fissures des rochers, dans les mont. (Jura; Alpes.)

395. **D. cerviculata.** — Touff. épais. et étend. *assez brîll.*, ferrugin. à la b. T. assez courtes, peu ramif. F. conc., lanc.-subul., *tr.-ent.* ou à peine dentic., brill.; à côte *large* excurr. F. sup. pl. serr. F. périg. obl.-acum.-subul. Di. Péd. tordu à g. vers le somm. puis à d. Cap. *ov.-gibb.*, *str.* en séch., à c. pet., souv. goit. Op. con. subul. Pl. anthéridif. délic. Fl. à fol. ov., conc., long. subul. Anth. et paraph. assez. nombr.

Lieux tourbeux, bords des fossés. — Juin-juil. (Haut-Jura.)

396. **D. curvata.** — Touff. irrégul., vert jaun. et *soy.* T. dress., 2-3 div. F. ov.-lanc., canalic., long.-subul., conc., *ent.* ou dentic. som., *légèr. hom.* par l'humid., soy.; côte *prolongée dans la subule.* F. périg. imbriq. à la b. *tr.-long. subul.*, dress. Di. Péd. un peu incurv. au som., tordu à d. en b., à g. en h. Cap. *dress.*, ov. *rouge foncé*, *str.* en séch. Op. gr. à bec subul. An. d. Fl. anthéridif. délic. Anth. et paraph. peu nombr.

Rochers et terre sableuse dénud., dans les mont. peu élevées. — Print.-aut. — Confondu avec le suiv. (Grès bigarré.)

397. **D. heteromalla.** — Touff. épais. T. 2-3 div., pet.,

raid., radic. à la b. F. du précéd. mais *un peu pl. hom.*, général. *dent.* F. périg. 1/2 eng., puis subul., *hom.* Di. Péd. du précéd., flex. Cap. cern., *ov.-gibb.*, à c. court. An. *simp.* Pl. anthéridif. sembl. ou pl. délic. Fol. des fl. Anth. et paraph. du *cerviculata.*

Même habitat. — Print. (Grès bigarré.)

Genre DICHODONTIUM. (*Dicranum.*)

398. D. pellucidum. — Touff. lâches, d'un *beau vert.* T. *simp.* en gén., *dress.*, radic. jusqu'à l'innov. F. serr., *étal.*, courb. et *tordues* en séch., lanc., pl. ou révol. au mil., *crén. ou dentic.* à partir du mil., *pliss.*, carén., *papill.*; côte *évan.* au som. F. périg. peu app. Di. Péd. épais. Cap. cern. ou dress., courte., *ov.-globul.*; c. non app. Op. var. An. *nul.* Pl. anthéridif. sembl. Fl. à fol. conc., ov.-lin., sans côte. Anth. rar. à péd. court.

Lieux humid., cascades, dans les mont. — Print.-aut. (Jura; Alpes.)

399. D. squarrosum. — Touff. molles, en gén. d'un *beau vert* parfois *jaune luride.* T. dress.; feutre *roux abond. à la b.* T. all. stériles. F. serr., conc., obt., lanc., réflech., *lisses, arq., diverg.*, un peu canalic., soy., *ent. ou lacérées* au som. Côte mince *évan.* vers le som. Di. Péd. *épais*, un peu tordu en séch. Cap. cern., obov., *roug.*, à c. court. Op. con. à bec court. An. *nul.* Pl. anthéridif. sembl. Anth. et paraph. gr., nombr.

Habitat du précéd. — Aut. — Rar. fructif. (Jura; Dauphiné; Cévennes.)

Genre CYNODONTIUM. (*Dicranum.*)

1. Touff. tr.-vertes à la surf. F. presque lisses. Cap. lisse.. **C. virens.**
   Touff. vert. oliv. F. papill. Fr. multiples. Cap. fort. sillon. après la sporose............................ **C. polycarpum.**
   Touff. vert jaun. Fr. solit. Cap. faibl. str......................... 2

2. Touff. molles. T. grêl. F. fort. papill., mut. Dents irrégul...........
   C. gracilescens.
   coussin. denses, bomb. T. dichot. F. peu papill. acum.; ac. flex. Périst. tr.-imparf...................... **C. Bruntoni**

400. C. Bruntoni. (*Dydimodon obscurum; Weisia Bruntoni*, Boulay.) — Coussin. *vert jaun. terne.* T. dress., *tr.-to-*

ment. F. étal., serr. au som., *crisp.* en séch.; *obl.-lin.-acum.*, carén., *tr.-révol.*, pl. et *dentic.* au som.; côte méd. atteig. le som. F. périg. un peu eng., obl. acum.; ac. étal. Mon. cap. à c. court, *lisse* avant la mat. Op. con. acum. Fl. anthéridif. **à** fol. ov.; ac. méd. et obt., à côte. Anth. cyl., incurv. Paraph. pl. long**.**

<small>Roches granitiques et arénacées, dans les mont. — Mai-juin. (Cévennes.)</small>

401. C. gracilescens. — Touff. vertes, parf. jaun. T. radic. dans la 1/2 inf. F. *tordues* en séch. *presque ent.* Mon. Péd. mince. Cap. 8 *str.* Op à bord ent., apic. Fl. anthéridif. termin. Anth. long. pédicell. Paraph. pl. long.

<small>Rochers humid. et ombragés des Alpes. — Août-sept. — Confondu avec le suiv.</small>

402. C. polycarpum. — Touff. serr., bomb., *radic.* à la b. T. dress., dichot. F. serr. Les sup. all., *hom.* à l'humid., *crisp.* en séch., obl.-lin., canalic., acum., *révol., ondul.,* den-tic.; côte *forte atteig. le som.* F. périg. obl.-acum., 1/2 eng. Mon. Cap. dress. à c. renfl. ou cern. à c. goîtr. Op. à bord crénel., à bec fin. Fl. anthéridif. du précéd., à fol. pet. ov.

<small>Même habitat. — Eté. (Alpes granitiques.)</small>

403. C. virens. — Touff. lâches, décol. ou *noir.* à l'int. T. en gén. dichot., *radic. de la b. au som.* F. serr., *partiell. révol.,* lanc.-lin., canalic.; *tr.-ent.* ou à peine dentic. au som. F. sup. parfois *un peu papill.;* côte *épais.* un peu excurr. Cell. *tr.-serr.* F. périg., tr.-eng., acum.-subul., *ac. dentic.* Mon. Cap., cern., horiz., à subcyl., à c. goîtr. Op. obliq., à bord crénel., à bec. all., épais. Dent. *irrégul. fend.* Fl. anthéridif. termin., plus tard axill., à fol. ov.-lanc.-lin., conc., dentic., à côte. 6-8. Anth. à péd. court. Paraph. rar. ou nulles.

<small>Eté. (Jura; Alpes, et en gén. mont. calc.)</small>

GENRE CAMPYLOPUS. (*Dicranum, Thesanomitrium.*) —

404. C. flexuosus. — Gaz peu serr., jaune verd., *rouge vif à la b.* T. de 2-5 cent., dress., dichot., souv. *à jets all., grêl. et tr.-frag.; toment. jusqu'au som.* F. étal. ou hom. F.

sup. tr.-all., subul., *dent.* au som.; toutes conc., *auricul. côte*
du *Dicranodontium.* F. périg. subul., *dentic.* au som. Di. cap.
ov. ou gibb., à c. court. Op. conv. con. à bec, crénel. à la b.
An. d. Fl. anthéridif. nombr. Anth. à péd. court. Paraph. rar.
ou nulles.

Rochers, terrains pierreux des collines et mont. — Print. (Dauphiné.)

405. C. fragilis. — Coussin. épais, *bomb.*, *soy.*, *vert
pâle.* T. de 1 à 2 cent., *frag.*, *faibl. radic. jusqu'au som.* R. *fascic.*, caduq. F. étr.-lanc.-subul., canalic., *raid.* F. sup. *dent.*
au som.; côte *tr.-large canalic.* au dos. F. périg. eng., canalic.,
lin.-acum ; côte *mince.* Di. Fr. solit. Péd. tordu à g., *court,
épais.* Cap. obl., resserr. à l'ouvert. Op. à bec. all., infl. An. d.
assez gr. Fl. anthéridif. du précéd.

Roches arénacées ombragées. — Print.-aut. — Confondu avec le précéd.

406. C. Torfaceus. — Gaz. pl. *vert-oliv.*, *décol.* à la b.
T. délic.. dress., de 2-3 cent. F. peu serr., dress. F. sup. all.
terminées en soie, faibl. dent. au som., obl. subul., canalic.
Côte du précéd. F. périg. eng., long.-subul., dentic. au som.;
côte *mince.* Di. Fr. multiples. Cap. ov., fin. str. Péd. tordu à
d. en b., à g. en h. Op. à bec obliq., crénel. à la b. An. d. Fl.
anthéridif. des précéd.

Lieux tourbeux. — Print. — Confondu avec les précéd. (Haut-Jura.)

33e Famille. — WEISIACÉES,

Pl. vivaces, gazonn., ramos.-dichot. — F. lanc. ou lanc.-lin.,
à côte pl. ou moins épais. Cell. quadrang. serr. dans la partie
infér., les sup. carr. ou arrond. — Mon. — Di. ou syn. —
Coiff. en capuc. Péd. dress. Cap. ov. ou obl. Op. à bec souv.
obliq. — Périst. ou nul, ou composé d'une membr. qui ferme
l'ouvert. de la cap., ou simp., à 16 dents libres, en gén. tronquées, bif., sans ligne divisur. — Fl. anthéridif. termin. au
moins dans la jeunesse. Anth. rar. avec paraph.

Le genre *Anœctangium* se distingue par sa fructif. pleurocarpe.

1 { Fructif. acrocarpe.. 2
{ Fructif. pleurocarpe.......................... Ancœctangium.

2 { Périst. formé d'une membr .... Hymenostomum.
{ Périst. null.............................. Gymnostomum.
{ Périst. simp. souv. imparf..... 3

3 { Pl. à ramific. var. F. crisp. en séch. T. radic. à la b. seulement. Mon.
{ ou syn... Weisia.
{ Pl. regul. dichot., en gén. assez all. F. étal., dent., à côte forte, ex-
{ curr. T. et r. radic. Di......... .... Eucladium.

Genre ANCŒCTANGIUM.

407. A. compactum. — (*Gymnost. æstivum*, Schwager.)
— Touff. épais., vert jaun. T. délic., all., radic., dichot.-ra-
mif., fastig. F. sup. serr., *étal.*, puis *courb.* et souv. *tordues*
en séch., lanc.-acum., *dentic.* à la b. Les autres caractères de
la famille.

Roches micacées et schisteuses humid. des mont. — Aut.

Genre GYMNOSTOMUM. (*Weisia.*)

a. — Pl. humbles. Op. con. An. large.

408. G. tenue. — Gaz. déprim., dens., vert *tendre* à la
surf. T. courtes, dichot., radic. à la b. F. *tr.-vertes.* F. sup
pl. all., *ligul., obt.*, un peu *arq., pl.*, ent., faibl. papill.; côte
évan. au som. Cell. basil. hyal. F. périg. *eng.*, sub-aig. Di.
Cap. à long c., cyl., à ouvert. étr. An. d. Op. con. *sub-obt.*, à
bec méd. Pl. anthéridif. sembl. Fl. à fol. ov., sans côte. Anth.
avec ou sans paraph.

Roches et murs arénacés. — Juillet-août.

409. G. calcareum. — Port. du précéd. T. *tr.-grêl.* F.
parfois un peu apic. et *papill. sur les bords.* Anth. et paraph.
courtes.

Roches calcaires.

b. — Pl. ramif. élancées. — Op. pl. ou moins long. An. étr.

410. G. rupestre. — Gaz. *raid.*, compact., étend., vert
sombre. T. dress., all. F. étal., un peu raid., *serr.*, incurv.,
obl.-lanc.-*aig.*, carén., *presque pl.*, ent., *papill.* surtout au dos,
parfois *crénel. à la b.;* côte évan. au som. Cell. basil. tr.-all.

Les sup. carr., opaques et vert. F. périg. eng., obl.-lin.-aig.
Di. Péd. grêl., tordu. Cap. obl., *lisse* et *brill.*, *à c. app.* Op.
all., rar. rostell. Pl. anthéridif. délic. à fol. sembl. aux f.
caul. inf.

Fissures humid. des mont. — Eté.

411. G. curvirostrum. — Touff. var. vert *oliv.* T. tr.-
div. Innov. fastig. F. étal. souv. infl. en séch., obl.-lin., carén.,
un peu révol. au mil., tr.-ent.; côte évan. près du som. Toutes
les cell. *translucides* et *all.* F. périg. 1/2 eng. Di. Péd. all. Cap.
obov., c. non app. Op. à long bec subul., *adhér. à la colum.*
Pl. anthéridif. du précéd. Pl. *souv. incrustées.*

Rochers tr.-humid. et calc. des mont. — Juil.-août.

Genre EUCLADIUM. (*Weisia.*)

412. E. verticillatum. — Touff. étend. et compact.,
souv. incrust., de couleur *glauque.* T. dress., *tr.-dichot.* Innov.
fastig. F. raid., *dent. au mil.*, un peu contourn. en séch.,
lanc.-lin., *pl.*, à côte forte, mucron. Cell. inf. hyal., les sup.
papill. F. périg. ov.-conc. à la b. Di. Péd. un peu tordu. Cap.
subcyl., lisse; c. peu app. Op. à long bec subul. Périst. var.
Pl. anthéridif. délic. Fl. nombr. à fol. ov.-lin., *dentic.*, hyal. à
la b., à côte. 15-20 anth. Paraph. courtes.

Même habitat que le précéd. — Cascade du Dard, à Chamonix — Juin-juil.

Genre WEISIA.

1 { T. robust. de 10-30 millim 3
  { T. ne dépas. pas 10 millim.. 2

2 { F. lanc.-lin., à bords invol. Côte atteig. le som , mais non mucron... **W. viridula.**
  { F. lanc.-lin., presque pl.; côte formant mucron.. **W. mucronata.**
  { F. lanc.-ligul., obt., pl. .... **W. reflexa.**

2 { F. hom., fort. crisp. en séch. 1/2 tubul. Cap. obl. Mon. **W. crispula.**
  { F. étal., flex., faibl. crisp. en séch., un peu révol. Cap. cyl. Di...... **W. cirrhata.**

413. W. viridula. (*Weisia controversa*, Hedv.) — Coussin.
dens., pét., *vert jaun.* Innov. grêl. T. courtes, dress. F. obl.
et imbriq. à la b., tr.-aig., tr.-invol., arq. à l'humid., *crisp.*

en séch. Cell. inf. hyal. F. périg. sembl. Mon. Péd. jaune un peu tordu. Cap. subcyl., *brun oliv.*, dress., *pliss. en séch.* Op. à bec méd., souv. obliq. Fl. anthéridif. termin. ou axill.

Passim. — Print. — Varie assez quant au perist.

414. W. mucronata. (*Weisia apiculata*, Schultz.) — Gaz. tr.-pet., *vert oliv.* T. courtes, simp. ou dichot. F. sup. serr., *faibl. crisp.* en séch., conc. ov. et hyal. à la b., *canalic.*, brusq. *mucron., ent., pl., rar. invol. au mil.* Toutes les cell. vertes. F. périg. 1/2 eng., presque *tubul.*, obl.-lin., étal., mucron. Mon. Péd. pâle, un peu tordu. Cap. dress., *oliv., un peu pliss.* en séch. Op. con. à bec obliq. An. à peine app. Périst. caduc.

Terre argileuse. — Print.

415. W. cirrhata. — Coussin. dens., bomb., *tr.-verts* à la surf. T. *dress., dichot.* F. serr., *lanc.-lin., révol., carén.,* étal., *arq.* à l'humid., *crisp.* en séch., presque lisses; côte atteig. le som. Cell. basil. *hyal.* F. périg. 1/2 eng., obl., *aig.*, peu révol., à côte. Mon. Péd. *jaun.*, tordu à g. en h. Cap. dress. *cyl.*, brune. Op. à bec subul., obliq. An. *étr.* Dents *ent., subul.*, hyal. au som. Fl. anthéridif. à fol. eng., *obl., subobt..* à côte.

Fissures des rochers siliceux. — Print.

416. W. crispula. — Touff. lâches, *vert jaun.* à la surf., noir. à l'int. T. *décomb.* à la b., tr.-dichot. F. serr., *hom..* obl.-lin.-subul., *ent.*, à bords infl., lisses; côte atteig. le som. 2 f. périg. eng., *à pointe courte et obt.;* côte mince. Cell. des oreill. gr., *carr.*, brun *orang.* Péd. *pourp.* tordu à g. en h. Cap. *obl.*, dress., à orifice rouge. Op. à bec long, *pâle* et obliq. An. *nul.* Dents lanc.-lin., en gén. ent. Fl. anthéridif. axill. sur les r. à fol. suborbic., subobt., imbriq.; côte mince ou nulle.

Rochers des mont.

417. W. réflexa. — T. *tr.-courtes*, peu div. F. écart., *lanc.-ligul., obt., pl., ent., arq.* à l'humid.; côte évan. au som. F. périg. 1-2 eng. Di. Péd. *jaun.* Cap. en gén. dress., obl., *lisse.* Op. con., *obt.* An. large. Dents obt., imparf.

Terre et rochers calc. altérés. — Print.

GENRE HYMENOSTOMUM. (*Gymnostomum.*)

418. H. microstomum. — Gaz. épais, vert foncé à la surf., noir. à l'int. Innov. fastig. F. *à bords courbés, falcif.* par la séch., tr.-papill. dans la partie sup. de la f. T. *courtes, dress., tr.-dichot.* F. sup. 2-3 fois pl. long., lanc.; côte forte, *mucron.* F. périg. obl.-acum. Mon. Péd. pâle, un peu tordu à d. Cap. ov., dress. ou *gibb. et obliq., à ouvert. étr.* Op. subul. Pl. anthéridif. à fol. ov., aig., à côte. 6-8 anth. avec paraph.

Terres à bruyère. — Print.

419. H. tortile. — Gaz. déprim., épais, vert gai à la surf. T. *assez robust.*, dich. F. pl. fortes et pl. larges que chez le précéd., pl. faibl. mucron., *pl. et hyal.* à la b., *fort. crisp.* en séch., *lâchem. invol., tr.-papill.* Mon. Péd. de 9-12 millim., légèr. tordu en séch. Cap. *pourpre à large ouvert.* Op. à bec pâle, obliq. Fl. anthéridif. du précéd.

Fente des rochers et des murs calc. — Print.

520. H. crispatum. — Diffère du précéd. par ses f. *lin.*, *fort. invol., pl. fort. crisp.* et enroul. en spire. Cap. un peu gibb.

Rochers calc. du Dauph. — Ravaud. — Print.

Deuxième Tribu. — CLEISTOCARPES.

1	Pl. à spores peu nombr. (15-25), très-grosses......	**Archidiacées.**	
	Pl. à spores nombr., de grosseur méd...........................		2
2	T. nulle, ou simple et tr.-courte...............	**Ephéméracées.**	
	T. filif., peu ramif, dress....	**Pleuridiacées.**	
	T. ramif., non filif., ou all. et couchée...........................		3
3	T. dress., assez courte...........................	**Phascacées.**	
	T. couch., all.................	**Astomacées.**	

34ᵉ FAMILLE. — ASTOMACÉES.

Pl. ne différant des *Hymenostomum* que par l'indéhiscence de la cap. — F. lanc.-lin.; côte forte. Cell. pet, chlorophyll. — Coiff. en capuc. Cap. ov. à bec rostell. Suture opercul.

nettement indiquée. — Mon. Fr. solit. ou nombr. Fl. anthéridif. axill. au bourgeon termin.

Genre ASTOMUM. (*Phascum.*)

421. Ast. crispum. (*Systegium crispum*, Boulay.) — T.
courte, simp. ou munie d'innov., rar. 2-3 div. F. inf. presque
pl., *tr.-fort. crisp.* en séch. F. sup. *dentic.* à la b., *fort. invol.*,
lin.-acum. Tissu des *Weisiacées*. 3-6 anth. Paraph. nombr.

Jachéres, lieux frais. — Print.

35ᵉ Famille. — PLEURIDIACÉES.

Pl. annuelles, parfois flagellif. — F. lanc., subul., étal.,
brill., à côte. Cell. larges, hexag. ou rectang. — Mon., rar. syn.
Fr. acrocarpe ou pleurocarpe. Coiffe en capuch., ou mitrif. et
lobée. Péd. court. Cap. ov., subglob., brièv. acum. Colum.
app. Fl. anthéridif. axil.

a. — Coiff. en mitre.

Genre SPORLEDERA. (*Phascum.*)

422. Sp. palustris. (*Pleuridium palustre*) — T. ascend.
avec innov. F. sup. ov.-*subul.*, canalic., *dentic. au som.;* côte
solide *remplissant presque l'ac.* Cap. ov.-pyrif., à bec *droit.*
Coiff. *lobée.* Anth. nues, axill. Pl. syn.

Lieux vaseux et tourbeux. — Mai-juin.

b. — Coiff. en capuc.

Genre PLEURIDIUM. (*Phascum.*)

423. Pl. nitidum. (*Phascum axillare*, Dickson.) — T. en
gén. *simp.* F. sup. presque *hyal.*, *lin.-acum.*, *dentic.* au som.;
côte *évan.* Syn. Fr. naissant sur des innov. successives. Coiff.
assez gr. Cap. *ov.-obl.*-acum. Anth. pet. avec paraph.

Terre argileuse fraichement remuée. — Aut.-nov

424. Pl. subulatum. (*Astomum subulatum*, Müller.) — T. presque *simpl.*, en gén. *dress.* F. sup. *long. subul.*, canalic., *dentic.* dans la partie sup. ; côte dilatée *occupant l'ac. ent.*, syn. Coiff. pâle, *tr.-obliq.*, *ne dépass. pas le mil. de la cap.* Cap. *roug.*, brill., *acum.* Anth. nues. Pl. vivace par innov.

Terre sablonneuse. — Juin.

425. Pl. alternifolium. — Pris pour une var. du précéd. Gaz. *noir.* T. *dress.*, émettant la 2e année de *longs jets grêles.* F. inf. ov.-subul., *arq.*, presque *ent.* F. sup. *long. subul.* Mon. Cap. *immerg.*, avec *apic. pet.*, *obliq.* Coiff. gr. Fl. anthéridif. *axill.* Anth. peu nombr. Paraph. nulles.

'Lieux frais et dénudés. — Mai-juin.

36e Famille. — ARCHIDIACÉES.

Pl. vivaces. couch. et ramif. en vieill. T. radic. sur toute la longueur. F. espacées, lanc. ou lanc.-subul., dentic. au som. Côte molle. Cell. larges. — Mon. Fr. acrocarpes ou pleurocarpes. Péd. nul. Coiffe pet., lacérée à la b. Cap. globul. à spores peu nombr. et jaune de soufre. Colum. nulle. — Fl. anthéridif. axill.

Genre ARCHIDIUM. (*Phascum.*)

426. Arch. phascoïdes. (*Phascum alternifolium*, Dickson ; *Archidium alternifolium-*) — T. grêl., dress., à 1-2 *innov. grêl.* F. *des innov. à côte* atteig. le som., *pl.* — Les autres caractères de la famille. Fr. acrocarpe.

Terre argileuse, humid. — Mai.-juin.

37e Famille. — PHASCACÉES.

Pl. annuelles ou se renouvel. par innov. T. dress., simp. ou div., ne dépass. pas 1 cent. F. ov.-lanc., ent. ; côte forte. F. inf. écart. F. sup. all. conniv. Cell. hexag. larges et souv. hyal. à la b. Mon. Coiff. en capuc. Péd. var. Cap. ov.-globul., acum. ; colum. app. — Anth. nues ou fl. axill.

Genre PHASCUM.

a — F. ov. larges et courtes. Cap. immerg.

427. Ph. cuspidatum. — T. var., simp. ou 2-3 div. F. sup. *obl.-lanc.*, acum. par l'excurrence de la côte, *ent.*, *étr. révol.* Cap. brièv. apic. 3-10 anth. nues ; quelquefois paraph. courtes.

Lieux frais, découverts. — Passim.

b — F. obl.-lanc. — Cap. émerg.

428. Ph. bryoïdes. — T. *dress.* à innov. *grêle.* F. sup. *obov.-obl.*, conc., carén., *révol.* jusqu'au som., ent. ; côte *mucron.* Péd. pâle, droit. Cap. ov. à bec obliq. Coiff. recouvrant *à peine 1/2 cap.* 5-6 anth. avec paraph.

Terrains argileux, dépôts de graviers. — Mars-avril.

429. Ph. curvicollum. — T. *tr.-courte.* F. sup. lanc., acum. par l'excurrence de la côte, *révol.* aux 2/3 sup., légèr. étal., tr.-faibl. *dentic.* au som. Péd. pâle, génic. Cap. ov., tr.-pet., *pend.*, à pet. bec obt. et obliq. Coiff. *atteig. presque la b. de la cap.* Fr. nombr. Anth. nues.

Terre dénudée. — Passim. — Hiv. et print.

430. Ph. rectum. — T. *simp.*, *dress.* F. sup. obov.-obl., conc., carén., *étr. révol.* dans la 1/2 inf., un peu *papill.* au dos. Péd. *droit.* Cap. avec apic. *obt.* et *droit.* Fr. souv. nombr.

Même habitat.

38ᵉ Famille. — ÉPHÉMÉRACÉES.

Pl. annuelles presque sessiles, ou sessiles, tr.-pet. — F. ov.-lanc., avec ou sans côte. Cell. rhomboïd. larges, hyal. à la b. et en gén. tr.-pâles chez les *Ephemerum.* Mon. ou syn., rar. di. — Coiff. campanulée. Péd. nul., ou tr.-court, droit ou incurv. Cap. subglobul.

Pl. presque sessiles, naissant sur un prothallium confervoïde persis-
tant. Mon. ou di. Colum. nulle.................. **Ephemerum.**
T. dist. Mon. Fl. axill. Anth. et paraph. Colum. épais............
    Physcomitrella.
T. Presque nulle. F. trist. Mon. ou di. Anth. avec ou sans paraph.
Colum. épais...................... .... **Acaulon.**

Genre PHYSCOMITRELLA. (*Phascum; Ephemerum.*)

431 Ph. patens. Prothallium *fugace.* — T. dress., *dénud.*
à la b. F. inf. tr.-pet., ov.-lanc., étal., réfléch. F. *subspath.*-
acum. Toutes *grossièr. dent.*; côte *mince* évan. Cap. globul. immerg. ou émerg., à pet. apic. *roug., membr.* Fr. unique. 2-3
anth. à l'aisselle d'une fol. ov.

Terre argil., humid. — Passim. — Aut. et print.

Genre ACAULON. (*Phascum, Sphærangium, Microbryum.*)

432. Ac. muticum. — F. *larg. ov.* à la b., subit. acum.,
conc. et *conniv.* F. inf. *sans côte.* F. sup. 2 fois pl. all., *à côte
mucron.* Coiff. corrod., tr.-pet., ne recouvr. que l'apic. Cap.
globul. solitaire, à péd. tr.-court et *droit.* Anth. pet. avec paraph. Mon.

Lieux sablonneux, argil. — Aut. et print.

433. Ac. triquetrum. — 3 f. *périg.* formant un bourgeon
trig., dent. au 1/3 sup., acum. par la côte excurr. Coiff. du
précéd., lacin. Cap. globul., *horiz.,* sans apic. Péd. arq. Fl.
anthéridif. du précéd. Mon.

Même habitat.

434. Ac. floerkeanum. — F. *lâchem.* imbriq., ov.-*acum.,*
conc., *ent.*; côte *atteig. le som.* ou le dépass. Mon. ou di. Fr.
nombr. on solit. Cap. dress., *subglob., brièv. apic.* ou mame-
lonnée. Coiff. 3-5 lob., descend. au 1/3 de la cap. Anth. *axill.,*
solit. Paraph. nulles.

Lieux humid. et vaseux. — Hiv.

Genre EPHEMERUM. (*Phascum.*)

435. E. serratum. — Prothallium *abond.,* vert foncé, *ve-*

louté. F. inf. av.-acum. F. sup. *ov.-lanc.*, *long. acum.*, *dentic.* aux 2/3 sup. Toutes *sans côte.* Di. Coiff. en *mitr.* Cap. ov.-globul., à bec court, en gén. *obt.*, *rouge brillant.* Pl. anthéridif. tr.-pet. à la b. des capsulif. 2-3 anth.

Terre argileuse. — Hiv.-print.

436. E. sessile. (*E. stenophyllum; Phascum crassinervium.*) — Prothallium *tr.-ramif.*, vert foncé. F. *lanc.-lin.*, *dentic.* au 1/3 sup., à côte *large*, excurr. Di. Coiff. en *mitr.* Cap. glob. avec apic. Fl. anthéridif. du précéd.

Affectionne le muschkach. — Aut.

437. A. pachycarpum. (*E. recurvifolium.*) — Prothallium à filaments *courts*, *peu ramif.*; vert pâle. F. *crisp.* en séch., flex. à l'humid. F. inf. obl., brièv. acum.; *sans côte.* F. sup. *lanc.-lin.*, fin. *dentic.* aux 2/3 sup.; côte *excurr.* Cap. subglob. à bec pet., obt., obl. Coiff. en *capuc.* Fl. anthéridif. des précéd.

Terre argilo-calc. — Aut.-hiv.

Troisième Tribu. — SCHISTOCARPES.

39e FAMILLE — ANDRÉACÉES.

Pl. gazonn. T. en gén. rig., oliv. ou noir. T. dichot. Port des *Grimmia.* — F. serr., étal. ou hom., souv. falcif. Cell. pet., épais., punctif. au som., rectang. ou sinueus. vers la b., parfois verruq. et papill. — En gén. mon. Coiff. en gén. campan., souv. partiell. adhér. à la cap. Cap. ov. ou cyl., noir. à la mat., se divisant alors en 4 valves adhér. au som., béantes en séch. Colum. persistante. Spores unies 4-4 au moment de la sporose. — Fl. anthéridif. chez les pl. mon. sur des innov. grêl., nombr., gemmif. Anth. assez gr., pédicel. Paraph. nombr.

GENRE ANDREA.

438. A. petrophila. (*A. alpina*, Weber et Mohr.) —

Coussin. arrond., assez dens., brun. T. var., *souv. dénud.* F. obl.-lanc., aig., *canalic.*, conc., en gén. étal., à som. en gén. dress., ent. ou légèr. *sinuol.-dent.* au som., *papill.* sur le dos, *sans côte.* F. périg. *eng.*, à pointe *sub.-obt.* Mon. Fl. anthéridif. à 3 fol. ov., imbriq. 3-6 anth. avec paraph. pl. long., parfois nulles.

Rochers des mont. granit. — Eté.

439. A. rupertris. — Pl. *noir.* T. dress. ou décomb., peu div. F. *divariq.* ou hom., *lanc.-lin.*, pl., ent., conc., lisses ; côte *atteig.* le som. F. périg. *eng.*, dress. Mon. Fl. anthéridif. à fol. obt., souv. sans côte. 3-10 anth. avec paraph. spath., incurv.

Même habitat.

440. A. crassinervia. — T. frag. R. fastig. F. subul., *incurv. et hom.*, ent., finem. *papill.;* côte assez *épais., excurr. en alène papill.* F. périg. *eng.* sans côte. Mon. F. capsul. pl. court que chez le précéd. auquel il ressemble.

Rochers humid, des mont. — Eté. — Tr.-rar.

441. A. nivalis. (*A. Rothii.*) — Coussin. *mous,* vert *brun.* T. all. F. *hom.* et *falcif.*, *lanc.*, tr.-*acum.*, tr.-*papill.;* côte *mince, atteig. le som.* F. périg. *non eng.*, lanc., dent. Di. Cap. souv. fend. en 5-6 *valves* ou plus, se séparant de la colum. et incurv. en séch. Pl. anthéridif. en gaz. serr. près des capsulif. Anth. long. pédicel. Paraph. pl. long.

Rochers humid. dans les som. alpins.

ADDITION.

441 bis. A. alpestris. — Coussin. denses, *noir.* T. grêl., tr.-divis., dénud. à la b. F. serr., pet., ov.-obl., *obt.,* étal. à l'humid., peu papill., *sans côte.* Mon. El. anthéridif. axill., *tr.-nombr.* Anth. et paraph. courtes.

Rochers humides. sur les hauts sommets.

ADDITIONS.

Iʳᵉ Série. — *Genres qui ont des représentants parmi les espèces précédemment décrites.*

Genre AMBLYSTEGIUM.

442. A. fluviatile. (Voisin de l'*Irriguum*.) — Touff. déprim., lurid. T. couch. à r. *vag. et rares*. F. assez serr. et imbriq. chez les Pl. stériles ; écartées sur les Pl. fertiles ; *étal.*, ov.-obl.-lanc., conc. *non décurr.* à la b., à côte forte évan. Cap. *subcyl.*, fort. arq. en séch.

Presque toujours confondu avec l'*Irriguum*.

443. A. juratzkanum. (Voisin du *Radicale*.) — Touff. déprim., vert terne. T. *rob., verte, couch., radic.* R. vag., arq. F. caulin. *écart., tr.-étal., ov.-triang.*, presque pl., long. acum., dentic. ; côte atteig. le som. F. périg. all., acum., pliss.; côte des précéd. Mon. Péd. pâle au som. Cap. obliq., jaun., puis brun. Op. conv. apic. An. étr. Dents pâles, marg. Proc. étr., fend.

Pierres et bois humid. (Alsace ; Haute-Vienne.) — Été.

Sous-Genre AMPHIDIUM.

444. A. Mougeotii. — Touff. souv. tr.-étend., vert *brun-pâle.* T. dress., *all.* F. pl. ou moins crisp. en séch., *étr. lanc. lin.*, acum., faibl. révol.; côte atteig. le som. Cell. inf. all.; les sup. carr. arrond. F. périg. eng., long. acum. Di. Péd. tordu à g.. Cap. *clavif. cyl.*, sillonn., un peu dilatée à l'orif. en séch. Op. à bec obliq., bordé de rouge. Coiff. tr.-étr. Fl. anthéridif. à fol. ov.-acum.; côte courte. Anth. rar. Paraph. nulles.

Rochers grani, ou sur grès bigarré. — Assez répandu. — Mai-juin.

Genre ANACALYPTA.

445. A. cespitosa. (*Pottia cespitosa*, Müll.) — Port de l'*A. lanceolata*. F. dress., *un peu arq.* au som., conc. ou canalic., lanc., presque *pl.*, brièv. acum., côte prolongée dans l'ac. F. pér. eng. Mon. Péd. *jaune de paille.* Cap. ov. Op. à *bec*, rouge. Dents bif. ou trouées. Fl. anthéridif. à 3 fol. ov., acum., à côte. Anth. et paraph. rar.

Terre des collines. (Normandie.) — Print.

Genre ANDREA.

446. A. falcata. — Se distingue de l'*A. rupestris* par ses f. *falcif.*, *obov.*, puis *lin* , *dent.*-sinuol. au som., *lisses.* F. périg. *obov., sans côte.*

Rochers humid. (Pyrénées et Alp.) — Été.

Genre ATRICHUM.

447. A. tenellum. — T. *courte*, dress. et *simp.* Touff. serr., *vert foncé.* F. serr., obl. lanc., assez pl., étal., crisp. en séch., marg., à côte épais , peu lamell., dent. dans la 1/2 sup. et même au dessous. Cell. inf. hyal. et rectang.; les sup. carr. ou hexag. Di. Péd. all. Cap. en gén. obliq., *courte,*obl.-obov. Op. à long bec subul. Coiff. all., dentic. au som.

Vase des étangs. (Basses-Vosges ; rar. les Hautes.) — Été.

Genre BARBULA.

448. B. vinealis. (Voisin du *B. fallax.*) — Touff. *dens.*, vert brun., noir. T. courte, dress , à r. fastig. F. sup. *pl. gr.* et *pl. serr., imbriq.* en séch., *raid.*, ov., acum., *révol.* de la b. au mil., faibl. *pliss.* à la b. Côte évan. Toutes les cell. *unif.*, arrond., *opaques.* F. périg. obl., acum., à côte dépass. parfois le limbe. Di. Péd. pourpre. Cap *obl.*, presque *noire.* Op. méd. Un *an.* Membr. basil, app. Dents 1 fois tord.

Murs calc. des vignes. (Alsace et Lorraine.) — Mai-juin.

449. B. cylindrica. (*B. vinealis*, var. *flaccida*). — Gaz.
étend., vert *oliv.* à la surf. T. *all., tr.-dichot.*, méd. radic. F.
sup. *incurv.*, crisp. en séch., *lanc.-lin.-acum.*, révol., apic.,
souv. *hyal.* F. périg. long. acum. Di. Op. à bec *subul.* Fl.
anthéridif. à fol. conc., imbriq., sub orbic. 20-30 anth. Paraph.
filif Les autres caractères du *B. vinealis.*

Grès vosgien. (Haute-Vienne ; Provins.) — Mai-juin.

450. B. recurvifolia. (Voisin du *B. fallax.*) — Gaz. lâch.,
rubigineux. T. décomb , à peine div., à innov. fastig. F. obl.-
lanc.-acum., repliées, *faibl. révol.*, plan., *ondul. dans la 1/2
sup.*, pliss. à la b., *fort. recourb.* et *enroul.* Toutes les cell.
opaques et *papill. ;* les basil. all. Di. Cap. dress., cyl., rousse.
Op. à bec subul. An. nul. Périst. du *B. fallax.*

Graviers sur les collines calc.

451. B. Vahliana (Port du *B. muralis;* voisin du *B. cuneifolia.*) — Gaz. lâches, humbles. F. *obl.*, révol. jusqu'au
mil., non marg., à longue pointe subul., tord. en séch. Mon.
Cap. subcyl., souv. arq. An. d. Op. long. acum. Membr. basil.
assez large. Dents 3-4 fois tord.

Région méditerranéenne. — Sur la terre argileuse.

452. B. cirrhata. (Placé entre le *B. inclinata* et le *B. tortuosa.*) (*B. cespitosa*, Schwœrg.) — Touff. lâches. F. *lanc.-lin.*,
ondul., à côte formant mucron. Mon. Péd. tordu à d. Cap.
droite, obl.-cyl. F. anthéridif. à fol. ov., brièv. acum. et pédoncul.

Terre sablonneuse. (Var ; Bouches-du-Rhône ; Aude.)

453. B. Brebissoni. (Voisin du *B. unguiculata.*) (*Cinclido-
tus riparius;* var. *terrestris.*) — Gaz. dens. vert foncé. T. ascend., all , rob. F. *étal.* ou arq. à l'humid., assez *crisp.* en
séch., *lanc.*, arrond. au som., un peu *mucron.*, révol. fort.,
hyal. à la b., *papill.* dans la 1/2 sup. F. périg. eng. Di. Péd.
roug., dress. Cap. obl. Op. con.-obl. Membr. basil. app., criblée. Dents subul.

Normandie; Hérault; Haute-Garonne; Tarn. — Paraît plutôt se rattacher
au genre *C. nclidiotus.*

454. B. cavifolia. — Gaz. lâches, vert tendre. T. courte, peu div., dress. F. *obov.*, *infléch.* au som , *ent.* à poil *blanc* et *ent.*, recouvertes en dessus par des lamell. flex. F. périg. pl. étr. Mon. Péd. méd., rouge-orang., tord. à g. Cap. *subcyl.* Op. *con.-acum.* Membr. basil. *hyal.* Dents souv. imparf., méd. tord. Fl. anthéridif. à 1 fol. souv. nulle. Anth. et paraph. peu nombr.

Terrains calc. — Print. — On en a fait une var. du *Pottia cavifolia.*

Genre BRACHYTHECIUM.

455. B. Mildeanum. (Voisin du *B. glareosum.*) — Toufl. déprim., *jaune d'or, soy.* T. prim. couch., roug., à f. écart. T. second. a r. *sub-jul.*, *obt.* F. caul. ov.-triang., long. acum., étal., dentic. F. ram. *serr.*, *imbriq.* en séch., *tr-conc.*, ov.-triang., *décurr.*, *long. acum.*, un peu *pliss.*, presque *ent. ;* côte *dépass.* le mil. F. périg. *brusq.* et *long. acum.*, *pilif.*, *sans côte.* Péd. lisse, tordu à g. Cap. ov.-obl., légèr. arq. Op. conv. con. An. large.

Prés marécageux. (Vosges.) — Aut. — Rar. fructif.

456. B. lætum. (Voisin du précédent.) — Touff. *tr.-vertes.* T. radic., déprim. R. vag., dress., raid. F. serr., dress., ov.-lanc.-acum., *tr.-pliss.*, *tr.-fin.* dentic. au som. Côte mince évan. au mil. Di. Péd. lisse. Cap. presque *dress.*, ov.-obl., arq. à la mat. Op. *con. apic.* An. *nul.* Proc. troués.

Aude. — Hiver.

Sous-genre. — BRYUM.

457. B. torquescens. (Port du *B. capillare.*) — Gaz. dens., fastig., rameus., à rad. pourpre-noir jusqu'au som. T. courte, dress. F. serr., dress., conc., carén. à l'humid., fort. tord. à d. par la séch., obl., à côte excurr., révol. à la b., faibl. dent. au som., marg. F. périg., fin. acum. Syn. Péd. all., pourpre. Cap. *all.* subhoriz., *rouge vif.* Op. gr., brill., apic. An. large. Proc. troués.

Haute-Vienne; littoral de la Manche; région méditerranéenne. — Mai-juin.

458. B. marginatum. (Ressemble à l'*erythrocarpum*.) — F. *briév.* acum., *non révol.*, *marginées*, un peu dent. *au som.* Péd. court, *arqué en c. de cygne.* Cap. obl.

Rochers. (Environs d'Angers; Seine-et-Marne.) — Sur les murs. — Souv. pris pour une variété de l'*erythrocarpum.*

459. B. murale. (*B. erythrocarpum*; var. *murorum*.) — Touff. *dens.* F. long. acum., à côte excurr., non marg., tr.-peu révol. Péd. pourpre foncé, *arqué*. Cap. presque *noire*, terne. Op. tr.-*pet..* hémisph., *mamill.*, rouge vif.

Fissures des murs bâtis en pierres calc. — Juin-juillet. (Région méditerranéenne.)

460. B. versicolor. (Ressemble au *B. atropurpureum*.) — T. pet., raid. à r. tr.-foliés. F. assez var. Péd. all., raid. Cap. *brusquem. pend.*, à c. court. Op. large, apic. La Pl. est en gén. rouge pâle.

Sables et graviers. (Bords du Rhin, du Gave de Pau; Aude; Tarn.)

461. B. obconicum. (Ressemble à certaines var. du *B. capillare.*) — T. courte, radic. à la b. F. serr. en cyme, un peu tordue en séch.; les sup. ov.-obl., dress., conc., crisp. en séch., long. subul.-acum., révol., marg., à peine dent. au som.; côte formant en partie l'ac. F. périg. peu révol. Di. Péd. all., dress. Cap. all., pend., à long c. An. d.

Murs et grès. (Pyrénées; Vosges.) — Juin.

462. B. Donnianum. (*B. platyloma*.) Tr.-voisin du *B. capillare.* Var. *majus.* — F. serr. au som., obov.-obl., marg., étr. révol.; côte rouge formant un ac. *court, à peine tord.* en séch., dentic. au som. Fr. du *B. capillare.*

Terre et rochers. (Corse; Var; Nice.)

463. B. Billarderii. (Tr.-voisin du *B. capillare.*) — F. serrées en cyme au som. des innov., acum.; côte rouge excurr. et dent.; dentic au 1/3 sup., étr. marg., dress., non tord. en séch. Cap. pet. Les touff. sont raid., vert-jaun.

Région méditerranéenne.

464. B. cyclophyllum. (Port d'un *Mnium*.) — Gaz étend.,

mous, vert tendre ou parfois rouge. T. all., *dress.*, radic. à la
b.; jets grêl., dress., à f. écart. F. peu serr., étal., *suborbic.*,
arrond. au som., *ent.*, bords un peu incurv., rar. révol.; côte
mince évan. F. périg. pet., ellipt., obt., à côte. Di. Péd. all.
Cap. pend., pyrif. à c. app.; ouvert. resserr. à la mat.

Tourbières du Haut-Jura. — Juin.

Genre CAMPYLOPUS.

465. C. brevipilus. (Ressemble au *C. flexuosus.*) — F. à
bords étal., presque *renversés.* La côte est moins large à 3-4
couches cellul.

Forêt de Fontainebleau; Gironde; Haute-Vienne; Aude.

466. C. alpinus. (Voisin du *C. flexuosus.*) — Touff. dens.,
prof., vert-jaun. T. rob., all.. roug., peu div. F. serr., *raid.*,
lanc.-subul., auric., *tubul.*, légèr. hom., *dentic.* au som., à
large côte. Fr. inconnue.

Tourbières du Haut-Jura.

467. C. polytrichoïdes. *Seu longipilus.* (Voisin du *C.
fragilis.*) — Gaz. souv. *vert cuivreux.* T. *raide*, assez all. F.
raid., long.-acum., *sillon.* profond. et comme *lamell.*, bords
pl., à long poil *dent. ;* côte tr.-large. F. inf. à pointe brune.
Pl. capsulif. groupées et termin. Stérile.

Terrains granit. et arénacés en divers lieux. (Angers; Falaise; Fontainebleau.

468. C. brevifolius. — T. courte, presque simpl., radic.
à la b. seulement. F. dress., *conc.*, lanc., long. acum., faibl.
dent. au som. Côte tr.-large à plusieurs couches cellul.
Stérile.

Rochers granit. près Rhodez.

469. C. Schimperi. — F. tr.-étr., long. subul. et tubul.,
dentic. et vertes au som. Côte tr.-large à plusieurs couches
cellul. Stérile.

Signalé dans la Haute-Vienne.

Sous-genre. — CLADODIUM.

470. C. lacustre. — Touff. tr.-lâches. T. rouge vif, radic.
à la b. F. *moll.*, ov.-obl., *brièv. acum.*, *dress.*, révol., *étr.* marg ,
presque ent.; côte souv. évan. vers l'ac. Syn. Péd. brun. Cap·
pyrif., *molle*, un peu *pliss.* à la mat. An. large. Op. conv. con.
Dents *pâles.* Proc. *tr.-troués.* Cils *rudiment.*

Prairies humides des Vosges. — Mai.

Genre DESMATODON.

471. D. Guepini. — T. courte, presque simp. F. *ov.-obt.*,
conc., révol., tr.-papill., à côte *aristée.* Cap. *obl.* Op. con., à
bec *obtus*, *obliq.* An. étr. Dents rouges, all., filif.., sub-
convolut.

Terre argileuse. (Angers ; Var.)

Genre DICRANELLA.

472. D. Grevilleana. — Tr.-voisin du *D. Schreberi.* T.
pl. all. F. pl. larges à la b., puis lin.-subul., *tr.-ent.* F. périg. *eng.* Mon. Cap. obov.-obl., *str.*, subhoriz., à c. goîtr.

Haut–Jura.

Genre DICRANUM.

473. D. interruptum. (Voisin du *D. montanum ; Dicr. ful-
vum.*) — Touff. dens., vert *tr.-foncé* ou oliv. à la surf., décolor. ou brun. à l'int. T. dress. au centre des touff., à radic.
brun. à la b., blanch. en h. F. inf. tr.-petites. Les sup. long.
obl.-lin., étal. ou hom. falcif., *crisp*, en séch., à longue subule
dentic. au som. et canalic., à large côte, *auric.* F. périg. eng.,
presque tronquées et sinuol.-dent. au som., à subule longue et
dentic. au som. Di. Péd. *jaune pâle* et assez raide. Cap. *cyl.*,
un peu incurv., souv. pliss. à la mat. An. tr.-étr. Op. à long
bec *subul.* Dents courtes, comme *noduleuses*, 2-3 fid. jusqu'au
mil.

Silic. — Basses-Vosges et ailleurs. — Août-sept.

474. D. scottianum. — Pl. pl. rob. que le précéd., vert rouss., tr.-toment. F. à peu près *égal.*, serr., *pl. courtes, ent.* Di. Cap. à c. assez *lisse.* Dents pl. courtes, presque *ent.* — Ressemble au précéd.

Silic. — Normandie.

475. D. Muehlenbeckii. (Voisin de l'*elongatum.*) — Touff. dens. à feutre toment. tr.-*épais* et blanc. au som. T. *grêl.*, dress. F. égal., serr., étal , *crisp.* en séch., lanc.-subul., *tubul.*, dentic. au som. F. périg. *brièv. acum.*, *eng.* Di. Péd. jaun. Cap. arq., cyl., à peine str. Op. rouge à la b., à bec jaun. et subul.

Pâturages du Haut-Jura; Mont-Cenis. — Eté.

476. D. viride. (Voisin du *D. montanum; Dicr. thaustrum; Campylopus viridis.*) — Touff. arrond., dens., *raid.*, *vert oliv.* à la surf , brun. ou décol. à l'int. T. ascend., peu div. et peu radic. F. *tr.-serr.*, *dress.-étal.*, *imbriq.* ou *crisp.* en séch., étr. lanc.-lin-acum., 1/2 tubul , à bord pl., presque *ent.*; côte larg. ; auric. F. périg. à pointe subul., eng. Di. Cap. dress., obl. Op. à long bec.

Troncs des hêtres et des chênes. (Vosges.)

Genre DIDYMODON.

477. D. flexifolius. — Touff. étend., élevées, vert foncé. F. tr.-étal. à l'humid., crisp. en séch., obl., carén , brièv. apic., *profond. dent.* au 1/3 sup.; côte évan. Di. Péd. pâle. Cap. pet., cyl., un peu arq. Op. à bec court. An. étr. Dents fugaces, assez fend.

Terre végétale. (Calvados.)

Genre ENCALYPTA.

478. E. apophysata. (Vois. de l'*E. cilia'a.*) — Touff. làch., vert foncé à la surf., radic. à la b. T. all. F. crisp., incurv. en séch., étal. et ondul. à l'humid., ellipt-ligul , avec apic. subul., étal., *révol.* à la b.; bords crénel., tr.-papill.; côte atteig.

le som. Mon. Péd. pâle, un peu tordu à d. en b., à g. en h.
Cap. *jaune orange*, à c. *rouge*. Op. *pâle*, avec apic. long et clavif. An. *nul*. Dents rouges à la b., *ent.*, libres, *rentrant dans
la cap.* par l'humid. Coiff. lobul.-frang. Fl. anthéridif. à 3 fol.
ov., apic., à côte. 4-8 anth. avec paraph. renfl.

Rochers granit. — Assez répandu. — Juillet-août.

Sous-genre. — ENTHOSTODON.

479. E. curvisetus. (*Gymnostomum curvisetum*, Schwœg.;
Funaria curviseta, Milde.) Gazonn. T. courte, div. F. inf. tr.-
écart., obov.-lanc. F. sup. spath.-acum., dent. en scie au som.
Péd. *fort. arq.* Cap. *horiz.* ou pend., à long c.

Terre argileuse humide. (Normandie; Var.)

480. E. Templetoni. — Touff. lâches. F. inf. écart., ov.-
acum. F. sup. ov.-obl.-acum., serr. à la cyme, à peine dent.,
presque ent.; côte évan. Cap. dress., clavif. *Un péristome à 16
dents lin.*, troués, conniv. à l'humid.

Même habitat. (Manche; Corse; Var; Aude.)

Genre EPHEMERUM.

481. E. cohærens. (Entre le *serratum* et le *sessile*.) —
Prothallium épais, *persistant*, dress., d'un beau vert, passant
au brun. F. inf. pet. Les sup. plus gr., lanc.-*acum.*, *dentic.*
dans la 1/2 sup., à côte évan. au som., souv. rudim., étal. un
peu à la pointe. Cap. globul. roug., avec apic. obt. Coiff. lacin. à la b., ou en capuc. Fl. anthéridif. tr.-pet. Anth. peu
nombr.

Terre des taupinières dans les îles du Rhin. — Print.

Genre EURYNCHIUM.

482. E. circinnatum. (Voisin de l'*E. longirostre*.) —
Touff. lâch. T. ramp., *stolonif*. T. second. dress.-arq., pinn.
R. jul., *incurv*. F. ov.-lanc., subaig., imbriq. en séch. *vertes*,

dentic., à bords pl.; côte solid. atteig. le som. Di. Cap. *bom-bée*. Proc. tr.-fend. Péd. *lisse*.

Var; Hérault; Aude; Gard; Corse; littoral de la Manche.

483. E. speciosum. (Voisin du *prœlongum. E. androgy-num*.) — Touff. lâches. T. all., déprim.. radic. à la b. R. va-gues, all. F. peu serr,, étal., presque pl., subscarieuses, ov.-lanc.-aig., tr.-dent.; côte évan. vers le som. F. périg. long. acum., sans côte. Syn. Cap. *all.*, cern., horiz. Dents *tr.-lamell.* Cils *long. append.*

Rochers humides. (Var, Aude.)

484. E. scleropus. (Voisin du *velutinoïdes.*) — Touff. déprim. T. couch., à peine radic., à r. vagues, all., pinn., attén. F. assez serr., étal., ov.-obl.-lanc.-acum., dent. dans la 1/2 sup., *lisses;* côte dépass. le mil. F. périg. long. acum. (ac. étal., dent.) Di. Péd. tuberc. surtout à la b. Cap. obl., incl. Op. con. à long bec. An. d. Dents dentic. Proc. troués. Fl. anthéridif. à fol. sans côte, ov.-acum. Anth. épais. Paraph. pl. long.

Rochers granit. des Hautes-Vosges.

Sous-genre. — EUTRICHUM.

485. E. crispulum. (*Trichost. viridulum.*) — Gaz. dens., vert *clair.* T. et innov. courtes, dress. F. i nf. pet., écart. F. sup. serr., obl., *lanc.-lin.*, à bords *infléch.* et *courbés en ca-puc.* au som., étal. et *flex.* *crisp* en séch., mucron ; côte *pâle.* F. périg. tr.-ov., puis all.-acum. Di. Péd. roug. à la b., pâle et tordu à d. au som., flex. Cap. dress., obl., *pliss.* à la mat. Op. à long bec. An. nul. Dents filif., libres et dress., soùv. un peu cohér.

Var; Tarn; Aude; Haute-Garonne.

486. E. flavo-virens. — Ressemble beaucoup au précéd. et au *mutabile.* — Touff. moll., *vert jaun.* F. à bords *fort.* in-fléch., *ondul.* et *tr.-crisp.* en séch., mucron., ent. Dents bien développées.

Lieux sablonneux sur le littoral méditerranéen. — Print.

Genre FISSIDENS.

487. F. rivularis. — Voisin du *F. exilis*. T. raid. et all.
F. ligul., apic., à *large margo*, lame dorsale 2 fois pl. long.
Mon. Fr. termin. sur la tige ou sur les rameaux. Cap. *ov., incl.*
Op. acum. An. nul. Fl. anthéridif.axill. à 3 fol. ov., *acum.*
Anth. gr. Paraph. courtes.

Fontaine ferrugineuse de Bagnères.

488. F. serrulatus. (Voisin de l'*osmondioïdes*.) — Touff.
lâches. T. simp. all., parfois div. dès la b. F. serr., ligul.,
acum.; lame dorsale atteig. la b., *corrod.* au som.; côte évan.,
à margo assez large. Di. Péd. épais, court. Cap. ov., cernuée.
Op. à long bec. An. nul. Dents all., nodul. Fl. anthéridif. tr.-
nombr.

Terre et rochers humid. (Corse).

489. F. decipiens. (Voisin de l'*adianthoïdes* par les organes de végétation, du *taxifolius* par la fructif.) — Touff.
dens., de vert passant au brun. T. *ramif.* à innov. *souv. fascic.,*
grêl. et à f. *squammif.* F. serr., dress., ov.-lanc., subaig , *tr.*
dent. au som., *à margo translucide;* côte atteig. le som.; lame
dors. *descend. jusqu'à la b.* F. périg. obl., conc., dentic., à
lame dorsale au som. Di. Péd. épais. Cap. all., obliq. Op. à
long bec subul. An. peu app. Dents presque *appendic.*

Fissures des rochers, grès vosgien et calc. jurassique, — Mars

Genre FUNARIA.

490. F. microstoma. — Ressemble au *F. hygrometrica*.
F. long. *acum.* Péd. assez *ferme*, tr.-arq. Cap. épais., *fin.* can-
nelée, penchée, à ouvert. étr. Op. *tr.-pet., mamill.* Proc. *rudi-*
ment.

Terrains silic. et sablonneux. (Falaise; Mayenne; Aude.)

Sous-genre. — GRIMMIA.

491. G. curvula. (Ressemble au *G. obtusa. Gr. arenaria.*)

— Coussin. gris. T. courte. F. *tr.-long. subul.*, un peu infléch. aux bords, légèr. hom., pilif., à poil *tr.-long et dentic.* Mon. Péd. génic. Cap. *subhoriz.*, obl , lisse. Op. conv., con., *obt.* An. tr.-étr. Dents criblées au som.

Rochers schisteux. (Angers· Falaise; Bigorre. — Hiv.

492. G. incurva. (Port du *spiralis* et tr.-voisin du *tricho-phylla; Gr. Muehlenbeckii.*)—Touff. lâches, vert noir. à la surf. F. crisp. en séch., à bords *pl.*, à poil *dent.*; côte canalic. Op. conv. apic. Dents *libres*, presque *ent.*

Rochers des mont. (Alp.)

493. G. torquata. (Voisin du *G. spiralis.*) — Coussin. tr.-bomb., dens., *vert clair* à la surf., *noir.* à l'int. T. *dress.*, dichot., *à peine dénud.* F. crisp., *tord. en spirale* par la séch., *étal.-incurv.* à l'humid., long. lanc.-lin.·aig., carén., à bords pl. ou un peu révol. au mil., hyal. *au som.* Côte atteig. le som. F. périg. 1/2 eng., dress.-acum. Mon. Souv. des sporules sur les f.

Rochers granitiques ombragés. (Vosges.)

Sous-genre. — GUMBELIA.

494. G. unicolor. (Voisin du *G. atrata.*) — Touff. étend., vert obscur. T. *all.*, *décomb.*, *dénud.* à la b. F. ov.-obl. tr.-*étal.* à la b., puis lanc-lin., canalic., mut. Péd. *all.* Cap. ov.-obl., *lisse.* Op. *à long bec.* An. *large.* Dents tr.-irrégul. divis.

Rochers humid. au Mont-Blanc.

495. G. mollis. (Très-voisin du *G. sulcata.*) — Touff. moll., vert foncé. T. dress., dichot. F. peu imbriq., conc., obt. ent., lisses. incurv. aux bords ; côte évan. au somm. Tissu cellul. lâche. Cap. à peine émerg. Dents du périst. diverg. en séch. Op. apicul. — Stérile en France.

Aiguilles-Rouges du Mont-Blanc.

GENRE HETERODICTYUM.

496. H. sericeum. (Tr.-voisin de l'*H. julaceum.*) — F.

obl.-ellipt., brièv. apic., légèr. sinuol. au som. F. périg. lanc.-
aig., dress., à côte longue. Cap. *obliq.*, puis *dress.*, obov., un
peu arq. Op. *pet.*, con. Proc. *tr.-imparf.*

Cascade du Mont-Dore. — Août-septembre.

Genre HYMENOSTOMUM. (*Gymnostomum.*)

497. H. phascoïdes. (Voisin de l'*H. squarrosum. Phascum* ou *Astomum rostellatum; Systegium rostellatum.*) — Gaz.
assez lâches, tr.-pet. T. *tr.-courte,* peu div. F. sup. *all.*, serr.,
carén., lin., tr.-étal., crisp. en séch., *pl*, à côte formant mucron. F. périg. pl. courtes. Mon. Cap. *à peine émerg.*, souv. un
peu obliq., ov.-ventr. Op. con.-acum., assez *persistant.* Anth.
et paraph. rar.

Fossés argileux. — Sept.-oct.

498. H. squarrosum. (Voisin de l'*H. microstomum.*) --
Gaz. tr.-lâches, vert clair. T. *couch.* à innov. *dress.* F. de la
b. écart. Les sup. serr. et pl. all. Toutes *tr.-étal., recourb.,*
lanc.-lin., mucron., *pl.* Tissu de l'*H. microstomum.* Mon. Op.
apic. non persistant. Les autres caractères du précéd. La cap.
est toujours *tr.-émergée.*

Champs. Vosges; Aude; Angers. — Oct.

499. H. murale. (Tr.-voisin de l'*H. tortile.*) — Syn. Cap.
épais, à ouvert. resserr., un peu *obliq.* Op. à bec subul.

Genre HYPNUM.

500. H polygamum. (*H. polymorphum*, Hook et Tayl.;
Amblystegium polygamum.) — Touff. moll., *lurid.*, brill. T.
all., couch., puis ascend., *non dénud. à la b.* R. nombr. eux-
mêmes ramif. F. *ov.-lanc.*, canal. au som., *ent., étal.,* étoilées
au som.; côte *mince* évan. aux 3/4. F. périg. des fl. mon. lanc.,
ent., pliss., à côte mince. Syn. ou mon. Péd. cap. et fl. anthéridif. du *stellatum.*

Basses-Vosges et Haut-Jura. — Juin. — Souv. stérile.

501. H. fertile. (Se rapproche de l'*uncinatum.*) — Tapis vert jaun. brill. T. roug., adh. au support, peu radic., div. R. *pinn., étal.* dans le même plan, crochus. F. serr., *hom.*, obl.-lanc., *tr.-long. acum., courb.* en ham.; côte double et courte. F. périg. hyal., pliss., dress., 1/2 eng. Mon. Péd. grêl., tordu à d. en b., à g. en h. Cap. cern., subhoriz. An. large. Op. conv. apic. Fl. anthéridif. tr.-pet. à fol. ov., acum., sans côte. 8-12 anth. à long péd.; qq. paraph.

Troncs d'arbres pourris. — (Hautes-Vosges; Alpes.) — Été.

502. H. Haldanianum. (Ressemble au *cupressiforme.*) — Touff. jaun. brill. T. couch., *grêl., radic.* R. dress., souv. fasc. ou pinn. F. serr., dress., *tr.-conc.*, ov.-obl., canal., *acum., ent.* ou dentic. au som., auric.; côte double et courte, *auric.* F. access. rar., ov.-lanc. F. périg. *eng.*, souv. sans côte, *à long ac. flex.* Mon. Péd. tordu à g. Cap. obliq., arq. Op. con. à pet. bec. An. simp. Dents all., conniv., *presque ent.* 1 cil court. Fl. anthéridif. du précéd. 6-10 anth. avec paraph. rar.

Prés Bagnères. — Hiv.

503. H. nemorosum. (Tr.-voisin du précéd.) — Touff. lâches., soy., jaun. brill. T. déprim., all., à div. pinn. ou bipinn? R. nombr. F. assez sembl., à cell. du précéd., un peu hom. au som. des r., souv. sans côte., *dentic.* au som à pet. oreill. F. access. lanc.-subul., souv. bif. F. périg. *pliss., fort. dent.* au som. Di. Cap. cern. Op. con. aig. An. étr. Proc. fend. 2 cils all.

Basses-Vosges.

504. D. exannulatum. (Ressemble à l'*uncinatum.*) — Touff. lâch., *jaun.* T. couch., flex. T. second. pinn. R. un peu crochus. F. *lâches*, un peu *courb.*, obl.-lanc., long. acum., ca-nalic., bords pl. et dentic.; *auric.*, lisses; côte se prolong. dans l'ac. F. périg. assez sembl., 1/2 eng. Di. Péd. pourpre. Cap. obliq., tr.-arq. An. *nul.* Proc. étr. fend.

Basses-Vosges, Auvergne. — Juin. — Confondu avec le *fluitans.*

505. H. pratense. (Voisin du *scorpioïdes.*) — Touff.

moll., vert clair. T. couch., peu *dénud.*, irrégul. ramif. R. *à peine crochus*. F. serr., ov.-obl.-lanc., aig., conc., presque *apl.*, tr.-peu dentic. au som., à côte nulle ou bifurq. F. périg. all., pliss., faibl. acum., sans côte. Di. Péd. grêle., tordu à g. en h , à d. en b. Cap. tr.-pet. cern , *lisse*. Op. conv. con. An. tr. Proc. fend. Pl. anthéridif. distinct. ou fixées sur les capsu- lif. par leurs radicules.

Vosges; Aude; Haute-Garonne. — Grès et granite. — Juin.

506. H. cordifolium. — Touff. moll., all., déprim., ver- tes. T. ramif. F. écart., *tr.-étal.*, ov.-lanc., *décurr.*, *obl.*, ent., courb. en cuiller au som., côte évan. au som. F. périg. tr.-in- curv., acum., à côte mince. Mon. Péd. tr.-all. Cap. *arq.*, sub- horiz. Op. conv., obt. ou apic. An nul. Dents pâles, marg., dentic. Proc. ent. Fl. anthéridif. à fol. obl.-acum., à côte mince. 8-15 anth. avec qq. paraph.

Prés marecageux, fossés. — *Assez répandu, mais presque toujours confondu avec le giganteum*. — Juin. — Rar. fructif.

507. H. cirrhosum. (Ressemble au *purum*.) — Touff. dens., étend , *vert doré*. T. prim. déprim., dénud., pluri.-div. R. courts., fascic., *jul.* F. tr.-conc., imbriq., *à mucron* , lin., *filif. et all.*; dentic. au 1/3 sup., bords pl.; côte mince évan. aux 3/4.

Fissures des rochers. — Jura et Alp. du Dauph. — Stérile.

508. H. Sendtneri. (Se rapproche de *l'aduncum*.) — Touff. dens., vert oliv. T. à peine dénud., *dress.* au som., à r. vag. ou *pinn*. F. écart , conc., *tr.-courb.*, *révol.*, ov.-obl. et *long.* acum.; *auric.*; côte *dépass. peu* le mil. F. périg. dress., eng., *pliss.* Cap. *str.*, cern. Op. mamill. An. larg. Proc. fend.

Fossés inondés, dans les Basses-Vosges. (Boulay.) Stérile.

509. H. Vaucheri. (Ressemble un peu au *cupressiforme*.) — T. dress., un peu fascic. R. all. simp. F. distr., courb. en ham., lanc. aig., presque ent.; 2 côtes courtes.

Chasseron. (Jura.) — Sur les rochers. — Stérile.

510. H. delitescens. (Voisin du *nemorosum*) — Touff.

assez raid., vert *obscur*. T. *grêl. dénud.*, à r. irrégul. *pinn.* ou bipinn., arq., *non crochus*. F. *obl.-lanc.*, *étal.*, assez serr., *dentic.* surtout dans la 1/2 sup.; 2 *côtes inég.* courtes. F. périg. *long. acum.*, sans côte. (ac. *étal. tr.-dent.*) Di. Péd. *pourpre.* Cap. *obl*, *arq., bomb.* An. larg. Op. conv. con., apic.

Lieux frais. (Vosges.) — Octob. — (Boulay)

Sous-genre. — LEPTOTRICHUM.

511. L. mutabile. (Voisin de *l'Eutrichum crispulum.*) — Touff. vert. sale ou foncé. T. dress., dichot. Innov. radic. à la b. F. serr., *étal., flex.*, lanc., *ond., mucron.* par l'excurr. de la côte, bords légèr. *infléch.* Di. Cap. *obl.*, dress., un peu *pliss.* à la mat. Op. con. long. acum. An. *nul.* Dents courtes, *fugaces,* irrégul. bif.

Rochers calc. humid. — Bagnères; Calvados; Manche; Var; etc. — Print.

512. L. subulatum. (Ressemble aux pet. formes de *l'homomallum.*) — Touff. lâches, jaun. Innov. nombr. F. ov.-*subul.*, canalic., étal. ou un peu hom., *flex.*, côte *large.* Mon. Péd. all. Cap. dress., *ov.* Op. *conv. acum.* An. *nul.* Dents libr., *conniv.*, à jambes inég. Anth. *axill.*

Terre, bords des champs. — Var; Landes; Corse. — Print.

513. L. Lamyanum. (Se rapproche du *tortile.*) — Gaz. dens. vert *sombre.* T. *courte.* F. inf. lanc., *squammif.* F. sup. serr., *ov.-aig., tr.-révol., à peine* crisp. en séch., ent., à côte saillante atteig. le som. F. périg. *lanc. aig.*, dress. Di. Péd. jaun. au som., méd. Cap. *subcyl.*, dress., lisse. Op. à bec obliq. An. étr. Périst. peu développé. 10-12 anth. avec paraph.

Rochers trachytiques. (Lamy.) — Août.

514. L. littorale. — Coussin. dens. tr.-verts à la surf. T. dress. à innov. fascic. et non radic. F. uniform., crisp., un peu arq. à l'humid., 1/2 eng. à la b., lanc., et brusquement contract., apicul. par l'excurr. de la côte.; carèn., planes, ent.; papill. au som. — Stérile.

Rochers de la Manche.

Genre LESKEA.

515. L. rostrata. (Voisin du *L. nervosa. Anomodon rostratus.*) — Gaz. épais. T. grêl. peu div. R. assez courts, arq. F. ov., fin. acum., à côte forte assez courte. F. périg. *sans côte* avec apic. filif. Di. Cap. ov. Op. à long bec. Un an. Dents pâles et courtes. Proc. assez caduc.

Troncs et rochers calc. — Pyrénées; Aude; Vienne.

Genre LEUCODON.

516. L. morensis. (Peut-être var. du *L. sciuroïdes.*) — Caractérisé par ses r. épais, tr.-renflés par l'humid. et sa cap. subcyl.

Rochers et vieux arbres, Rians. — (Var.)-

Genre LIMNOBIUM.

517. L. ochraceum. (Voisin du *molle* et de *l'alpestre.* — Touff. étend., lurid., *ochracées* à l'int.. T. moll.. *peu dénud.*, à t. second. irrégul. pinn. R. ascend. F. ov.-obl. (ac. *lanc. obt.*), conc., canalic., hom.; *qq. dents écart.* au som.; oreill. hyal., côte var. F. périg. lanc. acum., ent., *arq.* Di. Péd. court. Cap. obl., obliq., arq. Op. mamill. An. large. Dents marg. Proc. fend.

Ruisseaux des plaines. (Vosges); Auvergne.

Genre MNIUM.

518. M. medium. — Semblable aux gr. formes du *M. affine.* Syn. Cap. gr., pend. Op. conv. con. apic. An. étr.

Hautes-Vosges; Haut-Jura; Pyrénées. — Mai-juin.

519. M. subglobosum. (Tr.-voisin du *M. punctatum.*) — T. moins rob.., pl. radic. F. moins serr., obov.-arrond., côte évan., étr.; marg. Syn. Cap. subglobul. Op. pet., con.

Marécages et tourbières des mont. — Print.

Genre ORTHOTHECIUM.

520. O. chryseum. (Tr.-voisin du *rufescens*.) — Touff.
vert doré. T. dress. peu div. F. dress., ov.-lanc., apic., pliss.,
jaune paille brillant. Cap. pet. Op. obt. Dents courtes et larges. Membr. basil. assez large. Proc. non fend.

Hautes-Alpes. — Pyrénées. — Eté.

Genre ORTHOTRICHUM.

521. O. Schimperi. (*O. pumilum*, ou *O. fallax.* var.) —
Coussin. pet., vert. foncé. T. tr.-courte. F. imbriq. en séch.,
révol. dans la 1/2 sup., carén., lanc., *subobt.*, souv. apic.,
parfois hyal. au som.; côte évan. au som. Mon. Cap. presque
immerg., *obov.*, *arrond.*, *non resserr.* à la b. après la sporose,
à larges cannelures. Op. conv. apic. 8. Dents bi-gémin., 8 cils
courts, simp. au moins en partie. Coiff. *campanul.*, à poils
rares ou *nuls* Fl. anthéridif. à fol. obt.; côte mince. 6-10 anth. à long. péd. Paraph. rares et courtes.

Troncs des saules, des peupliers, des tilleuls. — Basses-Vosges; Jura —
Mai-juin.

522. O. stramineum. (Voisin de *l'O. fallax.*) — Coussin. *lâches*, *pâles.* T. courtes. F. dress. flex. à la séch., ov.-
lanc. *acum.*, un peu carén., révol. aux 3/4, sinuol. au som.
Côte méd., évan. F. périg. pliss., acum. Mon. Péd. court. Cap.
obov., *fort. resserr. à l'ouvert.* en séch. après la sporose. Op.
apic. *pâle.* Coiff. tr.-*pâle*, en gén. *nue.* 8 dents bigém. 8 cils
conniv. général. simp., rar. 16. Fl. anthéridif. à fol. briév.
acum. 6-8 anth. à long. péd. Paraph. nombr.

Troncs dans les forêts; rar. rochers. — Vosges et Jura.

523. O. alpestre. (Voisin du précéd.) — T. moins raid.
F. révol., mut. ou peu aig., tr.-papil. Cap. fort. cannel. Périst.
du précéd. cils *à 2 rangs de cell.* à la b. Coiff. à poils rar.

Rochers des montagnes. — Pyrénées; Mont-Dore. — Juillet-août.

524. O. Braunii. (Voisin de *l'O. patens.*) — Coussin.
vert. clair à la surf. T. tr.-courte. F. dress.-étal. à l'humid.,
obl.-lanc. *aig.*, révol., côte évan. F. périg. pliss. aig. Mon.
Péd. *tr -court.* Cap. *clavif. obov.*, à c. *court., cannel., a ouvert.*
resserr. Op. conv. ac. 8 dents bigém. 8 cils *simples,* non con-
niv. Coiff. *roug.* au som., *nue.* Fl. anthéridif. à fol. ov.; côte
mince. 10-15 anth. gr. à long péd. Paraph. nombr.

Troncs d'arbres, dans les forêts des mont. — Juin-août.

525. O. urnigerum. (A tout à fait le port de *l'O. cupulatum.*) — Touff. dens., vert brun. T. méd. F. imbriq. en
séch., obl. long. acum., *larg. révolut.,* à pointe brune.; côte
élargie au som. Mon. Péd. court Cap. *contractée* à la b. et
resserr. à l'orifice en séch., *légèr. pliss.* Op. con. acum. 16
dents incurv. en séch., gémin., souv. fend. 16 cils *ég.,* carén.,
à 2 rangs de cell. Coiff. *campanul* presque *nue.* Fl. anthéridif.
à fol. obt., ov., à côte. Anth. avec paraph. *nombr.,* pl. long.

Rochers granit. — Hautes-Vosges, Haute-Savoie. — Mai-juin.

526. O. leucomitrium. (Voisin de *l'O. tenellum.*) —
Coussin. lâches, verts. T. dress. F. dress., grêl., subhyal. à la
b., un peu contourn. en séch., lanc. aig., carén., faibl. révol.,
3-4 dent. au som. Mon. Cap. presque immerg., *subcyl.,* cannel.,
jaune clair. Op. pâle, apic. 16 dents libres. 16 cils *filif.,* à 2
rangs de cell. Coiff. verd., à peine pil., à pointe brune. Fl.
anthéridif. à fol. obl. 6-8 anth. Paraph. souv. nulles.

Troncs de saules et de peupliers. — Alsace.

527. O. pulchellum. (Port de *l'U. crispula.*) — Coussin.
lâches, vert *pâle.* F. étal. dress. à l'humid., un peu crisp. en
séch., lanc.-lin. aig.; révol. *à la b.,* côte évan. Mon. Péd. all.
Cap. *resserr.* à la b., cannel. en séch. Op. *sub.-obt.* 8 dents bi-
gémin., orang. 16 cils *simp.,* all., conniv. Coiff. *non lob.,* pâle,
nue.

Troncs d'arbres. — Normandie. — Print.

528. O. Rogeri. (Ressemble à *l'O. fallax. Orth. pallens*).
— Coussin. tr.-pet. T. tr.-courte. F. étal.-dress. à l'humid.,

obl.-lanc., sub.-obt., ᵖpl. ou moins révol.; côte évan. au som.
Mon. Péd. court. Cap. obl. pyrif., resserr. à la b. et à l'orifice,
fort. cannel., pâle, puis brune. Dents hyal. 8-16 cils. Coiff.
nue. Fl. anthéridif. à 8-10 anth. long. pédicell. Paraph. nulles
ou rares.

Troncs et souv. branches des arbustes. — Jura; Vosges, etc. — Print.

Genre POTTIA.

529. **P. Wilsoni**. Voisin du *P. truncata*. T. simp. F. ellipt. obt., à côte en mucron. Cap. à c. F. pliss. et resser. à la
mat. Coiff. muriquée.

Terre. — Gironde et Manche.

530. **P. Heimii**. — Touff. comp. T. dress. courte, parf.
élevée et *rameuse*. F. dress.-étal., imbriq. et 1/2 tord en séch.,
lanc.-all., pl., dentic. au som., côte évan. F. périg. pl. grand.
Mon., di. ou syn. Péd. pourpre tord. à g. Cap. obov.-obl.,
tronquée. Op. conv. à bec. Fl. anthéridif. à fol. pet. 4-6 anth.,
avec paraph. épais., pl. long.

Terre humide. — Manche, Seine, Tarn. — Mai.-juin.

Genre SCLEROPODIUM.

531. **Sc. cespitosum**. — Diffère de *l'illecebrum* par ses
r. grêl , dress.; ses f. ov.-lanc.-acum., assez étal.; sa cap.
obliq., subcyl. arq.

Pyrénées. — Maine et Loire. — Hiver.

Genre SCHISTIDIUM.

532. **Sch. sphericum**. (*Grim. spherica; Gymnostomum
pulvinatum.* Voisin du *Sch. apocarpum*.) — T. dénud à la b. F.
obl.-lanc., *révol.;* les sup. à poil *hyal.* dentic. Cap. *globul.* Op.
conv., *papill.* Coiff. *tr.-pet.* An. étr. Dents *rudiment.* Mon.

Roches silic. des Basses-Vosges; Lozère; au Lautaret. — Print.

533. **Sch. maritimum**. — Distinct de *l'apocarpum* par

ses f. tr.-étal., arq., en séch.; *lanc.-lin.*, infléch. aux bords, non pilif. Cap. ov. tronq. Op. à long bec *obliq.* Dents tr.-étal. en séch., criblées de trous.

Littoral de la Bretagne et de la Normandie. — Print.

Genre THUIDIUM.

534. Th. Blandowii. (Ressemble à l'*abietinum.*) — Touff. pl. dens. et pl. pâles. T. assez moll. R. pl. attén. souv. stolonif. F. *garnies à la base de filaments confervoïdes et rameux.* F. access. formant un duvet tomenteux développé. Mon. Cap. renfl., subhoriz., arq. Proc. à peine fend.

Prairies humid. — Normandie.

Genre TRICHOSTOMUM. (Sous-genre *Leptotrichum.*)

535. Tr. littorale. (Voisin du *mutabile.*) — Touff. dens., d'un beau vert à la surf. T. dress. à innov. fascic., non radic. F. *unif., crisp.*, dress. et arq. à l'humid., lanc., brusq. contract., et apic. avec côte excurr., *pl.*, carén., *1/2 eng.* à la b., papill. vers le som. — Stérile.

Rochers et murs des rivages de la Manche.

Sous-genre. — ULOTA.

533. U. Hutchinsiæ. (Voisin du suivant.) — Coussin. *vert brun.* à la surf., noir. à l'int. T. raid., *tr.-frag.* F. obl.-lanc., subaig., *tr.-imbriq.*, *à peine crisp.*, particll. révol.; côte *forte* atteig. le som. Cell. basil. lin. et brun-orang. au mil., rectang. aux bords. F. périg., pliss., ondul. Mon. Péd. pâle, tordu à g. Cap. verd., 8 str., *resserr.* à l'ouvert. Op. pâle, conv.-acum. 8 dents bigém. 8 cils fins à 2 rangs de cell. Coiff. pliss., brun., tr.-lob. et tr.-pil. Fl. anthéridif. à fol. ov.-acum.; côte presque nulle. 6-10 anth. à long péd. Paraph. rar., filif., pl. long.

Rochers granit., dans les régions montagneuses.

534. U. coarctata. (*U. Bruchii.*) Voisin de l'*U. Drum-*
mondii. — Touff. dens., bomb., vert-jaun., radic. à la b. T.
dress., ramif. F. serr., étal., conc.-lanc.-acum., ou sub-obt.,
carén., révol. au mil., pliss. à la b., ent. ; côte évan. Cell.
basil. lin. et jaun. au mil., carr. et hyal. sur les bords. F.
périg. pl. étr. Mon. Péd. tord. à g. Cap. verd., cannel., resserr. à l'orifice. Op. pâle, apic. 8 dents bigém. souv. div. 8
cils en partie à **2** rangs de cell. Coiff. profond. lob., tr.-pil.
Fl. anthéridif. à fol. ov. Anth. et paraph. du précéd.

Pins et bouleaux dans les Vosges. (Alsace; Normandie.) — Août-sept.

535. U. phyllantha. — Touff. dens. F. roulées en crosse
en se crisp., non élargies à la b. Côte épais., excurr., souv.
couverte au som. de filaments bruns et cloisonn. — (Voisin
de l'*U. crispa* et *crispula.*) — Stérile.

Rochers et troncs sur le littoral de la Manche.

Genre WEISIA.

536. W. Wimmeriana. (*Gymnost. Wimmerianum.*) Voisin du *W. viridula.* — Gaz. dens. vert *clair* à la surf. T.
courte, dress., *nodul.* par les innov. F. tr.-serr., *crisp.* en
séch., lanc. et *hyal.* à la b., puis lin., invol.; ent., apic. par
l'excurr. de la côte. F. périg. *eng.,* étal., long. lin.-acum. Syn.
Péd. court, tord. à d. en h. Cap. obl. pâle. Op. à long bec.
An. d. Dents *tr.-courtes, tronq.,* souv. *tr.-confluentes.*

Rochers et terre des mont. — Eté.

· 2ᵉ Sérıe. — *Genres qui n'ont point de représentants dans les espèces*
précédemment décrites.

Genre ANGSTROÉMIA. — (Famille des *Dicranacées* ; caractérisé par ses tiges filiformes et ses fleurs subdiscoïdes.)

537. A. Lamyi. (Espèce douteuse.) — T. filif., en gén.
simpl. en gaz. dens. vert-rouss., *décol.* à l'int. F. tr.-pet.,
imbrig., obl.-lanc., ac. *canalic.,* formé en gr. partie par la

côte; celle-ci *tr.-large.*; bords sinuol., à peine **2-3** dent. au som. Stérile.

Coteaux rocailleux de la Haute-Vienne.

Genre ARCTOA. — (Fam. des *Dicranacées*; caractérisé par la coiffe renflée et les dents du péristome très-divergentes à la chute de l'opercule. Voisin des *Dicranella*.)

538. A. Fulvella. — Touff. épais, vert-brun. T. courts, *dress.* F. *tr.-falcif*, obl.-lanc., *à pointe subul., sinuol.* au som.; côte *excurr.*, *auric.* F. périg. *eng.* Mon. Péd. *court.* Cap. *pet.*, *lisse*, ov., dress., à ouvert. élargie en séch. Dents *tr.-étal.*, bif. jusqu'à la b. Op. à bec obliq.

Terre et fissures des rochers, dans les Pyrénées. — Été.

Genre BRUCHIA. — (Fam. des *Bruchiacées*; tribu des *Cleistocarpes*; caractérisé par sa capsule à long col et à long opercule rostellé. Coiffe mitriforme lobée à la base.)

539. B. vogesiaca. (*Saproma vogesiacum*, Brid.; *Voitia vogesiaca*, Hornsch.) — Pl. vivaces en gaz. dens.. *vert-jaun.* T. en gén. simp., grêle, ascend. F. inf. dress., écart. F. sup. assez serr., hom., conc. et obl. à la b., lin.-subul, canalic, dentic. au som.; côte forte remplissant l'ac. F. périg. assez sembl. Mon. Péd. court, pâle. Cap. clavif., à long c., à bec pâle, à peine arq. et d'un beau jaune. Coiff. lacin. à la b. Fl. anthéridif. termin. sur un r. propre à fol. imbriq. à la b., puis étal. et lin.-subul. 10-20 anth. avec paraph. pl. long.

Au Hobneck, sur la terre humid. et dénud. — Sept.-oct.

Genre CAMPYLOSTELIUM. — (Fam. des *Dicranacées*; voisin du *Campylopus*; port de certains *Seligeria*.) — La coiffe est coniq.-mitrée, lobée à la b., et ne recouvre que l'op.

540. C. saxicola. (*Dicranum saxicola*, W. et M.; *Grimmia* *geniculata*, Schwœg.) — Pl. souv. isolées ou en pet. groupes *vert foncé*. T. tr.-courte, peu div. F. *crisp.* en séch., étal., flex., *obl.-lin.-subul.*, carén. ; côte atteig. le som. Cell. inf. hyal. hexag.-rhombh. F. périg. *obl.-lin.-subul.* Mon. Péd. all., génic., tord. à g. en h., à d. en b. Cap. subcyl., lisse. Op. long. acum., bordé de rouge. An. d. ou tr. Dents dress., pourpres, conniv. à l'humid., parfois bif. au som. Fl. anthéridif. à fol. ov.-aig., à côte. Anth. et paraph. rares.

Rochers silic. ombragés. (Vosges ; Aude ; Pyrénées.) — Sept.-oct.

Genre CONOSTOMUM. — (Fam. des *Bartramiacées* ; caractérisé par les dents du périst. allongées, et l'opercule à long bec.)

541. Con. boreale. — Gaz. circulaires dens., glaucesc. T. raid., entrelac., toment., ramif. anguleux. 5 gon. F. dress., raid., imbriq., lanc.-sub., dentic. au som. ; côte évan. ou un peu excurr. Di. Péd. all. Cap. ov., cern., épais., à c. court, str., sillonn. en séch. Op. à long bec. 16 dents all., conniv., soudées au som.

Hautes-Alpes du Dauphiné.

Genre COSCINODON. — (Fam. des *Grimmiacées* ; a la coiffe des *Orthotrichacées*.

542. C. pulvinatus. (*Gr. cribrosa.*) — Coussin. arrond., gris. L. *ramoso-fastig.* F. obl.-lanc., pliss., ent., à poil dentic. Di. Péd. droit, court. Cap. obov., lisse. Coiff. *en mit.*, lacin. à la b. Op. large, à bec droit. An. étr. Dents pourpres criblées, renvers. en séch.

Rochers humid. (Pyrénées ; Lozère ; Angers ; Tarn ; Lautaret.)

Genre DISCELIUM. — (Fam. des *Disceliacées* ; port des *Phascacées* ; capsule et péristome du *Catoscopium*.)

543. D. nudum. (*Bryum nudum*, Dicks.) — Pl. annuelles,

gemmif., naissant sur un prothallium vert, épais. F. dress.
obl.-lanc. sinuolés sans côte, à tissu cellul. large. F. périg.
3, all Di. Péd. dress., fort. tordu à d. en b., à g. en h. Coiff.
étr., fend. latér. sur toute la long. Cap. subglob., horiz., lisse,
épais. Op. con. obt. An. large. 16 dents lanc., str., assez fend.
Anth. peu nombr.

Bords des ruisseaux et des fossés. (Nord de la France.) — Print.

GENRE HABRODON. — (Fam. des *Fabroniacées* ; caractérisé
par sa floraison dioïque. Un périst. d. avec membr. basil.
lacérée.)

544. H. Notarisii. — Touff. vertes. T. ramp. R. dress.,
courts. F. ent. renvers. à l'humid., sans côte. Di. Cap. obl.
Dents lanc.-all., incurv. en séch., à ligne divis. en zig-zag.
Périst. int. membr., lacéré.

Spécialement sur les oliviers.

GENRE HEDVIGIUM. — (Fam. des *Hedvigiacées*.)

545. H. imberbe. (*Gymnostomum imberbe; Schistidium
imberbe.*) Pl. émettant des *stol. retomb.*, en tapis raid., vert-
jaun. à la surf. T. assez div. à r. dress. et *cyl.*, obt. F. caul.
vertes au som., *tr.-étal.*, serr., ov.-obl.-*acum.*, ent., *révol.*,
sans côte. Cell. basil. margin. carr., entourant une large bande
médian. des cell. lin., jaun. clair. F. des stol. *ov.*, à bords *pl.*,
à long ac. filif. et souv. *recourb.* F. périg. *all.*, pliss. à la b.
Mon. Cap. immerg., *subglob.* Coiff. souv. fend. An. et périst.
nuls. Op. con., obliq. Fl. anthéridif. axill., à fol. semblabl.
aux caul., mais pl. pet. 10-12 anth. avec paraph.

Rochers granit. (Pyrénées.)

GENRE HOOKERIA. — (Fam. des *Hookériacées*.)

546. H. Læte-virens. (Port du *Pterigophyllum.*) — F.
larg. ov., puis obl. et subit. acum., marg., dent. ; côte double,

atteig. le som. F. périg. sans côte. Mon. Cap. ov. Op. à bec droit. Dents solides, pourprées, hygroscop. Proc. ent.

Lieux frais. — Signalé dans l'Aude.

GENRE HYOCOMIUM. — (Fam. des *Hypnacées;* port de l'*Eury-nchium longirostre.* F. pl. all.; des f. accessoires; un op. con. acum.)

547. H. flagellare. — Touffe *molle,* assez dens., *vert-clair.* T. primaire *all.,* non dénud. T. second. var., *simp.,* puis *pinn.* ou *bipinn.* R. dress., obt. ou attén. Innov. latér. F. serr., *larg.* ov.-lanc., étal.-dress., fin. acum. (ac. *flex. ou recourb.*), bords pl., et ond., *à dents aig.,* décurr., à 1 ou 2 côtes minces. F. périg. obl., 1/2 eng., *tr.-long.* acum. (ac. *flex.*), dentic., à côte mince. Di. Péd. pourpre, tr.-*papill.* Cap. épais., subhoriz. Op. conv. con. apic. An. tr. Dents conniv. Proc. fend. F. an-théridif., à fol. ov., long. acum. Anth. avec paraph long. F. access. ov.-lanc.- aig.

Hautes-Vosges. — Ressemble à l'*E. longirostre.* — Aut.

GENRE MIELICHHOFERIA. — (Fam. des *Miélichhofériacées;* port des *Bryacées;* mais fructific. Pleurocarpe et périst. sim-ple ou nul.)

548. M. nitida. — Touff. dens., vert brill. à la surf. T. ramoso-fastig., radic., tr.-grêl. F. ov.-lanc., étal., dent. au som., à côte. Di. Fr. termin. sur des pet. r. latér. Péd. dress., flex., Cap. obov., souv. un peu obl., lisse, à long c. Coiff. pet. en capuc. Op. conv., sub-obt. An. large. 16 dents délic., parfois rudim. memb. basil., étr.

Rochers humid. (Pyrénées; Mont-Dore.)

Var. *gracilis.* Gaz. épais. F. assez courtes, subimbriq., serr.
— *elongata.* Gaz. épais, à t. tr.-all., noir. à l'int.

12

Genre PALUDELLA. — (Fam. des *Meesiacées;* ressemblant par ses organes de végétation aux *Meesia,* et par le péristome aux *Pohlia.*)

549. P. squarrosa. — Touff. lâches, vert tendre à la surf., brun. à l'int. T. all., en gén. simp., radic. jusqu'au som. F. serr., obl.-lanc., aig. ou acum.; pl. et dentic. aux bords; côte atteig. le som.; frisées-crispées d'une manière toute spéciale. F. périg. lanc., long. acum., révol., dentic. Di. Péd. tr.-long. Cap. un peu obliq., obl. Op. conv., mamill. An. d. Périst. du *Pohlia.* Fl. anthéridif. subdiscoïde à fol. carén., dentic. au som. 6-10 anth. Paraph. renfl. tr.-nombr.

Haut-Jura, mais stérile.

Genre RHABDOWEISIA. — (Fam. des *Weisiacées;* caractérisé par sa capsule striée. *Weisia* de plusieurs auteurs.)

550. Rh. fugax. — Coussin. bomb., assez dens., vert foncé ou *jaun.* à la surf. T. dich. à innov. fast. F. *serr.;* les sup. lanc.-lin., étal.-incurv., crisp. en séch., carén., à bords *pl.* et à peine dentic. au som., papill.; côte atteig. le som. Cell. basil. *hyal.* F. périg. fin. acum. Mon. Péd. pâle, tord. à g. au som. Cap. *briév. ov.,* à pet. c., un peu urcéolée et tr.-str. à la mat. Op. à long bec obliq. An. peu app. Dents lanc.-subul., dress. en séch., incurv. à l'humid., *caduques,* souv. imparf. Fl. anthéridif. axill. à 3 fol. lanc.-sub.-obt., à côte. 2-3 anth.

Grés vosgien et granite; tr.-répandu. — Juillet-oct.

Var. *subglobosa.* A f. dentic. vers le som. et cap. subglobul.

551. Rh. denticulata. — Touff. lâches. délic., vertes. T. dres., dich. F. du précéd., mais *pl. all.,* un peu *révol., dentic.* dans les 1/2 sup., presque *lisses.* Dents du périst. lanc.-acum., *persistantes.*

Même support, mais à des altitudes pl. gr. — Juillet-août.

GENRE SCHISTOSTEGA. — (Fam. des *Schistostégacées ;* la seule espèce connue fournit la diagnose de cette curieuse famille qui ne ressemble à aucune autre.)

552. Sch. osmundaçea. (*Mnium osmundaceum*). — Pl. croissant comme le *Discelium*. Les stériles frondif. à f. distiq. cohérentes à la b. Les fertiles frondif. ou nues à la b., à f. étal. au som. T. en gén. simp., charnue. F. obl.-lanc., *ent., étr. marg.*, un peu cohér. à la b., sans côte. F. périg. dress., conc. Di. Péd. hyal., tr.-grêl. Cap. *tr.-pet., subglobul.*, lisse. Op *tr.-pet., mamill.* Ni an. ni périst. Fl. anthéridif. à fol. obl.-lanc.-aig. Anth. rar. Paraph. nulles. Prothallium à vésicules hyal., vert émeraude.

Grottes, cavernes des grés et des roch. granit. (Vosges; Ardennes; Aube, etc.) — Mai-juin.

GENRE TETRODONTIUM. — (Fam. des *Tetraphisacées.*)

553. T. Brownianum. (*Bryum Brownianum*, Dicks.)—Pl se développ. sur un prothallium *d'abord cellul.*, puis *filament.*, gemmif. F. périg. larg. ov., obl., brusq. acum., *obt., dent.* au som. Côte *large*, atteign. le som. ; la plus intime sans côte Di. Péd. *ferme, rouge foncé* à la b. Cap. obl., *lisse.* Op. à pet. bec *obliq.* Périst. semblable à celui du *Tetraphis.* Dents *courtes et hyal.* Coiff. *pliss., lobul.* à la b., *glabre.* Fl anthéridif. sur le même prothallium, à fol. ov., aig., sans côte. Anth. tr.-pet. Paraph. courtes.

Cavités des rochers, ou parois des grottes. (Vosges; Pyrénées.) — Juillet-août.

———————

Pendant que ce travail était à l'impression, on nous a signalé quelques nouvelles espèces : *Barbula Mercyci, Brachythecium Payotianum, Dydimodon denticulatus ;* mais nous n'avons pu obtenir de ceux même qui les ont découvertes aucune diagnose. Les deux dernières ont même en quelque sorte disparu. M. Payot de Chamonix, qui les avait rencontrées, n'a pu les retrouver pour en envoyer des échantillons complets à M. Schimper. Force nous est donc de les signaler sans description aucune.

3ᵉ Groupe. — HÉPATIQUES.

OBSERVATION. — Les espèces de ce groupe sont sujettes à de nombreuses variations dues aux influences locales. En indiquant les noms de ces principales variétés, nous n'avons pas cru pour la plupart devoir en donner la diagnose. Les expressions par lesquelles on les désigne sont en général suffisamment caractéristiques.

CLÉ DES ORDRES.

1 { Pl. à t. et r. pourvus de f............. **Jungermaniées, 1ʳ ordre.**
{ Pl. sans f., consistant en expansions frondif. à lob. ou div. pl. ou
{ moins profond... 2

2 { Fr. solitaire dans le même involuc., pl. ou moins long. pédicel. Déhis-
{ cence valvaire.......................... **Jungermaniées, 1ʳ ordre.**
{ Fr. souv. nombr dans le même involuc., tantôt situés sur un récep-
{ tacle pédonculé, tantôt sessiles ou immerg. dans la fronde. Déhis-
{ cence var. souv. irrégul....................................... 3

3 { Réceptacle commun pédonculé, élargi en chapeau. Involuc. s'ouvrant
{ par une fente longitudin. ou circul. — Des élatères. ....
{   **Marchantiées, 2ᵉ ordre.**
{ Réceptacle commun et forme de colonne, s'ouvrant par une fente bi-
{ valve. — Des élatères .... **Anthocerées, 5ᵉ ordre.**
{ Fruits presque sessiles, sessiles ou immerg. Indéhisc. ou déhisc., irré-
{ gul. — Elat. nuls............................. **Ricciées, 4ᵉ ordre.**

1ᵉʳ ordre. — JUNGERMANIÉES.

1 { F. succubes.. 2
{ F. incubes... 7

2 { F. non lob., ent. ou simpl. dent............................... 3
{ F. à lobes plus ou moins prof., souv. lacin.................... 5

3 { Amph. à la fois sur la t. et sur les r........................ 4
{ Amph. nuls ou sur les r. seulement .. **Jungermaniacées. 2ᵉ fam.**
{ Amph. nuls ou triang. F. arrond. Périanth. soudé par la b. à l'involuc.
{   **Gymnomitriacées, 1ʳᵉ famille.**

4 { Amph. ent. ou faibl. dent. Périanth. nul. Fr. souv. renferm dans un
{ appareil saccif....................... **Géocalycacées, 3ᵉ fam.**
{ Amph. subul. ou bif. F. arrond. ou quadrang Périanth. herbacé, libre,
{ ent. ou fendu à l'orifice............ **Jungermaniacées, 2ᵉ fam.**

1ʳᵉ Famille. — GYMNOMITRIACÉES.

Pl. dress. ou ramp. Fr. termin. — Elat. à 2 sp.

1 { Périanth. soudé par la b. seulement ; portion libre tubul. — Des amph.
{ Alicularia.
{ Amph. nuls.. 2

2 { Périanth. ent. soudé, à l'exception de l'extrémité dent. F. quadrang.
{ Coiff. dépass. l'involuc. .... Sarcoscyphus.
{ Périanth. nul. F. arround., imbriq., à bords membran. Coiff. cachée
{ dans l'involuc.................................... Gymnomitrium.

Genre GYMNOMITRIUM.

1. G. concinnatum. — Coussin. dens., gris. T. courtes, *dénud.* à la b., *dichot.* F. *suborbic.*, *bif.* au som.; *margo, membr.,* étr. F. périg. lob., *pliss., dent.* Cap. pet., brune. Fl. anthéridif. termin. à fol. peu app. Anth. gr. à long. péd.

Rochers escarp. des Alp.

2. G. adustum. — T. *tr.-courtes, radic.* F. *ov., bif.,* brun., *à points transparents ; sans margo.*

Même habitat. — Confondu avec le précéd.

Genre SARCOSCYPHUS.

3. S. Ehrhartii *seu emarginatus.* — Coussin. compacte,

12.

brun. ou noir. T. *dénud., assez allong., raid.* et radic. à la b.,
à stol. blanch. partant de la b., dress. au som.; ramif. F. *obcord., émarg.*, eng. à la b.; lob. *ov.*, à sin. *un peu obt.* Cell.
arrond. à contours sinueux. Cap. obl., obt., à court péd. F.
anthéridif. à 1 fol. assez gr., lobul., termin. Anth. axill.

Sur terre, dans les mont.

Var. principale : *aquatica, julacea, saccata, ericetorum.*

4. S. Funckii. — Coussin. dens., *oliv.* ou *noir.* T. *non
dénud.*, dress. ou décomb., *simp.* ou dichot. F. presque *carr.,
tr.-émarg.*, lob. *aig.* Cell. sub-arrond., pet. Cap. pet. Fl. anthéridif. termin. en épis comprim. Anth. à péd. court.

Sur terre, dans les mont. silic.

Var. princip. : *major, minor, exiguus.*

ADDITION : *(Boulay).*

5. S. demifolius. — T. dress., all., simpl. Touff. dens.,
brun. ou pourpre viol. F. imbriq., raid., obov., tr.-conc.,
au 1/4 bilob.; lob. ov.-lanc., subaig. Cell. tr.-pet. et tr.-étr.

Aiguilles-Rouges, près de Chamonix.

Var. *dichotomus.* Molle, f. blanch. à la b. —*fascicularis.* Molle,
à innov. fascic. F. sub-ov.

GENRE ALICULARIA.

6. A. scalaris. — Gaz. étend., *vert* à la surf. T. *à radicel.
hyal.* à la b., déprim. ou ascend. F. *ent.* ou *émarg.* au som.
Cell. arrond., *délic.* Amph. *triang. subul.* Cap. *noire.* F. anthéridif. en épi long et serr. 1-2 anth. axill.

Terrains siliceux.

Var. princip. : *rigens, rigidula, gracillima, minor.*

7. A. compressa. — T. all., *non radic., comprim.* par la
disposition des f. F. *ent., semi-circul.* Amph. *triang., aig.,
émarg.* Cap. ellipt.

Pierres submerg., lieux humid.

2ᵉ Famille. — JUNGERMANIACÉES.

Pl. terrestres ou muscicoles. — Cap. dress., fend. jusqu'à la b. en 4 valv. — Périanth. toujours libre, dépass. en gén. l'involuc. termin. sur la t. ou sur les r., pl. rarem. sur un r. tr.-court, latér., herbacé ou membran.

1 { Amph. nuls ou seulement sur les r. gemmifères.................... 2
{ Amph. à la fois sur la t. et sur les r............................ 9

2 { F. ent. ou simp. dent... 5
{ F. pl. ou moins profond. lob.................................... 3

3 { Lob. ég. ou f. profond. 2-4 fid............... **Jungermania.**
{ Lob. inég.. 4

4 { Périanth. comprim. à ouvert. tronq., nue ou cil., souv. courb. avant
{   la sortie de la cap.............................. **ucapania.**
{ Périanth. tubul., souv. pliss. au som., plus ou moins lacin. ....
{   **Jungermania.**

4 { Fr. termin. sur la t. et sur les r............................. 7
{ Fr. sur un rameau tr.-court et lat. 3

6 { Amph. sur les r. gemmifères seulement. Involuc. microphyl. Périanth.
{   à som. trig. et ouvert. dentic................. **Sphagnocetis.**
{ Involuc. nul. Périanth. gr., bilab. Amph. nuls................
{   **Gymnoscyphus.**

7 { F. en gén. dent. sur tout le contour et sur une gr. partie...........
{   **Plagiochila.**
{ F. ent.. 8

8 { Périanth. tubul. à ouvert. lacin................ **Jungermania.**
{ Périanth. sub-ombilic.; ouvert. resser. à cils conniv... **Liochlœna.**

9 { F. ent. ou simp. dent.. 11
{ F. 2 lob. ou 3-4 dent. profond.............................. 10

10 { Périanth. tubuleux à la base; trig. au som. Fructif. parfois sur un r.
{   court et later. Amphig. souv. pluri-fid............ **Lophocolea.**
{ Périanth. tubuleux et plissé au som. Fructif. toujours termin. Am-
{   phig. entiers. dentés ou bif., ou même nuls..... **Jungermania.**
{ Périanth. subcylind., charnu à la b., pliss.-lobul. au som. Fructif. tou-
{   jours sur un r. tr.-court et lat. Amphig. tr.-nombr., ov.-triang.-
{   aig., entiers ou 1-2 faibl. dent............... **Harpanthus.**

11 { Fr. termin. Involuc. polyphyl. F. orbicul.......... **Jungermania.**
{ Fr. sur un r. tr.-court et later. Périanth. bilab. F. plus ou moins
{   quadrang............................... **Cheiloscyphus.**

Genre PLAGIOCHILA.

Pl. terrestres, assez gr. R. dress., simp., dichot, dendr.ou pinn. F. décurr. souv. hom.; à bords réfléch. — Périanth. lisse, comprim., en gén. incurv. au som.; ouvert. tronq., obliq., en gén. cil. 2 f. invol. gr., dress., sembl. aux caulin. Archég. nombr. Cap. ferme. — Fl. anthéridif. en épis, distiq. F. périg., pet., étr., imbriq. Anth. axill.

8. **P. spinulosa**. — Touff. dens., vert *jaun.* à la surf. T. couch., *non radic.* F. *dentic.-cil.* au som. et sur le bord sup. qui est en gén. *révol.* Cell. arrond.-obl., tr.-chlorophyll. Périanth. *court*, à ouvert. *dent.-cil.* Anth. solit.

Rochers ombragés.

9. **P. asplenioïdes**. — Touff. *déprim.*, *raid.*, vert *foncé.* T. *à jets flagellif.* et *dress.* F. sup. *spino-dentic.* sur tout le contour, ou *dentic.-cil.* obov., révol. au bord inf., obt. F. inf. *ent.* pet., espac. Cell. pl. ou moins polyèdr. Périanth. à som. *élargi.* Fl. anthéridif. à fol. obov., tr.-conc., ent. ou *dentic.* 2 anth. axill.

Terrains granit. et arénacés. — Passim, mais sans fructific.

Var. princip. : *minor, confertior, major, humilis, heterophylla.*

10. **P. interrupta**. — Gaz. étend., vert *foncé.* T. *déprim.*, peu radic., *à innov. décomb.*, étal. ou fascic. F. subhoriz., aplan., var. émarg., à sin. *obt.*, où *à sin. profond avec lob. obt.*, *à peine denticul.* et vers le som. seulement. Cell. hexag. arrond. Périanth *tronq.*, obov., *sinuol.* F. anthéridif. mon. sur des r. à fol. imbriq., conc. Anth. à court péd.

Rochers calc. (Alpes du Dauphine.) — Ravaud.

Genre SCAPANIA.

Pl. terrestres, saxic. ou croiss. au bord des ruisseaux, assez gr. R. dress., simp. à la b., puis dichot. — F. sup. pl. all., bilob. ou bif., repliées, ent. ou dentic.-cil. Périanth. lisse, comprim., incurv. au som. dans la jeunesse; ouvert. tronq., obliq., nue ou cil. — 2 f. invol. sembl. ou pl. aig. que les

caul. Archég. peu nombr. Cap. ferme. Mon. ou di. Anth. groupées et axill.

1 { Un des 2 lob. au moins ent : le sup. conv. appliq. sur l'inf. et en gén.
4 fois pl. pet.; rar. presque e. al. 5
Les 2 lob. dent. ou dent. cil. au moins partiell. 2

2 { Lob. presque ég. au moins chez les f. sup. ; le sup. ov.-rectang. ; l'inf.
obov.-aig. . . . . S. æquiloba.
Lob. tr.-inég. 3

3 { Lob. tr.-diverg. ; d'où l'apparence d'une imbrication sur 4 rangs. . . . .
S. planifolia.
Lob. peu diverg. 4

4 { F. inf. et moy. ent.; lob. sup. trapez . . . . S. undulata.
F. dent. cil. sur presque tout le contour. Lob. sup. ov.-aig . . . .
S. nemorosa.
F. dent. à dents espacées. Lob. sup. ov.-aig. . . . . S. umbrosa.

5 { Lob. tr.-ent. et ov.-arrond. ; le sup. tr.-conv . . . . S. uliginosa.
Lob. sup. faibl. conc., ov.-rectang.; l'inf. parfois acum. et dentic. . . .
S. irrigua.
Lob. obov. presque égaux; le sup. ent., tr.-étal.; l'inf. dentic. . . . .
S. compacta.

11. S. undulata. — Touff. var. vert foncé ou *viol.* T. all.,
dénud., raid., noir. F. sup. *dentic.* ou *dent.-cil.*, rar. ent., étal.
à lob. sup. *trapez. arrond.* Cellul. hexag., minces, chlorophyll. ;
les margin. carr. Périanth. 2 *fois pl. long* que l'involuc., ent.
ou sin. Cap. *noire.*

Terrains silicieux.

Var. princip. : *purpurea, erosa, humilis.*

12. S. uliginosa. — Touff. raid., brun. ou roug. T. *tr.-
all.* Périanth. *dépass.* l'involuc., un peu *pliss., lobul.* ou *dentic.* Di.

Maris, rochers humid.

13. S. nemorosa. — Touff. dens., raid., brun. T. *robust.*,
dénud., peu ramif. Lob. sup. *obliq.*, 2 *fois pl. pet.* et *replié* sur
l'inf. Cell. épais., gr., arrond. Périanth. dépass. *long.* l'involuc., à ouvert. *cil.* Cap. brun-noir.

Terre et pierres humid. — Passim.

14. S. Planifolia. — F. ov.-*aig., dent.-cil.* Lob. sup. 2
fois pl. pet. et *replié* sur l'inf.

15. S. umbrosa. — Gaz. fournis, vert ou *pourpre.* T.

grêl. et courtes. F. dent. *en scie.* Lob. *ov.-aig.*; le sup. fort. *courbé* en dessous. Cell. carr., pet. Périanth. all., à ouvert. *nue.* Cap. *tr.-pet.* Anth. axill. Di.

Troncs pourris. — Exclusiv. silicicole. — Passim.

16. S. compacta. — Touff. déprim-, raid., vert-jaun. T. dénud., *tr.-noires* à la b., *radic.*, peu ramif. F. *ondul.* Cell. épais., sub-carr. Périanth. obov., 2 fois pl. long. que l'involuc., à ouvert. nue ou *fin. cil.* Anth. axill. Mon.

Terre et fissures des rochers humid. (Haute-Savoie.)

17. S. æquiloba. — Touff. vert *tendre.* T. assez *all.*, dénud., *dichot.* F. sup. *dentic.*; les inf. souv. ent. Lob. sup. *à oreillettes embrassantes,* tr.-étal. Cell. *carr.* arrond. Périanth. all., *dépass.* beaucoup l'involuc., *lobul.-dentic.*

Hautes mont. calc.

18. S. Irrigua. — Touff. molles, vert *pâle* ou brun. T. *assez courtes,* dichot. F. pl. ou moins serr., moll. Lob. inf. *arrond.*, rar. obt.-acum.; le sup. pl. pet., ent., *à pointe obt.*, étal. ou même *renversé.* Cell. sub-hexag. Périanth. 2 *fois pl. long* que l'involuc., *pliss.*; ouvert. *dentic.-cil.* Di.

Prairies marécageuses.

Genre JUNGERMANIA.

Pl. terrestres ou musicoles, gazonn. de taille var. — F. ent. ou dent., parfois repliées, rar. multif. à div. sétac. — Amphig. nuls, ou tantôt subul. et ent., tantôt obl. et grossièr-dent., tantôt 2 fid. avec ou sans dents. — Périanth. tubul., pliss. au moins au som., lacin., 3-6 fid. ou dentic., membran. F. involuc. sembl. aux caulin., ou dissembl. et imbriq. Cap. ferme. Anth. axill.

1	Des amphig...		2
	Amph. nuls, ou sur le r. fertile seulement...........................		8
2	F., les unes orbic., les autres ov....................	**J. Taylori.**	
	F. unif., ent., ou à 2 pet. dents....................	**J. Schraderi**	
	F. lob. ou 2-5 fort. dent..............................		5

3 { F. et amph. sembl.................................. 4
  { F. et amph. dissembl............................... 6

4 { F. et amph. 2-4 fid.; subul. et sétac..................... 5
  { F. et amph. 2 fid.; div. ov.-lanc., dentic............. J. julacea.

5 { F. et amph. 2-3 fid.; div. subul................... J. setacea.
  { F. et amph. 3-4 fid. ; div. sétac............ .... J. trichophylla.

6 { F. 3-5 lob. Amph. cil............................... 7
  { F. 2 fid. Amph. subul.-lin..................... J. byssacea.

7 { F. 5-5 lob., carr.-arrond., ent. Amph. ent. ou 2 fid...........
  {   J. barbata.
  { F. 3-4 lob., dentic., div. canalic. Amph. profond. 2 fid........
  {   J. setiformis

8 { F. ent... 9
  { F. lob. ou visiblem. div........................... 11

9 { T. ramp. F. pl. ou moins émarg...................... 10
  { T. dress. F. non marg., obcord., tr.-embrass........ J. cordifolia.

10 { F. orbic. faibl., marg............ .... J. sphœrocarpa.
   { F. ov.-obt., non marg........................... J. pumila.
   { F. orbic., marg., serr. ou som. fertile, écartées sur les innov.......
   {   J. crenulata.

11 { 2 lob. ég.. 12
   { 2 lob. inég. au moins chez les f. inf.... 15
   { Plusieurs labes ou div. pl. ou moins prof................. 18

12 { F. arrond. ou ov................................. 13
   { F. quadrang. ou rectang. à bords incurv.............. 14

13 { T. ramif. ramp. R. diverg. F. décurr., à lob. courts et conniv. F. in-
   { voluc. imbriq., à lob lin. tr. ent.............. J. connivens.
   { T. du préced. F. à 1/2 bif. ; lob. dress. ou faibl. conniv. F. involuc.
   { imbriq. sur plusieurs rangs, à div. lanc. et souv. dent. en scie.....
   {   J. bicuspidata.
   { T. ramp. simp. ou peu ramif. F. à 2 lob. aig........ J. bicrenata.
   { T. dress., presq. simp. F. à lob. courts, obt........ J. orcadensis.

14 { F. larg. émarg. Dents souv. globulif... .... J. ventricosa.
   { F. à div. profond. dress. et aig................. .... J. excisa.

15 { F. 2 fid., dentic., partiell. transpar.................... 16
   { F. 2 fid., ent., non transpar........... 17

16 { F. avec nervure; transp. sur les bords............. J. albicans.
   { F. sans nervure; transp. au mil........... .... J. obtusifolia.

17 { F. repliées. Lob. inf. aig. ; lob. sup. pet., dentif .... J. exsecta.
   { F. repliées, conc. Lob. presque ég. chez les sup...... .. J. minuta.
   { F. non repliées, arrond. Lob. obt................... J. inflata.

18 { F. quadrang., larg. émarg., 2-4 dent. souv. globulif..............
   {   J. ventricosa.
   { F. presq. carr., repliées, 2-6 fid. ; lob. ent. .... J. incisa.

a. — Ire Section. — F. *bilob.;* lob. sup. *pl. pet.* et *infléch.* sur le lob. inf.

19. J. albicans. — Touff. *serr.,* étend., vert. ou *jaun.* F. *souterr.,* stolonif., grêl., peu ramif. F. *étr.* repliées, *subdentic..* Lob. sup. *obl.-lacinif.;* lob. inf. *subov.,* 2 *fois pl. gr. Fauss. nervure* composée de cell. lin. Les autres cell. carr. Périanth. ov., fort. *pliss.,* à lan. *cil.* Cap. brun-noir. Fl. anthéridif. en épis, termin. 2-4 anth. Mon.

Rochers frais, ombragés.

Var. princip. : *major; procumbens; taxifolia; infuscata.*

20. J. obtusifolia. — Gaz. pet., souv. *pourpres.* T. *tr.-courtes* et tr.-ramif. F. *étr.* repliées. Lob. obl., obt. ou aig., *tr.-fin. dentic.;* l'inf. 3 *fois pl. gr.* Cell. basil. rectang. Périanth. ov., obt., *pliss., lobul.*

Terre sablonneuse humid.

Var. princip. : *purpurascens; tenera; exigua.*

21. J. exsecta. — Coussin. tr.-lâches. T. *couch.,* à *peine* ramif. F. *faibl.* repliées. Lob. inf. aig. ou *bident.* Cell. à parois tr.-épais. F. involuc. 3-4 fid. Périanth. pâle, obl., *pliss. au som.,* à lob. *long. cil..* Di.

Terre et rochers granit. au milieu des mousses peu développées.

22. J. minuta. — Tig. var., *non dénud.,* dichot. ou à innov. fascic. F. étal., au 1/4 ou 1/2 2 fid.; lob. ov. cell. à parois jaun. tr.-épais. F. involuc. 3 fid. Périanth. obl., obt., fort. *pliss., lobul.-cil.* Di.

Muscicole, sur les rochers.

Var. princip. : *fasciculata; gemmipara.*

b. — 2e Section. — F. ent., arrond., *suborbic., obov. ou obl.* Amph. *lanc.-lin.*

23. J. Taylori. — Gaz. étend., *vert sale,* ou *isolée* et muscicole. T. *couch..* en gén. *simp.,* émettant surt. de la b. des jets grêl., all., à radicel. *hyal. tr.-abond.* F. de 2 espèces, les unes *orbic.*, les autres *ov. ou ov.-lanc.*, obt., étal., serr. Cell. all. sur une large bande médian. Amph. lanc., *ent.* Stérile.

Commun dans les tourbières.

24. J. Schraderi. — Pl. isolées ou en tapis vert foncé ou *roug.* T. du précéd., grêl. Amph. *lin., sétac.* F. orbic.-ellipt., ent., imbriq. sur la p. inf. des t., dress. ou étal. sur les t. ascend. Cell. serr. F. involuc. émarg., *lob.* ou ent. Périanth. cyl., term. sur la t. prim., *sub-trig., tr.-pliss., lacin.-frang.* Fl. anthéridif. en épis bruns. Anth. gr. à péd. court.

Rochers, troncs pourris, terre.

Var. princip. : *communis ; ondulifolia ; clavifora ; bulbifora.*

c. — 3ᵉ SECTION. — F. ent., arrond., *suborbic., ov. ou obl.* Amph. *nuls.*

a. — F. orbic.

25. J. crenulata. — Gaz. déprim., vert-*roug.* T. ramp. *à stol. filif.* radic. F. *suborbic.* tr.-pet., tr.-espac. sur les jets grêl., imbriq. sur les t. fertiles. Cell. de la marge all., jaun., à parois épais.; les basil. gr. et transpar. Périanth. *comprim., angul., lacin.,* dépass. l'involuc. F. involuc. sembl. aux caulin., *rouge vif.*

Terre humid., dans les chemins creux.

26. J. sphœrocarpa. — Gaz. dens., vert*foncé.* T. ramp., presque *simp.*, faibl. radic. F. involuc. *écart.* Fl. à cell. margin. carr., serr., dress., orbic. Périanth. dépass. l'involuc., obl., *pliss.*, 4 *fid.* et à lob. *ent.* Cap. noire, sphériq.

Parois humid. des rochers.

b. — F. ov.

27. J. cordifolia. — Touff. *volumineuses*, dens., *noir.* T. dress., radic. à la b. seulement. R. fastig. F. inf. pet.; les sup. *tr.-gr., dress.,* obt., *auric.* Cell. sub-hexag. F. involuc. *écart.* Périanth. saillant, obt., resserr., *bilab.*, à ouvert. *dentic., peu* pliss. Cap. obl.

Pierres inondées.

13

28. J. pumila. — Tapis vert-*oliv*. T. presque *simp*. F. conc. obt., à larg. oreill., étal. Cell. *sub-arrond*. Des *espaces intercell. app*. F. involuc. *sembl*. Périanth. lanc., *pliss.*, à ouvert. *irrégul. dentic*. Cap. obl., tr.-pet.

Terre et rochers humid.

d. — 4e Section. — F. caulin. *bident*. ou *bilob*. F. involuc. souv. *multilob*.

a. — F. involuc. 2 div.

29. J. inflata. — Gaz. larges et *prof.*, souv. *inondés*, vert ou brun. T. var. simp. ou 2-3 div. F. ellipt., *espacées* ; lob. incurv., *inég*. Cel. carr.-hexag. F. involuc. sembl. Périanth. dépass. l'invol., ov. ou pyrif., *lisse*, à ouvert. *conniv*., *tr.-cil*. Cap. pet., obl.

Tourbières des mont.

Var. princip. : *compacta ; luxa ; fluitans.*

b. — F. involuc. 3 ou pluri-div.

30. J. orcadensis. — Touff. peu étend., brun. ou *rouss*. T. *dénud*. à la b., simp., dress., peu radic. F. inf. *espacées, tr.-étal.*, ov.-carr., à lob. *courts*, ov., obt. Des *espaces intercell. app*. F. sup. pl. all., à lob. méd. *all., subobt., sinuol.*, presque dress. Cell. gr., *arrond*., épais. Stérile.

Cette description s'applique à la var. *attenuata*. — Le Colombier.

31. J. ventricosa. — Touff. *comp.*, vert foncé ou *roug*. T. *entrelacées*, épais., ramp., ramif., tr.-radic., à innov. grêl. F. tr.-étal., pl. ou *infléchi*. à la b., presque *carr.*, à 2 dents aig. Des *espaces intercell. étr*. Cell. gr., épais, arrond. F. involuc. pl. gr., arrond., 3-4 *fid.*, *faibl*. dent., accompagnées quelquefois d'amph. ov.-lanc., ent. ou bif. Périanth. ov., renfl., *resserr.* à l'ouvert., dépass. l'involuc., *fort. pliss., lobul., cil*. ou *dent*. Cap. ellipt.

Terre, bois pourris, tourbières dans les mont.

Var. princip. : *conferta ; luxa.*

32. J. excisa — Tige *courte*, tr.-ramp., presque *simp.* F. quadrang.-arrond., *infléch.* à la b. F. involuc. *carr.*, 4-5 *dent.* Périanth. obl., pâle, *roug.* au som , à ouvert. *tronq. et dentic.* Cap. ov.

Lieux frais.

33. J. bicrenata. — Coussin. un peu lâches, brun-*orang.* à la surf. T. prolifères, *tr.-courtes, tr.-radic.* F. *tr.-imbriq., conniv., conc., ov.-arrond.* ou *carr.*-subov. Cell. sub-arrond. *Espaces intercell. app.* F. involuc. pl. gr., tr.-*étr. imbriq.*, 2-3 *fid.*, dent. en *scie.* Périanth. ov. à ouvert. *dent.-cil.*, conniv., tr.-saillant, *orang.* Cap. obl., noire. Anth. solit., axill.

Terre sablonneuse.

e. — 5ᵉ Sect. — F. *larges, ondul., 3 pluri-lob.*

34. J. incisa. — Tapis dens., vert *foncé.* T. *tr.-ramp.*, tr.-radic., dich., rcdress. à l'extrémité. F. *repliées, serr.*, carr.-obov. Cell. hexag. 3-5. lob. aig., *ent.* F. involuc. *sembl.* Périanth. *court.*, ov., *pliss.* au som., à ouvert. *dentic.* ou *cil.* Cap. assez gr., globul., noire.

Troncs pourris.

Var. princip. : *compactior ; elongata ; suberecta.*

35. J. barbata. —.Touff. dens., vert obscur ou *jaun.* T. épais., couch. ou ascend., *à gross. radic.;* innov. au som. Amph. tr.-délic., appliq. sur la t. F. pliss. à lob. obt., aig. ou mucron.; *couvertes de taches* pet. et serr. Espaces intercell. app. Cell. épais., angul. 4 f. involuc. étr., serr., *tr.-pliss.*, avec 1 *amph. ent.* ou 2 *dent.* Périanth. ov., comprim., *tr.-pliss.*, *cil.* Cap. obl.

Rochers des mont. — Tr.-polymorphe.

Var. *lycopodioïdes.* T. couch., radic., tr.-robustes, à innov. renflées. Touff. souv. jaune vif. F. serr., fort. crisp.; 4 lob. mucron. en gén. 5-10 cils à la b. —*Schreberi.* T. all., simp., couch. Touff. étend., vert terne. F. .écart., planes, obov. 4 lob. ov., mut. — *quinquedentata.* T. couch., dichot., tr.-

radic. à la b. Touff. vert foncé ou jaun. F. serr., étal., tr.-pliss., tronquées. 3 lob., rar. 4, dont le 3e large et court, obt. ou mucron. ; le 1er aigu ; le 2e pl. pet., obt. ou mucron. — *attenuata*. T. couch. à la b., à innov. grêl., julac., fascic. Touff. vert-oliv. F. caulin. 2-4 lob.; celles des innov. 3 lob. à lob. conniv.

36. **J. setiformis**. — Touff. dens.. vert-*jaun*. T. dress., *dichot.*, à innov. arq. F. *larges*, imbriq., *tr.-embrass.*, *dent.* à la b. et sur tout le contour. Cell. tr.-épaiss., arrond., opaques, avec espaces intercell. *Amph. cil.*, *dent. à la b.*, à div. *acum.* F. involuc *tr.-dent.* Périanth. ov.

Lieux ombragés des mont.

f. — 6e Sect. — F. *bilob.*, à lob. *cuspid.* F. involuc. *pluri-div.* Fr. sur un *rameau propre.*

37. **J. byssacea**. (*Seu Starkei.*) — Gaz. pet., *oliv.* ou iso-lées. T. *grêl.*, décomb. F. *espacées*, étal., *carr.-obov.*, à lob. ov.-lanc., *subobt.*, *ent.* Cell. méd., carr.-arrond., épais. Amph. pet., pl. ou moins abond. F. involuc. sup. *à 2 lob. dent.* Pé-rianth. obl., *tr.-pliss.*, *blanch.* au som., *lacin.*, *dent.* Cap. obl., tr.-pet.

Terrains arénacés.

38. **J. bicuspidata**. — Tapis lâches, *vert pâle.* T. couch. tr.-radic., à innov. nombr. pl. ou moins ascend. F. *écart.* ou imbriq. *à larges taches.* Cell. gr., délic., subrectang.-hexag. F. involuc. 2-5 *fid.* Périanth. lin., dépass. l'invol., *tr.-pliss.*, à ouvert. *dentic.-cil.* Cap. obt.

Endroits frais.

39. **J. connivens**. — Tapis lâches, *glaucesc.* T. *tr.-grêl.*, *tr.-adhér.* au sol. tr.-radic. T. et r. stériles ramp., flex. F. *écart.* ou imbriq., *décurr.*, au 1/4 ou au 1/3. 2 *fid.*, *larg. tache-tées*, conc., ov.-subarrond. Cell. épaiss., méd., carr.-sub-hexag. F. involuc. 3-5 *fid.* Périanth. un peu *trig.*, obl., *pliss.*,

à ouvert. *lacérée et cil.* Cap. ob. Fl. anthéridif. en chatons.

Troncs pourris et muscicoles.

La *curvifolia* n'est sans doute qu'une variété du précéd. à lob. pl. all. et à f. involuc. dent. Les cell. sont pl. all.

g. — 7ᵉ Sᴇᴄᴛ. — F. et amph. sembl., d'où *l'apparence trist.* Les cell. sont en gén. allong.

40. J. setacea. — Tig. courtes, dress., à div. *pinn.* ou même *bipinn.* R. serr., dress., obt. Div. des f. et des amph. *incurv.* Cell. épais., courtes. Périanth. des espèces précéd.

Tourbières.

41. J. trichophylla. — Tapis denses, vert *clair.* T. *filif.*, ramif. F. formées d'une seule série de cell. Périanth. *blanch.*, obl., *plissé* au som., *long. cil.* Cap. subglobul.

Forêts, bois pourris, pierres.

42. J. julacea. — Tapis dens., souv. *glaucesc.* T. assez dress., *filif.*, ramif. F. *à taches pâles* et écartées. Cell. un peu all. F. involuc. pl. gr., *pliss.* Périanth. du précéd.

Rochers humid.

Gᴇɴʀᴇ SPHAGNOECETIS. (*Jungermania.*)

Pl. marécageuses, ramp., à jets flagellif. — F. ent. arrond. Amph. bif. placés seulement sur les r. gemmif. — F. involuc. pet., incis. Fr. sur un r. propre, court, microphyl. — Périanth. à som. trig., et ouvert. dentic. Anth. inconnues.

43. S. communis. — Les caractères du genre.

Gᴇɴʀᴇ LIOCHLOENA (*Jungermania.*)

Pl. gazonn., déprim., vert foncé, tr.-ramp., ramif. — F. pl., obt., assez serr., ent. Cell. un peu all. Des espaces intercellul. tr.-développés. — Amph. nuls. — F. involuc., imbriq. à la b., puis *tr.-étal*, obt. Périanth. termin., arq. en arrière, pl.

tard cyl., à som. tronq., subombiliq., ouvert. resserr., à cils artic., raid., conniv. Anth. axill. aux f. sup.

44. L. lanceolata. — Les caractères du genre.

Genre LOPHOCOLEA. (*Jungermania.*)

Pl. gazonn., méd. à odeur désagréable par l'humid. T. couch. ramif. F. 2 pluri-dent. au som. Amph. délic., 2 pluri-fid. F. et amph. de l'involuc. peu nombr. — Périanth. termin., tr.-rar. latéral., tubul. à la b., trig. avec angles aig. en h.; ouvert. en crête dent. — Involuc. anthéridif. difform., pet., en capitule ou en épi. Anth. à long péd.

45. L. bidentata. — Touff. déprim., vert assez pâle. T. peu ramif. F. *espacées* sur les t. grêl., ent., ov., aplan., à 2 lob. étal. ou obliq , *acum.*, courts, souv. inég. Tissu cellul. hyal. Amph. beaucoup *pl. pet.*, 2 fid., à div. profond.; *tr.-ent.* ou incis.-dent. F. involuc. révolut., faibl. dent., sembl. Périanthe presque sessile. lobul., *frang.*

Terre, bois.

Var. princip. : *cuspidata; alata; monstruosa.*

46. L. heterophylla. — Touff. peu étend., vert foncé ou pâle. T. courtes, tr.-radic., tr.-adhér. au sol. R. épars. F. *serr.*, ov.-subcarr., 2 lob. *dent.* F. sup. *à peine div.* Amph. presque *ég.*, souv. à 1/2 fid., div. acum. *subdentic.* Périanth. faibl. lob., à lob. *dent.* Cap. pet., ov.

Troncs pourris, dans les mont.

Var. princip. : *communis; grandistipula, laxior; erosa.*

Genre HARPANTHUS. (*Jungermania.*)

Touff. *tr.-pet.*, vert pâle. T. *courte*, dress. ou couch., tr.-radic. Innov. nombr. *courtes et épais.* F. serr., en gén. *tr.-étal.*, *ov.-sub.-orbic.*, bilob., à sin. peu prof. ; lob. ov.-triang., obt. ou subaig., parf. conniv. Espaces intercellul. app. Amph. *tr.-nombr.*, ov.-triang., aig., ent. ou à 1/2 dents latér. — **2-4** f.

involuc., dress., larg., ent. ou 2-3 lobul. Périanth. obl. subcyl., charnu vers la b., pliss. lobul., en gén. 3 lob. dentic. — Coiff. adhér. par la b. au périanth. Cap. brun., ov.

46 bis. H. scutatus. (*J. stipulacea*, Hook.)

Rochers et troncs pourris, dans les hautes forêts.

Genre CHEILOSCYPHUS. (*Jungermania.*)

Pl. ramp. assez gr. T. couch. ou flott., ramif. — F. ent. ou dent. Tissu cellul. hexag. Amph. var. F. et amph. de l'involuc. distincts, peu nombr. pl. pet. — Fr. sur un r. tr.-court. Périanth. profond. 3 fid. ou bilab., souv. court et même dépassé par la coiff.

47. Ch. pallescens. — T. simp. ou dichot, radic. Touff. vert tr.-pâle. F. pl., ov., subcarr., *obt.* Cell. minces. Amph. écart., ov., à 2 div. prof., subul., *tr.-ent.* 2 f. involuc. pet., 2 *fid.* Périanth. con., *caché* dans la coiff., à 3 div. prof. *spin.-dent.*

Est peut-être une var. du suiv.

48. Ch. polyanthos. — Tapis déprim., vert pâle, *noirciss.* dans l'eau. T. couch., pâles, radic., simp. ou dichot. F. ov., subcarr. *tronq.* Amph. libres, écart., ov.-obl., profond. 2 lob., souv. *rongés* ou détruits. 2 f. involuc. à *pet. dents.* Périanth. court., profond. fend., à div. *presque ent., dépass.* la coiff.

Lieux humid., pierres arrosées.

Var. princip. : *rivularis ; brevisetus.*

Genre GYMNOSCYPHUS. (*Jungermania.*)

F. ent. Amph. nuls. Involuc. nul. Fr. lat. sur un r. tr.-court. Périanth. gr., fend. ou bilab.

49. G. repens. — Les caractères du genre.

3ᵉ Famille. — GÉOCALYCACÉES.

Pl. terrestres. R. vagues. Fr. tantôt latér. et pend., tantôt termin., tantôt immerg. dans une espèce d'appareil saccif. situé à l'extrémité de la t. ou d'un r. Périanth. nul. Cap. dress.

Genre SACCOGYNA. (*Jungermania.*)

Pl. couch. F. ent. Amph. ent. décur., dent. au som. Fr. dans un sac charnu. Coiff. adhér. par la b. au sac fructif. Anth. axill. naissant à l'aisselle des amph. sur des r. spéciaux microphyl.

50. S. viticulosa. — Les caractères du genre.

Genre GEOCALYX. (*Jungermania.*)

Tapis tr.-lâches, vert clair. T. ramp, tr.-adhér. au sol. Amph. **2** fid. Fr. profond. 2 dent. subrectang. et à cell. hexag. Amphig. nombr., bif. Fr. du précéd. Fl. anthéridif. sur un rameau spécial spicif. à fol. squammif.

51. G. graveolens. — Les caractères du genre.
Fissures humides des rochers granit.

4ᵉ Famille. — CALYPOGÉIACÉES.
(*Trichomanoïdées.*)

Pl. offrant souv. une disposition pinn. tr.-élég. F. ent., 2 dent. ou 3-4 fid. Amphig. nombr., *orbicul.*; 2 lob. courts, obt. Fr. de la famille précéd. Valves de la cap. souv. tord.

Genre CALYPOGEIA. (*Jungermania.*)

Pl. ramp. et pâles. T. peu div., tr.-radic. R. lâches. F. ent.

ou 2 dent., ov., obt., auric. Cell. basil. all. Fr. renfermé dans un sac charnu, pend., hérissé de soies. — Involucelle soudé presque ent. avec la coiffe. Périanth. nul. Fl. anthéridif. du précéd.

52. C. trichomanis. — Les caractères du genre. Amph. brièv. bilob. et orbicul.

53. Le C. arguta, qu'on trouve dans le midi de la France, a les f. du précéd., les amph. tr.-étal. et profond. 2 fid. à lob. subul. Fructif. inconnue.

Midi de la France ; Haute-Vienne.

Genre LEPIDOZIA. (*Jungermania*).

T. ramoso-pinn. R. obt. et flagellif. F. 4 fid., rar. cil. Les axill. 2 fid. Amph. 4 fid., parfois cil. F. involuc. pet., imbriq., var. Fr. sur un r. court, all. Périanth. à ouvert. dentic. ou cil. Fl. anthéridif. sur un r. second. spicif. et incurv., à f. invol. repliées, 2-3 fid. 1 anth. à l'aisselle de chaque feuille.

54. L. reptans. — Tap. étend. vert jaun. T. ramp., *pinn.* ou *bi-pinn.*, à r. tr.-étal. F. *sub-carr.*, *incurv.*, à 3-4 dents aig. Cell. carr.-hexag., épais., jaun. Amph. *sub-carr.*, 3-4 *fid.* F. involuc. tronq., ov., à *4 dents* pet. Périanth. papyracé, *incurv.*, *pliss.*, 3 *lob.*

Troncs pourris.

Var. princip. : *julacea; tenuis.*

Genre MASTIGOBRYUM. (*Jungermania.*)

T. fourchues et ramif. R. obt. F. 3 dent., rar. 2 fid. ou presque ent. Amph. 3-4 dent. ou crénel., rar. ent. ou dent. en scie. Fr. sur un r. court, axill. aux amph. Périanth. termin., all., trig., parfois fend. Fl. anthéridif. spicif. sur la t. et sur les r. flagellif., à f. involuc. repliées, crénel.-dent. au som. 2 anth. à péd. court.

55. M. trilobatum. — Touff. *raid.*, *tr.-stolonif.*, vert

13.

foncé à la surf. T. ascend. avec *rejets bifurq.*, *arq.* F. imbriq. ov., *gibb.* à la b., larg. *auric.*, à 3 dents aig., ent. Amph. 4-6 dent., à dents dentic. Périanth. incurv., cyl., 3-dent. Cap. obl., à péd. tr.-long.

Terre et rochers granit.

56. M. deflexum. — T. assez *grêl.* F. fort infléch., ov.-cord. ou *obl.-falcif.*, à bord sup. *arq;* dents tr.-ent. Amph. à bord sup. var. Périanth. arq. à ouvert. dentic.

Granite et grès. — Espèce assez polymorphe.

5ᵉ Famille. — PTILIDIACÉES.

Pl. terrestres ou cortic., de taille assez gr. R. vag. ou pin. F. lob. F. involuc. imbriq., profond. div. Les intér. soudées en une espèce de vaginule. Fr. tantôt termin., tantôt latér. sur un r. court. Cap. coriace, à valv. incis. Périanth. nul ou var.

1 {
Périanth. nul. F. multif. Involuc. tubul., velu..... **Trichocolea.**
Périanth. profond. 4 fid.; ouvert. lacin. F. 2-3 fid..... **Sendtnera.**
Périanth. à ouvert. resserr. et dentic. F. 4 fid., cil.... **Ptilidium.**
}

Genre TRICHOCOLEA. *(Jungermania.)*

Pl. terrestres, pâles ou glaucesc. R. pinn. F. palmatif. à div. lacin. F. involuc. soud. au torus. Involuc. tubul., hérissé. Anth. axill.

57. Tr. tomentella. — Touffes étend., vert. ou jaune *cuivreux.* T. 2-3 *pinn.*, all., se dénud. à la b. F. 2 lob. à div-*multif.*, imbriq. sur les r. Amph. *à 4 lob. profonds, multif.* et *sétac.*

Forêts des mont. (Environs de Grenoble.)

Var. princip. : *tomentosa; subsimplex; nodulosa.*

GENRE SENDTNERA. (*Jungermania.*)

Pl. terrestres, brun. ou jaun., de taille assez gr. R. vag. F.
div. ou ent. Amph. 2-pluri-dent., souv. 1 dent. à la b. Fr.
termin. sur un r. long., ou latér. sur un r. court. Involuc.
formé par les f. et les amph. Périanth. tubul. ou ventr. profond. div.; 4 div. étr. 2-3 fid. et dent. F. anthéridif. sur un r.
spécial à foliaison trist.

58. S. juniperina. — F. obl. au 2/3 2 *fid.* Amph. au 1/2
2 fid. Div. lanc., acum., *dress. et diverg.* F. involuc. *soudées.*
Fr. *termin.*

Var. princ. : *ramosa; sanguinea.*

59. S. Voodsii. — F. tr.-imbriq., profond. 3 *fid.*, *à éperon* incis. Amph. prof. 2 fid., *à éperon.* Divis. des feuilles et
des amph. acum., incis.-dent., *réfléch.* chez les f. F. involuc.
libres. Fr. latér.

Ces deux espèces sont peut-être étrangères à notre flore.

GENRE PTILIDIUM. (*Jungermania.*)

Pl. terrestres, saxic. ou cortic., gazonn. F. incurv., repliées,
cil., palmatif. Fr. termin. sur un r. Périanth. cyl., libre, à
ouvert. conniv., lobul.-frang., pliss. Di. Fl. anthéridif. tr.-im-
briq., ou en massue, ou incurv. 1-2 anth.

60. Pt. ciliare. — Touff. étend., vert obscur, *brun.* ou
noir. T. couch., *pinn.* ou *bi-pinn.* R. courts, *nodul.* F. *4 fid.*
Les 2 lob. sup. ov.-lanc.; les inf. pl. courts, serr., imbriq.
Cell. obl. *Espaces intercell. app.* Amph. *4-5 lob., cil.,* à cils
sétac.

Pied des arbres, surtout des bouleaux.

Var. *Walrothianum.* Touff. tr.-denses, vertes avec taches brun-
orang. Les cils des f. tr.-nombr. et pl. longs que les lob. —
ericetorum. Les r. sont espacés; les f. crisp. en séch. Les
cils méd. — *speciosum.* — *heteromallum.*

6ᵉ Famille. — MADOTHECACÉES.
(*Platyphyllées.*)

Pl. cortic. ou saxic. F- ov.; tr.-ent. ou cil.; lob. inf. replié. Fr. termin. ou latér., rar. axill. Périanth. campanul. ou campan.-cyl , pl. ou moins comprim., bilab. Cap. coriacc. Fl. anthéridif. all., en épi.

Genre RADULA. (*Jungermania.*)

61. R. complanata. — Tapis dens., vert foncé. T. *oplatie, rag.* pinn. R. *diverg.* à ramul. *courtes, obt.* F. *imbriq.,* pl. ou conc., à lob. ov.-obl., *sub-quadrang.-arrond., auric.;* lob. inf. replié, *4 fois pl. pet.* Tissu cellul. hexag. 2 f. involuc. profond. 2 *fid.* Fr. axill. Périanth. dress. ou obliq., tronq., *tr.-ent.* Coiff. pyrif. assez *persist.* Cap. à valv. *noueuses et str.,* obl., brun. Mon. Fl. anthéridif. sur des r. obt. 1-3 anth. à court pédic.

Le contour des f. et l'orifice du périanthe est souvent *hérissé* de granulations caduques.

Bois, pierres. — Passim.

Var. princip. : *propagulifera; plumulosa; tenuis.*

Genre MADOTHECA. (*Jungermania.*)

Pl. saxic. ou caulic., de gr. taille en coussin. étend. T. pluripinn. F. profond. 2-lob. L'inf. à bord réfléch.; le sup. pl. pet. Tissu cellul. hexag.-arrond. Amph. décurr., appliq. sur la t. Fr. latér. sur les r., immerg. 2-4 f. invol., avec 1 amph. Périanth. ov., bi-lob. Coiff. globul. Cap. pâle. 4-pluri-valv. Mon. Fl. anthéridif. sur des r. spéciaux. 1 anth. axill.

1 { Amph. à lob. tr.-dent		2
{ Ampu. à lob. ent. ou à peine dent.....................................		5
2 { T. ramif. et bi-pinn. Amph. à lob. spino-dent.......	M. lævigata.	
{ T. simp. rameuse. Amph. à lob. dent.................	M. thuya.	

$$5 \begin{cases} \text{T. à peine pinn. R. écart., incurv. au som} \dots \text{\textbf{M. navicularis}.} \\ \text{T. 2-5 pinn. R. all} \dots \text{\textbf{M. platyphylla}.} \\ \text{T. 2-5 pinn. R. raid., obt} \dots \text{\textbf{M platyphylloïdea}.} \end{cases}$$

62. M. lævigata. — T. all., non radic., fastig., ramos.-dichot. R. un peu *pinn*. F. *étr. imbriq*. Lob. sup. *ov.-aig.*, auric., incurv., sub-dent. Lob. inf. 1/3 pl. pet., obl.-ligul., *spino-dent.* à la b. *Espaces intercell. app.* Amph. obl., tronq., émarg., *dent. cil.* sur les r. Périanth. ov., renflé à l'ouvert., *tri-lob.*, ouvert. dent.

Troncs d'arbres.

Var. princip. : *communis; attenuata; obscura.*

63. M. navicularis. — R. écart., en gén. incurv. F. à lob. sup. *suborbic.*, *obt.*, ondul.; lob. inf. *obt.*, *tr.-ent.*, carén. Amphig. obt., à bords *réfléch.*, *ent. ou 1-dent. à la b.* Périanthe *trilob.* ouvert presque *ent.*

Troncs et rochers un peu humides

Var. princip. : *rivularis; distans.*

64. M. thuya. — Considéré comme une variété des suivants.

64 bis. M. platyphylla. — Touff. *déprim.*, enlacées, vert foncé. F. serr.; lob. sup. *ov.-arrond.*, *obt.*, auric, conv., ondul. et parfois dentic. Lob. inf. *obliq.*, conc., un peu révol. Cell. arrond. Espaces intercell. tr.-étr. Amph. carr.-arrond., à bords *infléch*. F. involuc. souv. *dentic.* Périanth. *renfl.*, ov, *bilob.*, *ent.* ou dent. Fl. anthéridif. sur des r. pet. à foliaison dist.

Troncs d'arbres et rochers ombragés. — Passim.

Var. princip. : *communis; major.*

65. M. platyphylloïdea. — Touff. épais., à jets *flagellif.* F. à lobe sup. *suborbic.*, *obt.* Lob. inf. *ov.-conc.*, *tr.-ent.* Amph. *semi-circul.*, à bords *réfléch.*, *révol.* F. involuc. *long. dent.*

Troncs d'arbres, surtout des hêtres.

Var. *tripinnata.*

7ᵉ Famille. — FRULLANIACÉES.
(Jubulées.)

Pl. cortic., foliic. ou saxic., ramp , de taille var. T. dénud., déprim., pinn. ou vag. ramif. F. et amph. var. Amph. souv. nuls. — Fr. latér. sur un r. court, rar. axill. Périanth. régul. ou gibb., 4-5 gon., pl. ou moins mucron.; ouvert. 2-3-4 fid. Mon. ou di. Fl. anthéridif. en.gén. spicif. sur un r. spécial.

Genre LEJEUNIA. (Jungermania.)

Pl. irrégul. ramif., cortic. ou foliic., en gén. de tr.-pet. taille. Amph. ent. ou bif. Périanth. var., ailé ou à crètes, parfois cil. sur les angles. Cap. à valv. conniv. Mon.

1 { F. ov.-acum., à 2 lob. inég... 2
   { F. ov.-obl., à lob. inég.; le sup. arrond.; l'inf. pet. inv. **L. serpyllifolia**
   { F. ov.-arrond. à peine lob...... .... L minutissima.

2 { Lob. sup. tr.-gr., contourné en forme de coiff. L'inf. pet., convol.....
   {   **L. calyptrifolia.**
   { Lob. sup. non contourné en coiff.................................. 5

3 { Périanth. pentag. à angles ailés spino-dent....... **L. hamatifolia.**
   { Périanth. pyrif. à bords tubercul.... .... L. calcarea.

66. L. hamatifolia. — Pl. à r. *capillaires*, lâches. F. ov.-acum., *falcif.*, ent. ou sinuées-dent , repliées à la b. Lob. replié ov. et 2 fois pl. pet. Amph. pet , subov., *profond.* 2 *fid.*, à div. subul. F. involuc. 2-fid., à div. dent. en scie.

Var. princip. : *falcifolia; gracillima.*

67. L calcarea. — Tapis tr.-pet., *incrust.*, *jaune clair.* T. tr.-*grêl.* et ramp. R. divariq. F. serr., ov.-acum., *tubercul.*, *dentic., falcif.*, repliées à la b. Lob. inf. replié, *saccif.*, 2 *fois* pl. pet. Cell. pet., subarrond., papill. F. involuc. 2-fid., à div. ent. Amph. *rares*, subul. Périanth. obov.-dent.

Sur les mousses.

68. M. serpyllifolia. — Tapis tr.-étend., lisses, *vert ten-*

dre. T. rob., pâl., couch., pinn. R. *vag.* un peu fascic. et hom.
F. obl. repliées à la b. Lob. sup. ov.-arrond., *ent.* Lob. inf.
saccif., tr.-pet. Cell. hexag. à papill. tr.-saill. Amph. 3 *fois*
pl. pet., *arrond.,* **2** *fid.*, div. un peu obt. Périanth. obov. ou en
massue, à ouvert. *mucron.*

Rochers siliceux humid., parmi les mousses.

Var. princip. : *polycarpa; ovata; laxa; gemmifera.*

69. **L. minutissima.** — Touff. tr.-lâches, tr.-adh. au support., vert. jaun. T. à r. *capillaires,* flex. F. *espacées,* pet., arrond., repliées. Lob. inf. *appliq., ventr.* Cell. subarrond., à
papill. obt. Amph. pet., ov., *bilob.* F. involuc. obl. *étr., repliées.* Périanth. faibl. *papill.*

Vieilles écorces.

70. **L. calyptrifolia.** — Pl. humbles. T. *courtes,* ramif.,
ramp. F. serr. lob. inf. pet.; lob. sup. *convol. en forme de capuc., pl. gr.* Amph. 2 *fid.* Périanth. presque *pyrif.,* ouvert.
4-3 *dent.*

GENRE FRULLANIA. (*Jungermania*).

Pl. cortic. ou saxic. T. pinn. F. ov.-arrond. ou ov.-acum.
Lob. inf. renflé en casque ou en sac. Amph. ov., rar. ent. 2-4
f. involuc. peu régul., souv. soudées avec les amph. Fr. termin. sur un r. spécial. Périanth. en gén. 3-4 gon., sillon. sur
le dos, carén. sur la partie ventral., à som. mucron., tubul.,
et clos, rar. tuberc. et lacin. Cap. 1/2 4 fid. Fl. anthéridif.
spicif. ou globuliform. Anth. globul.

71. **Fr. dilatata.** — Tapis vert sombre ou *oliv., circul.*
enlacés. T. *vag* pinn. tr.-adhér. au support. F. *orbic.,* obt. *tr.-
ent.* lob. sup. quelquef. *à 1 dent. incurv.* au som. F. inf. 1/3
pl. pet., sub. arrond., tronq. en bas. cell. obl. parfois sinueuses. F. involuc. 2-3 fid.; div. tr.-ent. Amph. 2-fid. pl.. arrond.
Périanth. *tubercul.* Epillets anthéridif. nombr.

Troncs d'arbr. — Passim.

Var. *microphylla; subtilissima.*

72. F. Hutchinsiæ. — R. *pinn.* F. *ov.-aig., dent en scie,* avec *auricule* marginal ov. *en forme de casque.* Amph. arrond., 2-fid., dentif. F. involuc. 2-fid., dent en scie. Périanth. *lisse,* carén., axill.

73. F. tamarisci. — Touff. étend., lâches, vert. *obscur,* lisses, brun *roug.* T. bipinn., *dénud.* à la b. *qui seule adhère* au support. F. *orbicul.,* obt., mucron , incurv., *tr.-ent.* Lob. sup. *orbicul.,* conv.; lob. inf. obov., *comme pédicel.;* entre les lob. 1-2 *dents subul.* Cell. all., sinueuses. Amph. *ov-carr.,* émarg., *révol.,* munis d'un *éperon* à la b. avec 1 *dent* de chaque côté. F. involuc. 2-fid., *dentic.* en scie. Périanth. obl., *sillon.* sur une face, *carén.* sur l'autre.

Troncs, pierres. — Passim.

Var. *laxa, commutata.*

2ᵉ *Sous-ordre.* — JUNG. A FRONDE.

1	Div. latér. des lob. de la fronde simulant des f. Périanth. soudé en partie à l'involuc. polyphyl.......... **Fossombroniacées.** 8ᵉ fam.	
	Div. non foliacées..	2
2	Lob. de la fronde à côte app.......................	3
	Lob. de la fronde sans côte. Fr. insérés sur la face inf. des frond..... **Aneuracées.** 11ᵉ fam.	
3	Fr. insérés sur la face sup. au moins à la mat....................	1
	Fr. insérés sur la face inf. et sur la côte. Frond. à div. fourchues, allong. Périanth. nul................ **Metzgériacées.** 12ᵉ fam.	
4	Périanth. tubul. Involuc. 1 phyl............ **Blyttiacées.** 9ᵉ fam.	
	Périanth. nul. Involuc. 1 phyl. Fr. parfois immerg .... **Pelliacées.** 10ᵉ fam.	

8ᵉ FAMILLE. — FOSSOMBRONIACÉES.
(*Codoniées.*)

GENRE FOSSOMBRONIA. (*Jungermania*).

Pl. tr.-ramp., simp. ou ramif., à radic. pourp. viol., de pet. taille, terrestres, en gaz. peu étend. Lobules foliacés sessiles, décurr., succub., ondul. et pluri-fid. F. involuc. subul. Périanth. herbacé, gamophyl., campanul., à large ouvert. crénel.; termin. à l'origine puis rejeté sur la partie sup. de la t. Cap. globul. Elat. 2-3 sp. Mon. ou di. Fl. anthéridif. sur la face sup. Anth. nues.

74. F. pusilla. — Div. foliacées à 4-5 dents obt. — Les caractères du genre.

Terre fraiche et nue.

9e FAMILLE. — BLYTTIACÉES. (*Diplomitriées.*)

GENRE BLYTTIA. (*Jungermania.*)

Frond. sessile, souv. lin., crénel. ou dent, en scie. Involuc. monophyl., déchiré, termin. et inséré sur la côte à l'origine, plus tard sur la face sup. Périanth. tubul. Cap. ov. Di. Fl. anthéridif. sur la face sup. et sur la côte, immerg.

75. B. Lyellii. (*Mœrkia hibernica.*) — Les caractères du genre.

Tetre humid.

10e FAMILLE. — PELLIACÉES. (*Haplolénées.*)

Frond. dichot. à côte peu apparente. Frond. à plusieurs couches cell. dont les ext. à cell. tubul., hexag., tr.-vert.; la médian. à cell. pl. gr. et hyal. Involuc. court, parfois nul, lacéré. Cap. sphériq. Anth. sur la face sup., sessiles ou immerg.

GENRE PELLIA. (*Jungermania.*)

Pl. terrestres, à div. obl., cunéif. Côte peu définie. Involuc. souv. déjeté de côté. Anth. immerg.

76. P. epiphylla. — Frond. all., sinuolée, lobul., à lob. obt., arrond., ondul., vert., brun., ou purpur. Involuc. repré-

senté par une lèvre appliq., *lacin.* Coiff. *dépass. long.* l'involuc.

Lieux humid., grottes. — Passim.

Var. *fertilis; speciosa; crispa; undulata; viridis.*

77. P. calycina. — Involuc. *plissé.* Coiff. *ne dépass. pas*
l'invol. Les lob. de la frond. sont pl. étroits et pl. ondul.

Alpes du Dauph. (Ravaud.)

Genre BLASIA. (*Jungermania.*)

Frond. pinn., succulentes, à côte app., dichot., rayonnante,
émettant des granulations. Involuc. nul. Fr. immerg. Cap.
4-5-6. valv. Anth. sur la face sup. immerg. et cachées sous
une écaille dent.

78. B. pusilla. — Di. — Les caractères du genre.

Lieux humid., inondés.

Var. *fertilis; sterilis; gemmifera.*

11ᵉ Famille. — ANEURACÉES.

Frond. charnues, pinn., lacérées. Tissu analogue à celui des
Pelliacées. Les couches utricul. sont plus nombr. surtout dans
la partie médian. Fr. insérés près du bord. Invol. court., lobé
ou lacéré. Périanth. nul. Coiff. charnue, soudée à l'involuc.
Cap. ov. ou obl. Elat. 1-sp. Anth. immerg. dans des lob. spéciaux, subsessiles, sporul. rar.

Genre ANEURA. (*Jungermania.*)

1 { Frond. presque simp., ou à peine div.......... ...... **A. pinguis.**
    Frond. pinn. ou bipinn............................ 2

2 { Lob. élargis au som., pinn. et bipinn............. **A. pinnatifida.**
    Lob. pinn. multif., partant d'une t. prim. raid. à subdiv. horiz. pecti-
    nées et lin .... **A. multifida.**
    Lob. pinn. partant d'une t. prim. couch. à subdiv. dress., pinnatif. et
    obl............... .. .. **A. palmata.**

79. A. pinguis. — Frond, lin., déprim., à branches *di-variq.*, pâle, *cassante.* Coiff. tr.-all. Cap. ellip., noire. **8-12** anth. courtes.

Forêts humid., bords des ruisseaux.

Var. *lobulata; denticulata; furcata.*

80. A. pinnatifida.. — Touff. orbic. vert *clair.* Frond. *pl.* sur les 2 faces. Involuc. *lobul., court.* Coiff. cyl., *squam-mul.* Cap. obl.

Pierres inondées.

Var. *composita; denticulata.*

81. A. multifida. — Touff. raid., vert *foncé, noir.* à l'int. Lob. de la frond. *biconv.*, lisses; sans radic. Involuc. repré-senté *par des franges courtes.* Coiff. du précéd. Cap. noire, sub-cyl. 5-6 anth.

Rochers humid. granit.

Var. *major; filiformis; prolifera; nana; incisa.*

82. A. palmata. — T. *tr.-divis.*, à lob. *subconv.*, digités, *dilatés* au som., *translucid.* Involuc. *lacin.* Coiff. *hérissée*, la-cin. Cap. pet. à péd. court.

Troncs pourris.

Var. *major; laxa.*

12ᵉ Famille. — METZGERIACÉES.

Pl. lin. fourchues. Les ailes des frond. formées d'une seule couche utricul., pl. ou moins pâles. Involuc. monophyl., ventr. Elat. 1-sp. Sporul. groupés dans les pet. div. de la frond. Fl. anthéridif. émerg. de la face infer.

Genre METZGERIA. (*Jungermania.*)

83. M. furcata. — Glabre *en dessus.* Bords et côte de la

face inf. munis de poils *sétacés.* Frond. vert-jaun. ou brun-viol.
Var. *communis; extensa; gemmifera; prolifera.*

84. M. pubescens. — Frond. pubesc. *sur les 2 faces.*
Poils *sétacés* sous les bords et sous la côte. — Frond. déprim.
glaucesc.

Var. *elongata; communis.*

2e *Ordre* Marchantiées.

Frond. aréolées, pourvues de stomates sur la face sup., souv.
recouvertes par des écailles délic. et color.; composées de plusieurs couches de cell. larges; les super. constituant un tissu
lacun. tr.-dévelop. Rac. nombr. et tubul. Fr. tantôt placés sur
un récept. spécial, plus ou moins pédoncul., tantôt sessiles à
l'extrémité des lobes. Involuc. sur la face inf. du récept., 1-
pluri-fl., souv. imparf. ou nuls Périanth. nul ou 1-fl. Cap.
s'ouvrant par une fente circul. nue ou dent., rar. à 4 valv.
Anth. à l'int. de récept. spéciaux sessiles ou pédonculés,
s'ouvrant par un pore sit. à la face sup. Sporul. fréquentes, ren-
fermées dans des corbeilles élég. ou dans des cap. à déhisc.
valv.

Involuc. cohér. par la b. seulement et monocarp. Frond. canalic.....
Lunulariacées. 13e fam.
Involuc. pl. ou moins soudés entre eux et avec le récept., en gén. po-
lycarp. Frond. souv. à côte....... **Marchantiacées. 14e fam.**
Involuc. bivalv. à l'extremité des lob. Fr. sessiles, solit. Frond. à côte.
Targioniacées. 15e fam.

13e Famille. — LUNULARIACÉES.

Frond. fourchues à côte dilatée. Les stériles à corbeilles
sporulif. 4 involuc. propres insérés en croix au som. d'un pé-
doncule émergeant d'un involuc. membran. et prolyphyl. Périanth. nul. Cap. délic., émerg., 4-8 valv. Récept. anthéridif.
sessiles dans les sinus des lob. sur la face sup., et entourés
d'un rebord.

Genre LUNULARIA.

85. Lun. vulgaris. — (*Marchantia cruciata*).

Terre et rochers.

On en distingue deux formes : celle du nord de la France est dioïque; les frondes anthéridif. portent seules des corbeilles à sporules; elle fleurit en automne. — Celle du midi, monoïque, avec corbeilles sporulif., fleurit au printemps.

14ᵉ Famille. — MARCHANTIACÉES.
(*Jecorariées.*)

Fr. nombr. groupés à la face infér. d'un récept. pédonc., élarg. au som. Pédonc. du récept. vaginé ou involuc. à la b. Ouvert. capsul. dent. Récept. anthéridif. pédoncul. ou sessiles.

1 { Récept. capsulif. munis de rayons tr.-app...................... 2
   { Récept. capsulif. lob., mais non rayonnés....... 3

2 { 10-12 rayons dépass. les lob. du récept............. **Marchantia.**
   { 2-4 rayons pl. courts que les lob...... .... **Preissia.**

3 { Côte app. sur les lob... 4
   { Lob. sans côte, parfois canalic................................... 7

4 { Frond. à bords membr. Côte squammif. .... **Duvalia.**
   { Frond. à bords non membran. Côte non squammif................. 5

5 { Côte large. Récept. capsulif. con. ou hémisph. Pédonc. barbu au som.
   {   **Reboulia.**
   { Côte étroite... 6

6 { Récept. capsulif. conv. Pédonc. tr.-barbu au som.... **Dumortiera.**
   { Récept. capsulif. con. Pédonc. tr.-var. en long., glabre....... ....
   {   **Fegatella.**

7 { Lobes longs, étr., non canalic.................... **Sauteria.**
   { Lobes larges, canalic. Périanth. nul................. **Grimaldia.**
   { Lobes larges, canalic. Périanth. saillant, multif. .... **Fimbriaria.**

Genre MARCHANTIA.

Involuc. propres, pluri-fl., altern. avec les rayons, s'ouvrant par une fente longitudinale. Périanth. 1 fl., 4-5 fid., membran.

Coiff. persist. Cap. pet., pédicell., à ouvert. dent. Récept. anthéridif. pédoncul., peltés, lobés. Sporules lenticulaires groupées dans des corbeilles, sur la face sup. Pl. dichot., à côte
large, à fronde aréolée en larges losanges avec stomate centrale saill. Tissu cellulaire lacuneux dans les couches sup.

86. M. polymorpha. — Frond. rayonn., lobul., à bords
ondul., vert foncé et noir. sur la ligne médiane. Pédonc. du
récept. capsulif. *central.*

Lieux frais. (Tr.-commun aux environs de Paris et à Paris même.)

Var. *communis; riparia; domestica; alpestris.*

87. M. paleacea. — Pédonc. du récept. capsulif. *excen-
trique.* Fronde *glauque.*

Genre PREISSIA. (*Marchantia.*)

Frond. un peu fourchues, souv. roug., à peine ondul., noir
violacé en dessous. Récept. capsulif. hémisph., herbacé, barbu
au centre, 2-3-4 lob. Involuc. s'ouvrant par une fente, 1-2-3
carpés. Périanth. tubul.-campanul., 4-5 fid. Coiff. persist. Cap.
gr. à 4-8 div. prof. Récept. anthéridif. pédonc. ou sessiles,
peltés. Point de sporules. Des *traces de vaisseaux* dans la
nervure.

88. Pr. commutata. — Frond. un peu *roug.;* noir-viol.
et à lamelles longitudin. *viol.* en dessous. Récept. anthéridif.
pédoncul.

Rochers calc. (Commun à la Grande-Chartreuse.)

Var. : *major; minor.*

88 *bis*. Pr. quadrata. — Récept. anthéridif. *sessiles.*
Midi de la France.

Genre SAUTERIA. (*Marchantia.*)

Pl. ayant le port des *Riccia.* Fronde aréolées avec stomates.
Récept. capsulif. pédoncul., 4-6 lob. Pédonc. sans involuc.

à la b. Involuc. propres monocarp., soudés aux lob., s'ouvrant par une large ouvert. Périanth. nul. Coiff. persist. Cap. 4-6 valv. Elat. 2-4 sp. Sporul. nulles. Fl. anthéridif. inconnues.

89. **S. alpina**. — Caractères du genre.

Genre DUMORTIERA.

Frond. étend., dichot., str. ou réticul., pourvues de nombr. rac. et écailles. Récept. capsulif. pédoncul., 2 6 lob., souv. irrégul., tr.-barbu au centre. Pédonc. nu à la b. 2-8 involuc. propres, soudés à la b., obl.-tubul., s'ouvrant par une fente, monocarp., à poils sétacés. Périanth. nul. Coiff. persist. Cap. à 4-6 valv., papyracée, à péd. bulb. Elat. 2-3 sp. Récept. anthéridif. discif. ou patérif. à court péd., écailleux en dessous, à bords ciliés. Sporules nulles.

90. **D. hirsuta**. — Les caractères du genre.

Genre FEGATELLA. (*Marchantia.*)

Frond. dichot., à côte étr. ou nulle, canalic. à surface extér. aréolée en losanges; chaque losange possédant au centre un stomate gr. et saill. Récept. fem. étr., à péd. épais. au som., entouré à la b. par la frond. vaginante. 5-8 involuc. propres soudés, tubul., monocarp., s'ouvrant par une fente. Périanth. nul. Coiff. persist. Cap. s'ouvrant par 4-8 dents révolut. Elat. 2 sp. Récept. anthéridif. discif., sessiles, marg. par la frond. Sporul. nulles.

91. **F. conica**. — Frond. d'un beau vert en dessus, pâle en dessous. — Les caractères du genre.

Pierres et rochers humid. — Passim.

Genre REBOULIA. (*Marchantia.*)

Frond. bif. tr.-faibl., aréolées. Stomates épars à peine saillants. Tissu cellulaire caverneux. Récept. capsulif. con., hémisph. ou pl., à 1-6 lob. assez app., constituant chacun des involuc. propres à 2 valv. Pédonc. entouré à la b. d'un involuc. écailleux et barbu au som. Périanth. nul. Coiff. peu app. Cap. immerg., subopercul. Elat. 2 sp. Récept. anthéridif. sessiles, discif.

92. R. hemispherica. — Frond. *émarg., roug.* en dessous.

Lieux frais, ombragés. (Aqueducs de Chaponost, la Pape.)

Genre GRIMALDIA.

Frond. épais. dichot., canalic., tr étr. avec aréol. serr., papill., écailleuses en dessous. Tissu cellul. lacun. Récept. capsulif. con. ou hémisph., papill. au som., décurr., garni de stomates en dessus, 3-5 fid. Pédonc. du précéd. 1-4 involuc. propres au bord des lob., courts, monocarp. Périanth. nul. Cap. remplissant l'involuc., s'ouvrant par une fente circul. Elat. à 2 sp. Mon. ou di. Récept. anthéridif. discif., immerg. Sporul. nulles.

93. Gr. barbifrons. — Les caractères du genre. Lamelle de la face inf. d'un *beau pourpre*; celles de la face sup. *argent. et frang.* Odeur *agréable.*

Terre fraiche.

var. : *fimbriata; convoluta.*

Genre DUVALIA.

Frond. bifid. peu distinct., aréolées, avec stomates. Côte écailleuse. Récept. capsulif., hémisph. ou globul., tr.-cent. Pédonc. souv. excentr., avec involuc. à la b , barbu au som. 1-4 involuc. propres, distincts, courts, monocarp. Périanth. nul. Coiff. peu apparente. Cap. du précéd. Elat. à 2 sp. Récept. anthéridif. immerg. dans les sinus de la frond., papill. Sporul. nulles.

94. D. rupestris. — Les caractères du genre.

GENRE FIMBRIARIA. (*Marchantia.*)

Frond. carén., bifid., faibl. réticul., avec stomates, écailleuses en dessous. Tissu cellul. cavern. Récept. capsulif., pl. ou conv. en dessus, conc. en dessous, ent. Pédonc écailleux à la b. ou à invol. courts. 1-6 involuc. propres soudés aux bords du récept., tubul., tronq., monocarp. Périanth. saillant, obl., multif. Cap du précéd. Elat. à 1-2 sp. Récept. anthéridif à la b. du pédonc., immerg. dans la côte, papill. Sporul nulles.

95. Fimb. flagrans. — Périanth. 8 *fid.*
Signalé au Mont-Cenis.

95 *bis*. Fimb. umbonata. — Périanth. 10-12 *fid.*

15ᵉ FAMILLE. — TARGIONIACÉES.

Frond. avec stomates, écailleuses en dessous. F. termin., infère, sessile. Involuc. bivalv., monocarp. Périanth. nul. Cap. brièv. pédicel., à ouvert. irrégul. Elat. à 2-3 sp. Récept. anthéridif. latéraux, discif., papill. émerg. de la face infér. de la côte dans une innov. spéciale. Sporul. nulles.

GENRE TARGIONIA.

96. T. hypophylla. (*Seu Michelii.*) — Les caractères du genre. Les frond. sont épais., à côte dilatée. Les lamelles écailleuses de la face inf. sont *viol.*
Creux des rochers. — Passim., mais rare.

3ᵉ *ordre.* — ANTHOCÉRÉES.

Frond. orbicul., radiées, irrégul.. sans stomates, à 3-4 couch. de cell., dont les médian. sont hyal., les ext. subhexag. Capsules bivalves, all., émerg. d'un involuc. formé par des expansions de la frond., tubul., tronq. ou sublob. Colum. lin.

14

sétif. Périanth. nul. Elat flex. Mon. Anth. sessiles dans un involuc. dent.

16ᵉ Famille. — ANTHOCÉROCACÉES.

Genre ANTHOCEROS.

97. A. punctatus. — Frond. circul., *lacin.*, vert foncé
obscur, *sans côte*, à surf. extér. papill. Involuc. à ouvert. sca-
rieuse.

Terrains calc. ou argilo-calc. (Corse ; Provence.)

98. A. lavis. — Frond. *crénel.*, subradiée, à *côte* et à bords
ondul., lisse. Invol. scarieux.

Même habitat. (Le Luc.)

99. A. cœspititius. — Frond. *radic.*, multif. à bords
crépus. Div. lin. cunéif., *striées.* Involuc. court, *subquadran-
gulaire.*

4ᵉ *ordre.* — RICCIÉES.

Frond. tr.-ramp., souv. cavern. Fr. pédicel., sessile ou immerg. Involuc. écailleux, polyphyl., souv. nul. Involuc. propre en forme d'utricule perforé au som. ou nul. Périanth. nul
Cap. libre ou soudée à la coiff. Elat. nuls. Mon ou di. Anth.
immerg. et s'ouvrant par des ouvert. papillaires. Sporul. fréquentes.

1 {	Frond. munie d'une aile membran. et en spirale ondul., avec côte. Di. **Duriœacées.** 17ᵉ fam.
	Frond. pl. ou moins aplatie, sans aile membran. Mon. ou di......... 2
2 {	Fr. sur la face sup... .... **Corsiniacées.** 18ᵉ fam.
	Fr. immerg........................... **Ricciacées.** 19ᵉ fam.

17ᵉ Famille. — DURIŒACÉES.

Genre DURIOEA.

Frond. dress. Fr. libres, bractéolés, situés le long de la côte. Involuc. propre sessile, ov.-lanc., subacum. Involucelle squammif. Di. Anth. immerg. sur les bords de la frond. anthéridif.

100. D. Notarisii. — Les caractères du genre.

18ᵉ Famille. — CORSINIACÉES.

Genre SPHOEROCARPUS.

Pl. pet., en tapis vert-jaun., suborbicul., lob. à épiderme indistinct. Frond. sans côte. F. nus, groupés en disque. Involuc. propre con. Cap. indéhisc. Anth. éparses.

101. S. Michelii. — Lob. arron. Involuc. obov. obt., percés d'un pore au som.

Champs et vignes dans les terrains calc. (Le Luc.)

Genre CORSINIA.

Frond. simp., ent. ou fourchues, à épiderme subaréolé avec stomates, cavern., avec ou sans écailles en dessous. Fr. en séries le long de la ligne médiane sur la face sup., solit. ou groupés. Involuc. commun, 2-polyphyll., à div. écailleuses. Involuc. propre nul. Coiff. tr.-papill. Cap. libre, à péd. court. Di. Anth. immerg., en séries, à ostiole papill. et marg.

102. C. marchantioïdes. — Frond. glaucesc., lobul. — Les caractères du genre.

Terre fraîche. (Corse; le Var.)

Genre OXYMITRA.

Frond. tr.-sembl. à celles du *Grimaldia barbifrons*; écailles inf. assez pâles, rouss., non perf. Cap. en 2 séries longitudin· le long de la ligne médiane, sessil. Involuc. con., aig., glabre. Coiff. assez adhér. à la cap.

102 *bis*. **O. pyramidata.** — Les caractères du genre.

Terre sèche. (Corse et midi de la France.)

19ᵉ Famille — RICCIACÉES.

Genre RICCIA.

Frond. pl., var. Fr. immerg. Invol. nul. Cap. soudée à la coiff.

1 { Pl. terrestres, sur la terre fraîche.................................... 2
{ Pl. nageant à la surface des eaux....................... 9

2 { Frond. non caverneuse............................. 3
{ Fronde caverneuse................... .... **R. crystallina.**

3 { Bords de la fronde nus....... 4
{ Bords de la fronde ciliés. Écailles en dessous..................... 7

4 { Frond. glauques sur les 2 faces.......................... 5
{ Frond. à face inf. purpurine ou pourpre noir...................... 6

5 { Div. de la frond. lin. obov.......................... ... **R. glauca.**
{ Div. lin. bif.. **R. sorocarpa.**

6 { Face inf. purpurine sur les bords.................. **R. bifurca.**
{ Face inf. pourpre noir sur les bords............. .... **R. minima.**

7 { Fronde unicol. sur les 2 faces....................................... 8
{ Fronde purpurine en dessous. Divis. de la t. en gén. trichot ....
{ **R. palmata.**

8 { Divis. de la frond. lin........ .... **R. paradoxa.**
{ Divis. de la frond. cunéiform........ .... **R. ciliata.**
{ Frond. presque simpl ... . **R. tumida.**
{ Divis. bif. à bord membran...................... **R. ciliifera.**

9 { Divis. de la frond. sinap., roug. en dessous.............. **R. natans.**
{ Divis. de la frond. dichot., unicol. sur les 2 faces..... **R. fluitans.**

a. — Fr. saillants et dénud. à la mat. — Fronde non caverneuse.

103. R. glauca. — Frond. *glauque, ponctuée,* à bords *membran.* Couch. utricul. supér. hyal.
Var. : *major ; minor ; minima.*

104. R. sorocarpa. — Fr. toujours *à la b.* des divis. de la frond. Lob. *épaissis* en dessous.

105. R. bifurca. — Lob. de la frond. *cunéif., ponctués,* larg. *sillon., glauques* en dessus. Couch. utricul. à peu près unif.

106. R. minima. — Fr. comme dans le *sorocarpa.* Lob. *lin.-aig.* au som. Frond. fort. sillon. à bords tr.-relevés.

107. R. ciliata. — Voir la clé pour les caractères. Frond. presque pl.

108. R. paradoxa. — Frond. bif. lob. *épaissis* en dessous. Cils *peu apparents.*

109. R. palmata. — Frond. *pourpre brun. en dessous,* à lob. larg. sillonn.

110. R tumida. — Frond. rar. *bifid., obcord., ponctuée,* à cils *brun.,* étr. sillonn.

111. R. ciliifera. — Lob. cunéif. Cils *conv.* aux bords, glabre ou poilue en dessus. Fronde caverneuse. Fronde orbicul., tr.-appliq., vert clair.

112. R. crystallina. — Cavernes *entr'ouvertes.* Lob. *subcunéif.* à bords faibl. relevés.

113. R. fluitans. — Lob. *submembran.,* all., tr.-ramif., lobul. obt., lin., ent., presque pl.
Var. : *canaliculata ; lata ; minor.*

14.

b. — Fr. nus et géminés à la mat. Fronde caverneuse.

114. R. natans. — Fronde *obcord.*, à lob. tr.-all., *dent.* en scie, profond. silloun.

Var. : *communis ; major ; terrestris.*

ADDITION.

115. R nigrella. — Fronde non caverneuse, à écailles lamelleuses et pourpre-noir en dessous. Lob. lin., incurv. aux bords, à sillon médian profond. Aspect rougeâtre.

Terre humid. (Le Luc; environs de Montpellier.)

116. R. Dufourii. — Fronde non caverneuse, écailleuses en dessous; écailles dépassant les bords, arrondies, incurvées, très-imbriquées; unicolore sur les deux faces; à divisions dichotomes.

Terre humide. (Le Luc.)

ADDITIONS AUX HÉPATIQUES.

Genre FIMBRIARIA.

117. F. Lindenbergiana. — Frond. pl. *large* que celle du *F. flagrans*, à lamell. écailleuses peu développ. à la face infér. Fructif. colorée en violet pourpre.

Terre et mousses, au Mont-Cenis.

118. F. elegans. — Frond. lin. simpl , violac. et tr.-écaill. en dessous. Récept. tubercul., pil. au som. du pédonc. 8 lanières cohér. au périanth.

Signalé dans la Corse.

Genre FOSSOMBRONIA.

119. F. angulosa. — Frond. pl. large que chez la *F. pu-*

silla. F. étal. horizont. ; les sup. ondul. à lob. obt. Spores presque lisses.

Découvert dans la Haute-Vienne, à Ambazac. — Lamy.

Genre JUNGERMANIA.

1re SECTION.

120. **J. Dicksoni.** T. ramp. simpl. F. larg , ov., *profond. lob.*, aig. et faibl., *inég.*, légèr. repliés. Lob. inf. ov.-obl. ; le sup. pl. pet., *étal. lanç.* F. involuc. unif. Pér. ov., *tr.-pliss.*, à ouvert. tronq., dentic.

Rochers ombragés, en Normandie.

2e SECTION.

121. **J. subapicaulis.** — Gaz. déprim., vert foncé ou noir. T. couch., assez grêl., radic. F. espacées à la b., étal., en gén. conc., suborbic., un peu décurr., ent. et obt. F. involuc. un peu pl. gr. Périanth. subcyl., pliss. dans la partie sup., à ouvert. frang. Amphig. manquant souv., triang.-acum. ou tr.-pet. et subul.

Pierres et rochers humid. des terrains silic. — Print.

3e SECTION.

122. **J. obovata.** — T. déprim., à radic. *roug.-viol.*, avec innov. grêl. F. un peu imbriq., *suborbic.*, un peu conc., souv. étal. plan. en ent. au som. Cell. basil. marg. carr. Espaces intercell. *étr.* F. des stol. stéril. espac., gr., ov., apl. ou tr.-conc. Les 2 f. involuc. supér. *adh.* au périanth., obov., *tr.-étal.* Périanth. pliss., *lob.*; les lob. *ent.* ou sinuol. Di.

Rochers humid., granit., près des torrents et des cascades.

123. **J. hyalina.** — T. couch., pâle, à radic. *hyal.* Org. de végét. du précéd. Le tissu cellul. se disting. par les parois *épaiss.* des cell. 4 fol. involuc. supér. adh. au périanth. ; les

2 int. souv. libres et étal. dans la 1/sup. Périanth. *pâl.*, *obov.*,
dépass. l'involuc. *tr.-pliss.*, à lob. presque *ent.*

Basses-Vosges ; Haute-Vienne. — Print.

124. J. nana. — T. *court, ascend.*, à rad. *hyal.*, émettant
au som. des r. souv. *dress.*, *raid.*, *fascic.*, en gaz. dens., vert
foncé, pâl. ou brun. F. assez *imbriq.*, non *décurr.*, *tr.-arrond.*
à espaces intercell. *triangul.*, à peine marg. F. involuc. sembl.
Périanth. dépass. l'involuc. *ov.*, 4 pliss. som., *à lob. court.*

Terre, régions granit., mont. — Print.

125. J. tersa. — Touff. *dens.*, *vert foncé*, brun. T. ascend.,
peu div., tr.-radic. à la b. F. unif., un peu *sinuol.*, *tr.-étal.*
Cell. *arrond.*, *tr.*-chlorophyll. Espac. intercell. *étr.* F. involuc. *tr.-étal.* au som. Périanth. vert, 3 fois pl. long que l'involuc., *tr.-plissé* aux 2/3, à 4-6 lob. aig. Cap. noir.

Tourbières, roch. humid. des Vosges. (Voirons.)

126. J. nigrella. — T. tr.-courte, couch., dichot., tr.-
radic. F. tr.-serr., imbriq., *arq.*, conc., arrond. Cell. hexag.,
tr.-chlorophyll. F. involuc. imbriq., *sinuol.* Périanth. tr.-
court, à lob. conniv. Cap. globul., brun.

Calcaire jurassique, dans la Vienne. (Env. de Paris.)

127. J. riparia. — Gaz. déprim., étend., rouss. T. tr.-div.,
radic. à la b., à nombr. jets grél. F. *ov.*, *conc.*, *obliq.*, obt.
peu serr. Cell. hexag., délic. F. involuc. ov., tr.-étal. au som.
Périanth. *obov.*, *pliss. au som.*, à 4 lob. *ov.* et dentic. Cap. pet.,
brun.

Terre argilo-calc., humid., au bord des eaux.

4ᵉ SECTION.

— F. involuc. 2 fid.

128. J. acuta. — Gaz. ver. foncé ou brun. T. couch., radic. F. *carr.-subarrond*, *aplan.*, à lob. tr.-var. Cell. *subarrond.*,
fermes. Espaces intercell. pet. Amph. tr.-var. de forme, parfois nuls sur certaines parties de la plante. Périanth. obov.,
plissé au som., lob. et dentic., assez long.

Dans le type les lob. du f. sont *profonds ;* les f. *rétrécies* au som. et ondul.

Jura. — Rochers humid.

Var. *Hornschuchiana.* T. all. en touff. pâles. F. à lob. courts, souv. 2 fid. Amph. nombr., lanc., à 2 lob. inég. — *Muelleri.* T. méd., radic., en touff. vert-oliv. et déprim., émettant souv. des jets filiform. à f. espacées. F. *carr.*, à lob. assez courts.

— F. involuc. 3 pluri-fid.

129. J. Wenzelii. — Touff. *denses,* étend., vert-brun. T. *raid.*, dichot., plus ou moins radic. F. *suborbicul.*, conc., *dress.*, imbriq., *2 dents,* pl. rarement 3-4 dents inégal.; contour *sinuol.* Cell. *arrond., épais.* Espaces intercell., *tr.-étr.* F. involuc. assez gr., dress. Périanth. 3 fois pl. long, obl., peu pliss., à 5-6 lob. ent.

Roch. granit. frais, près du lac de Girardmer.

130. J. socia. — Ressemble au *J. ventricosa.* T. ascend., tr.-flex., dichot. F. assez *orbicul. ;* lob. *profonds et aig.* Périanth. *lisse,* subcyl., obt., pliss. à l'orifice seulement. Mon. Les deux espèces de fleurs naissant sur la même innovation.

Région montagn. des Vosges.

131. J. alpestris. — Ressemble au *ventricosa.* Tapis denses, *brun-roug.* ou noir. T. grêl., *peu radic.*, div., *flex.* à innov. *fascic. et diverg.* F. *étal* à la b., *dress.* au som., *orbicul.*, à 2-3 lob. courts et var. Cell. subhexag. Espaces intercellul. *tr.-étr.* F. involuc. dress. Périanth. all., *pliss., dentic.* Cap. ov.-obl. Di. Fl. anthéridif. en épis *rouge vif.* 2-3 anth. à l'aisselle de chaque foliole.

Fissures des rochers et blocs dans les Hautes-Vosges, au Mont-Dore.

132. J. intermedia. — Diffère du *J. bicrenata* par ses f. molles, *vert clair,* à lob. courts. Cell. minces, sub-hexag.

Point d'espaces intercell. F. involuc. gr., *ondul.*, à lob. *assez étal.* Périanth. vert, *obov.*

Chemins creux, à l'ombre. (Limoges.)

133. J. arenaria. — T. couch., *raid.*, radic. à la b. F. conc., un peu *infl. sur le bord antérieur*, carr.-subarrond., à 2 lob. Lob. dentic. chez les f. supér. Cell. du précéd. F. involuc., *carr., tr.-ondul.*, à 2 lob. *all. et dentic.* Périanth. *vert*, subcyl., *pliss. et dentic. cilié.* Cap. ov.

Terre sablonneuse, dans les pins. (Basses-Vosges.)

5e SECTION.

134. J. catenulata. — Gaz. denses, raid., brun-jaun. T. tr.-grêl., *flex.*, peu radic., à r. espacés et *tr.-étal.* F. conc., peu *imbriq., suborbicul.* Lob. dress. ou *un peu conniv.* Cell. jaun., subhexag., épais. Les 2 f. involuc. supér. à lob. aig., à dents nombr. et inég. Amph. tr.-pet., bilob., sur le r. fertile. Périanth. obl., angul., comprim., blanch. au som., lobul.-frang. Cap. obl. Mon. Fl. anthéridif. termin. sur un r. propre.

Troncs pourris des Vosges et du Jura.

135. J. Turneri. — Tap. peu denses, *brun-orang.* T. couch., flex., radic., à r. courts et dress. F. étal., pl. gr. au som.; à lob. conniv., *doublement dent.* (dents aig.) sur le contour. Cell. jaun., tr.-épais., un peu angul. F. involuc. 3 *lob.* Périanth. subcyl., pliss. au som., lobul.-frang.

Terre humid. au bord des fossés. (Vienne; Maine-et-Loire.)

GENRE LEPIDOZIA.

136. L. tumidula. — Touff. *denses, bouffies.* T. raid. et robust. *à r. stolonif.* F. tr.-serr., ov., tr.-conc., auric. par le bord supér., à 2 lob. assez prof., lanc.-acum. Amph. larges, 4 fid., incurv. au som.

Forêts dans la Haute-Vienne.

Genre LOPHOCOLEA.

137. L. minor. — Tap. assez serr., vert pâle et jaun. T. *tr.-grêle,* flex., à innov. nombr. et procomb., peu radic. F. peu serr., un peu *aplan.,* *subrectang.,* à lob. courts, *acum.,* assez dress. Cell. hexag., *hyal.* Amph. pet., *étal..,* à 2 lob. prof., *subul.,* *ent.* F. involuc. peu distinctes. Périanth. trig. au som.

Pierres, vieux murs. (Jura; Haute-Savoie.)

138. L. Hookeriana. — Confondu avec le *L. bidentata.* Touff. denses, vert *pâle.* T. grêl. à la b., ascend., à innov. nombr. et fascic. au som. F. serr., étal., *incurv.* Lob. étr., méd., conniv. Cell. hexag., hyal. Amphig. gr., obov., à lob. prof. lanc.-acum. ; l'extérieur dentif. F. involuc. roulées, 2 lobées, à lob. ent. ou dent. Périanth. trig., ailé, à lob. dent. Cap. obl.

Roch. humid. du Hohneck.

Genre RICCIA.

139. R. Bischoffii. — Voisine du *R. ciliata.* Di. Frond. capsulif. simp. ou 1 fois bifurq., large, obov., obt., conc. Frond. anthéridif. pl. étr. et pl. divis. Toutes deux glaucesc., unicol., ciliées, parfois roug. aux bords. Cap. soulevant l'épiderme.

Granite et schistes. (Alsace; Maine-et-Loire; Vienne.)

140. R. lamellosa. — Voisine du *R. glauca,* mais pl. gr., et à lob. épais., garnis *d'écailles imbriq.,* *étal.,* *ov. ou lanc.,* *vertes.*

Genre SCAPANIA.

141. S. subalpina. (Var. *undifolia.*) — T. dress., radic. F. uniform. assez semblable à celle du *S. undulata.* Lob. étal., ondul., presque égaux ; le sup. ent. ; l'infér. dentic.

Pyrénées, sur le Canigou.

142. S. curta. — Gaz. serr., glaucesc. à la surf. T. ascend., peu div., à innov. grêl. partant de la b. F. *uniform.*, serr. Lob. infér. large, ov., obt. ou mucron., ent. dans les f. infér., à dents *pet.*, *étal.* dans les f. supér. Lob. sup. *égal à* 1/2, *ov.*, *aig.*, *ent.* dans les f. infér., dent. et subcarr. dans les f. supér. Cell. arrond., épais. Périanth. obl., *dentic.*

Terre argileuse. (Haute-Vienne.)

143. S. rosacea. — Gaz. verd. ou purpur. T. courte, peu div. *tr.-radic.*, *couch.* F. *tr.-serr.* Lob. infér. *dress.*, *obl. ou cultrif.*, *obt.* dans les f. inf , *arrond.* dans les supér., mucron., tr.-finement dentic. ou ent.; le supér. égal. 1/2, *ov.-lanc.*, dress. Cell. ov. ou arrond. Stérile.

Rochers humid. de grès, près des Deux-Ponts.

144. S. apiculata. — Tr.-voisin du *S. umbrosa.* T. *courte*, simp., ramp. F. vert foncé à lob. *apic.*, *sinuol.*, *étal.* Périanth. sinuol.

Bois pourris, dans les Pyrénées.

TABLE DES ABRÉVIATIONS

Employées dans la Flore des Muscinées.

— ∞∞ —

Abréviations.	Signification.	Abréviations.	Signification.
abond.	abondant.	aréol.	aréolé.
ac.	acumen.	argent.	argenté.
acinif.	aciniforme.	arist.	aristé.
access.	accessoire.	arr. ou arrond.	arrondi.
acum.	acuminé.	ascend.	ascendant.
adh.	adhérent.	artic. ou articul.	articulé.
aig.	aigu.	ass.	assez.
all. ou allong.	allongé.	attén.	atténué.
altern.	alterne.	atteig. ou atteign.	atteignant.
amph. ou amphig.	amphigastre.	auric. ou auricul.	auriculé.
amplex.	amplexicante.	axill.	axillaire.
an.	anneau.		
anastom.	anastomosé.	b.	base.
angul.	anguleux.	bas. ou basil.	basilaire.
anthéridif.	anthéridifère.	bif.	bifide.
ap.	apicule.	bigémin.	bigéminé.
apic.	apiculé.	bilab.	bilabié.
apl.	aplani.	blanch.	blanchâtre.
apoph.	apophyse.	bomb.	bombé.
app.	apparent.	bouff.	bouffi.
append.	appendiculé.	briè.	brièvement.
appliq.	appliqué.	brill.	brillant.
aquat.	aquatique.	brun.	brunâtre.
arch. ou archég.	archégone.	brusq.	brusquement.

15

Abréviations.	Signification.	Abréviations.	Signification
c.	col.	conv. *ou* convex.	convexe.
calc.	calcaire.	converg.	convergent.
calcic.	calcicole.	corrod.	corrodé.
campan.	campanulé.	cort.	cortical.
campanulif.	campanuliforme.	couch.	couche,
canal. *ou* canalic.	canaliculé.		*ou* couché.
cap.	capsule.	courb.	courbé.
capitulif.	capituliforme.	coussin.	coussinet.
capsul.	capsulaire.	crenel.	crenelé.
capsulif.	capsuliforme.	cribl.	criblé.
capuc.	capuchon.	crisp.	crispé.
carén.	caréné.	croch.	crochu.
carr.	carré.	croiss.	croissant.
caul.	caulinaire.	cucullif.	cuculliforme.
cavern.	caverneux.	cultrif.	cultriforme.
cel.	cellule.	cunéif.	cunéiforme.
cellul.	cellulaire.	*ou* cunéiform.	
cern.	cernué.	cuspid.	cuspide,
chat.	chaton.	«	*ou* cuspidé.
chlorophyll.	chlorophylleux.	cyg.	cygne.
cil.	cilié.	cyl.	cylindrique.
cilif.	ciliforme.		
circul.	circulaire.	d. *après an.*	double.
clavif.	claviforme.	*ou* périst.	
cochléarif.	cochléariforme.	décol.	décoloré
cohér.	cohérent.	décomb.	décombant.
coiff.	coiffe.	décurr.	décurrent.
colum.	columelle.	déhisc.	déhiscence,
comp. *ou* compact.	compacte.	«	*ou* déhiscent.
compr.	comprimé.	délic.	délicat,
con. *ou* coniq.	conique.	dendr.	dendroïde.
conc.	concave.	dens.	dense.
concol.	concolore.	dent.	denté.
confond.	confondu.	dentic.	denticulé.
conniv.	connivent.	dénud.	dénudé.
const.	constamment.	dépass.	dépassant.
cont. *ou* contourn.	contourné,	déprim.	déprimé.
«	*ou* contour.	descend.	descendant.
contract.	contracté.	di.	dioïque.

Abréviations.	Signification.	Abréviations.	Signification.
diaph.	diaphane.	excentr.	excentrique.
dich. ou dichot.	dichotome.	exclusiv.	exclusivement.
disc.	discoïde.	excurr.	excurrent.
discif.	disciforme.	ext. ou exter.	extérieur,
dissembl.	dissemblable.	〃	ou externe.
dist. ou distiq.	distique.		
disting.	distinguant.	F. ou f.	feuille.
div. ou divis.	division,	faibl.	faiblement.
〃	ou divisé.	fais.	faisant.
divis. ou divi-		falc. ou falcif.	falciforme.
sur. (après		fam.	famille.
ligne).	divisurale.	fasc. ou fascic.	fasciculé.
diverg.	divergent.	fastig.	fastigié.
divariq.	divariqué.	fauss.	faussement.
dors.	dorsal.	fend.	fendu.
dress.	dressé.	ferrugin.	ferrugineux.
		feutr.	feutre.
écart.	écarté.	fib.	fibre.
ég.	égal.	fil. ou filif.	filiforme.
égal.	également.	filam.	filamenteux.
élarg.	élargi.	fin. ou finem.	finement.
élat.	élatère.	Fl. ou fl.	fleur.
élég.	élégant.	flagell.	flagelliforme.
élégam.	élégamment.	flex.	flexueux.
ellipt.	elliptique.	florif.	florifère.
émarg.	émarginé.	flott.	flottant.
embrass.	embrassant.	fol.	foliole.
émett.	émettant.	for.	forêt.
eng. ou engain.	engaînant.	Fr. ou fr.	fruit.
enr. ou enroul.	enroulé.	frag.	fragile.
enracin.	enracinant.	fragm.	fragment.
ent.	entier.	frang.	frangé.
entrel.	entrelacé.	frond.	fronde.
env.	environ.	frondif.	frondiforme.
étal.	étalé.	fructif.	fructification,
éteig.	éteignoir.	〃	ou fructifiant.
étend.	étendu.	fug.	fugace.
étr.	étroit.	fusif.	fusiforme.
évan.	évanouissant.		

Abréviations.	Signification.	Abréviations.	Signification.
gaz.	gazon.	incurv.	incurvé.
gazonn.	gazonnant.	indéhisc.	indéhiscent.
gém. *ou* gémin.	géminé.	inég.	inégal.
gemmif.	gemmiforme.	inf. *ou* infér.	inférieur.
gén. (en)	en général.	infl.	infléchi.
général.	généralement.	infundibulif.	infundibuliforme.
génic.	géniculé.	innov.	innovant,
gibb.	gibbeux.	«	*ou* innovation.
glauc.		int.	intérieur,
ou glaucesc.	glaucescent.	«	*ou* interne.
globul.	globuleux.	intercell.	intercellulaire.
globulif.	globulifère.	intriq.	intriqué.
goît. *ou* goîtr.	goitreux.	invol.	involuté.
gr.	grand.	involuc.	involucre.
granul.	granuleux.	« après F.	involucrale.
grêl.	grêle.	irrégul.	irrégulier,
gris.	grisâtre.	«	*ou* irrégulière-
grossièr.	grossièrement.		ment.
h.	haut.	jaun.	jaunâtre.
ham.	hameçon.	jeunes.	jeunesse.
hémisph.	hémisphérique.	jul. *ou* julac.	julacé.
hép. *ou* hépat.	hépatique.	lâch. *ou* lâchem.	lâchement.
hexag.	hexagone.	lacin.	lacinié.
hom.	homotrope.	lacun.	lacuneux.
horiz.	horizontale.	lamell.	lamelle.
humbl.	humble.	«	*ou* lamelleux.
humid.	humidité,	lan.	lanière.
«	*ou* humide.	lanc.	lancéolé.
hyal.	hyalin.	larg.	largement.
hygrom.	hygrométrique.	lat. *ou* latér.	latéral.
imbr. *ou* imbriq.	imbriqué.	légèr.	légèrement
imbric.	imbrication.	lig. *ou* ligul.	ligulé.
immerg.	immergé.	lign.	ligneux.
imparf.	imparfait.	limb.	limbe.
incis.	incisé.	lin.	linéaire.
incl.	incliné.	liss.	lisse.
incoh.	incohérent.	lob.	lobe *ou* lobé.
incrust.	incrusté.	lobul.	lobulé.

Abréviations.	Signification.	Abréviations,	Signification.
long.	longuement.	obliq.	oblique.
lurid.	luride.	obov.	obové.
		obt.	obtus.
m.	moins.	oliv.	olivâtre.
mamill.	mamillaire.	ombiliq.	ombiliqué.
marg.	marginé.	ond. ou ondul.	ondulé.
margin.	marginale.	op.	opercule.
mat.	maturité.	orang.	orangé.
méd.	médiocre.	orbic. ou orbicul.	orbiculaire.
médian.	médiane.	org.	organe
memb.	membrane,	oreill.	oreillette.
«	ou membraneux.	orif.	orifice.
membranif.	membraniforme.	ouvert.	ouverture.
métall.	métallique.	ov.	ovale.
microph.		ovif.	oviforme.
ou microphyll.	microphylle.		
mit.	mitre.	p. ou part.	partie.
mitrif.	mitriforme.	palmatif.	palmatifide.
moll.	molle.	papill.	papille,
mon.	monoïque.	«	ou papilleux
monilif.	moniliforme.	paraph.	paraphyse.
monocarp.	monocarpé.	parf.	parfait.
mont.	montagne.	partiell.	partiellement.
moy.	moyen.	patérif.	patériforme.
mucr.		péd.	pédicelle.
ou mucron.	mucroné.	pédic.	pédicellé.
mult.	multiple.	pédonc.	
multif.	multifide.	ou pédoncul.	pédonculé.
mut.	mutique.	pend.	pendant.
		perf.	perforé.
nodul.	noduleux.	périanth.	périanthe.
noir.	noirâtre.	périch.	périchétial.
noirciss.	noircissant.	périg.	périgone.
nomb.	nombreux.	périgon.	périgonial.
nut.	nutante.	périst.	péristome.
		persist.	persistant.
obcord.	obcordé.	pet.	petit.
obcon.	obconique.	phyl.	phylle.
obl.	oblong.	pil.	pileux.

Abréviations.	Signification.	Abréviations.	Signification.
pilif.	pilifère.	ramp.	rampant.
pinn.	pinné.	rappr.	
pinnatif.	pinnatifide.	ou rapproch.	rapproché.
Pl.	plante.	rar.	rare,
pl. (qualifiant		«	ou rarement.
les feuilles ou		rayonn	rayonnant.
leurs bords.	plane.	rec. ou recourb.	recourbé.
pl. (suivi immé-		récept.	réceptacle.
diatement		recouv.	
d'un adjectif,		ou recouvr.	recouvrant.
d'un adverbe, ou		rectang.	rectangulaire.
de l'expres-		réfl.	réfléchi.
sion ou moins.)	plus.	régul.	régulier,
pliss.	plissé.	«	ou régulièrement.
poil.	poilu.	renfl.	renflé.
polycarp.	polycarpé.	renvers.	renversé.
polym.	polymorphe.	retomb.	retombant.
polyph.	polyphylle.	révol.	révoluté.
ponct.	ponctué.	rhiz.	rhizôme.
por.	pore.	rhomb.	rhomboédrique.
précéd.	précédent.	rid.	ridé.
prim.	primaire.	rig.	rigide.
proc.	processus.	rob. ou robust.	robuste.
procomb.	procombant.	roc.	rocher.
prof.	profond.	rong.	rongé.
punctif.	punctiforme.	rost. ou rostel.	rostellé.
purpur.	purpurin.	roug.	rougeâtre.
pyrif.	pyriforme.	rouss.	roussâtre.
		rudim.	rudimentaire.
quadr.		rug.	rugueux.
ou quadrang.	quadrangulaire.		
		S. après an,	
R. ou r.	rameau.	ou périst.	simple.
rac.	racine.	saccif.	sacciforme.
rad. ou radicel.	radicelle.	saill.	saillant.
radic. ou radicul.	radiculeux.	saxic.	saxicole.
ram.	rameux.	scar.	scarieux.
« après f.	raméale.	séch.	sécheresse,
ramif.	ramifié.	«	ou séchant.

— 259 —

Abréviations.	Signification.	Abréviations.	Signification.
second.	secondaire.	symét.	symétrique.
sembl.	semblable.	syn.	synoïque.
serr.	serré.		
sess.	sessile.	T. ou t.	tige.
sétac.	sétacé.	tap.	tapis.
seulem.	seulement.	term. ou termin.	terminal.
sil. ou silic.	siliceux.	tétrag.	tétragone.
sill. ou sillon.	sillonné.	toment.	tomenteux.
simp. ou simpl.	simple.	tord.	tordu,
sin.	sinus.	« à g. en h.	« à gauche en [haut.
sinuol.	sinuolé.		
sit.	situé.	« à g. en b.	« à gauche en [bas.
solid.	solide.		
solit.	solitaire.	« à d. en h.	« à droite en [haut.
som.	sommet.		
souterr.	souterrain.	« à d. en b.	« à droite en [bas.
souv.	souvent.		
soy.	soyeux.	tr-.	très-.
sp.	spore.	tr. après an.	triple.
spath.	spathulé.	transpar.	transparent.
sphériq.	sphérique.	trapéz.	trapézoïde.
spicif.	spiciforme.	triang.	
spinul.	spinulé.	ou triangul.	triangulaire.
sporul.	sporule.	trichot.	trichotome.
sporulif.	sporulifère.	trif.	trifide.
squammif.	squammiforme.	trig.	trigône.
squammul.	squammuleux.	trist.	tristique.
squarr.	squarreux.	tronq.	tronqué.
stol.	stolon.	tubul.	tubuleux.
stolonif.	stolonifère.	tuberc.	
str.	strié.	ou tubercul.	tuberculeux.
subplum.	subplumeux.	turbin.	turbiné.
subul.	subule,	unif.	
«	ou subulé.	ou uniform.	uniforme.
subulif.	subuliforme.	unilat.	unilatéral.
subit.	subitement.	utricul.	utriculaire.
suiv.	suivant.		
sup. ou super.	supérieur.	vag.	vague.
surf.	surface.	vagin.	vaginant.

Abréviations.	Signification.	Abréviations.	Signification.
valv.	valve,	verd.	verdâtre.
«	ou valvaire.	vermif.	vermiforme.
var.	variété,	verruq.	verruqueux
«	*ou* variable.	vieill.	vieillesse,
végét.	végétation		*ou* vieillissant.
ventr.	ventru	viol. *ou* violac.	violacé.

TABLE DES GENRES ET DES ESPÈCES.

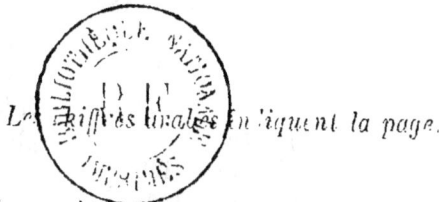

---

(1) Note. — Un grand nombre d'auteurs comprennent sous le nom de *Bryum* les genres suivants : *Aulacomnium, Cinclidium, Cladodium, Heterodyctium, Lep-tobryum, Mnium, Pothia, Webera, Zieria.* Voir ces noms.

— 263 —

(1) Certains auteurs réunissent encore au genre *Hypnum* plusieurs autres genres qui en sont séparés dans cette flore : ce sont les genres : *Amblystegium, Anomodon, Brachytecium, Camptothecium, Climacium, Cylindrothecium, Eurynchium, Heterocladium, Homalothecium, Hylocomium, Hyocomium, Isothecium, Leskea, Limnobium, Omalia, Orthothecium, Plagiothecium, Pseudo-Leskea, Pterogonium, Pterigynandrum, Pterigophyllum, Rhynchostegium, Scleropodium, Thamnium, Thuidium.* (Voir ces noms.)

EXPLICATION DES PLANCHES.

PLANCHE 1re. — Organisation de Sphaignes.

Fig. 1. — Port général d'un *Sphagnum*.
— 2. — Coupe longitudinale de la tige.
— 5. —   Id.   id   d'un rameau.
— 4. — Portion de tige avec 2 feuilles caulinaires.
— 5. — Double tissu utriculaire d'une feuille.
— 6. — Un rameau anthéridifère (7 feuilles périgoniales).
— 7. — Une feuille périgoniale avec son anthéridie.
— 8. — Une anthéridie mûre et ouverte.
— 9. — Son contenu utriculaire.
— 10. — Un anthérozoïde libre.
— 11. — Archégone tr.-jeune avec ses enveloppes florales.
— 12. — Archégone plus développée. Le sporange est visible à l'intérieur.
— 15. — L'épigone est rompue. Le sporange avec sa coiffe est visible à moitié.
— 14. — Sporange ou capsule à la maturité. L'opercule est détaché.
— 15. — Spores tétraèdres dans leur enveloppe commune.
— 16. — Spore polyédrique.

PLANCHE 2e. — Organisation des Mousses.

Fig. 17. — Mousse en fleur à tige simple avec innovation vers le sommet.
— 18. — Tiges secondaires naissant d'une tige primaire rampante.
— 19. — Tige se ramifiant par dichotomie.
— 20. — Tige simple avec innovation à la base et un rameau flagelliforme s'enracinant au sol.

Fig 21. — Tige primaire rampante émettant des tiges secondaires pinnées.

— 22. — Feuille orbiculaire, acuminée obtuse, à côte double et tissu cellulaire arrondi.

— 23. — Feuille ovale, acuminée aiguë; côte s'vanouissant au milieu; tissu cellulaire carré ou rectangulaire.

— 24 — Feuille ovale spathulée, obtuse, dentée aux bords; côte prolongée en mucron; tissu cellulaire hexagono-rhomboïdal.

— 25. — Feuille lancéolée-acuminée, dentée; côte double; cellules linéaires vermiformes; oreillettes à la base.

— 26. — Feuille à bords révolutés.

— 27. — Id. à bords convolutés.

— 28. — Id. de *Fissidens*, avec lame dorsale ensiforme; la côte se prolonge dans la lame jusqu'au sommet.

— 29. — Feuille de *Tortula* avec sa côte épaisse et filamenteuse.

— 30. — Coupe de la même feuille montrant la masse filamenteuse.

— 31. — Feuille de *Polytrichum* avec sa côte épaisse et lamelleuse.

— 32. — Coupe montrant les lamelles à extrémité renflée.

— 33. — Portion de trois lamelles grossies.

PLANCHE 3e. — Suite de l'organisation des Mousses.

Fig. 34. — Périgone discoïde d'un *Polytrichum* avec innovation centrale.

— 35. — Une anthéridie et 2 paraphyses.

— 36. — Capsule d'une mousse cleistocarpe (*Phascum*).

— 37. — Id. id. schistocarpe (*Andrea*).

— 38. — Id. id. stégocarpe; forme ovale turbinée (*Pottia*).

— 39. — Id. id. id. forme oblongue; opercule subulé; col renflé (*Dicranum*).

— 40. — Capsule d'une mousse stégocarpe; forme en poire; coiffe en capuchon (*Funaria*).

— 41. — Capsule d'une mousse stégocarpe; forme urcéolée; dents du péristome géniculées (*Fissidens*).

— 42. — Capsule d'une mousse stégocarpe; forme 4-gône, avec apophyse à la base (*Polytrichum*).

— 43. — Capsule d'une mousse stégocarpe; coupe de la même.

— 44. — Id. id. id. forme cylindrique surmontant une apophyse volumineuse et pyriforme (*Splachnum*).

— 45. — Coupe de la même, faisant voir que le sporange n'occupe que la partie supérieure de la capsule.

— 46. — Coupe d'une capsule de *Funaria*, faisant voir les deux enveloppes cellulaires qui entourent le sporange; celui-ci est comme suspendu au moyen de filaments émanés de l'enveloppe interne.

Fig. 47. — Capsule avec coiffe en mitre, lobée à la base et poilue (*Orthotrichum*).

— 48. — Coiffe en éteignoir très-pileuse, à poils couchés (*Polytrichum*).

— 49. — Coiffe en éteignoir lisse et frangée à la base (*Encalypta*).

— 50. — Coiffe en capuchon.

— 51. — Section de la partie supérieure d'une capsule de *Buxbaumia* ; péristome double, membraneux, avec anneau incomplet. (La division en dents n'est pas effectuée.)

— 52. — Péristome double ; l'extérieur de 16 dents soudées 2-2 ; l'intérieur de cils simples alternant avec les dents (*Orthotrichum*).

— 53. — Portion d'un péristome double parfait (*hypnum*). 5 dents articulées à ligne divisurale très-marquée ont été rabattues pour faire voir la membrane basilaire large et carénée, d'où émanent 2 processus fendus placés vis-à-vis les dents, et des cils alternant avec eux. Celui de droite est appendiculé.

— 54. — Péristome simple : dents bifides jusqu'à la base, linéaires ; membrane basilaire très-étroite ; un anneau simple.

— 55. — Péristome simple à dents filiformes tordues (*Barbula*).

— 56. — Id. id. id. id. La membrane basilaire est très-large et ornée de dessins (*Syntrichia*).

— 57. — Péristome simple à dents se soudant avec la columelle (*Polytrichum*).

— 58. — Péristome simple de 16 dents soudées 4-4 (*Tetraphis*).

— 59. — Une dent d'un péristome de *grimmia* : elle est difforme et criblée.

— 60. — Portion de l'anneau détaché. (Il est double dans le dessin.)

PLANCHE 4°. — Organisation des Hépatiques.

Fig. 61. — Aspect général d'une hépatique foliacée en fruits.

— 62. — Portion de tige avec feuilles succubes.

— 63. — Id. id. incubes.

— 64. — Une feuille orbiculaire; marginée.

— 65. — Une feuille bilobée à lobes étalés et égaux.

— 66. — Une feuille bilobée à lobes inégaux, et dont l'un est appliqué sur l'autre.

— 67. — Une feuille pluri-lobée.

— 68. — Involucre, périgone monophylle et fruit hors du périgone.

— 69. — Intérieur d'un périgone. A travers la coiffe déchirée on aperçoit poindre la capsule.

— 70. — Capsule mûre et ouverte en 4 valves hérissées d'élatères.

— 71. — Un élatère 1-spire, et un élatère 2-spires.

Lyon. — Imprimerie de Félix Girard.

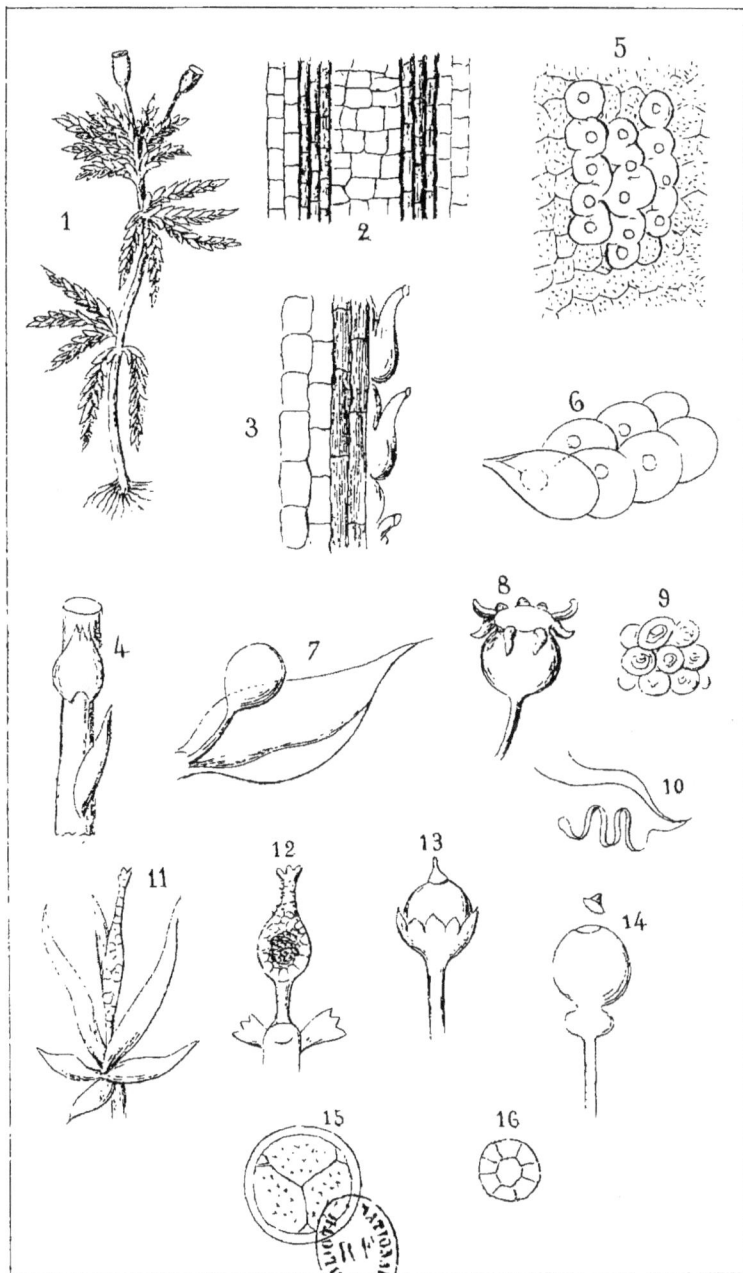

Organisation des Sphaignes.

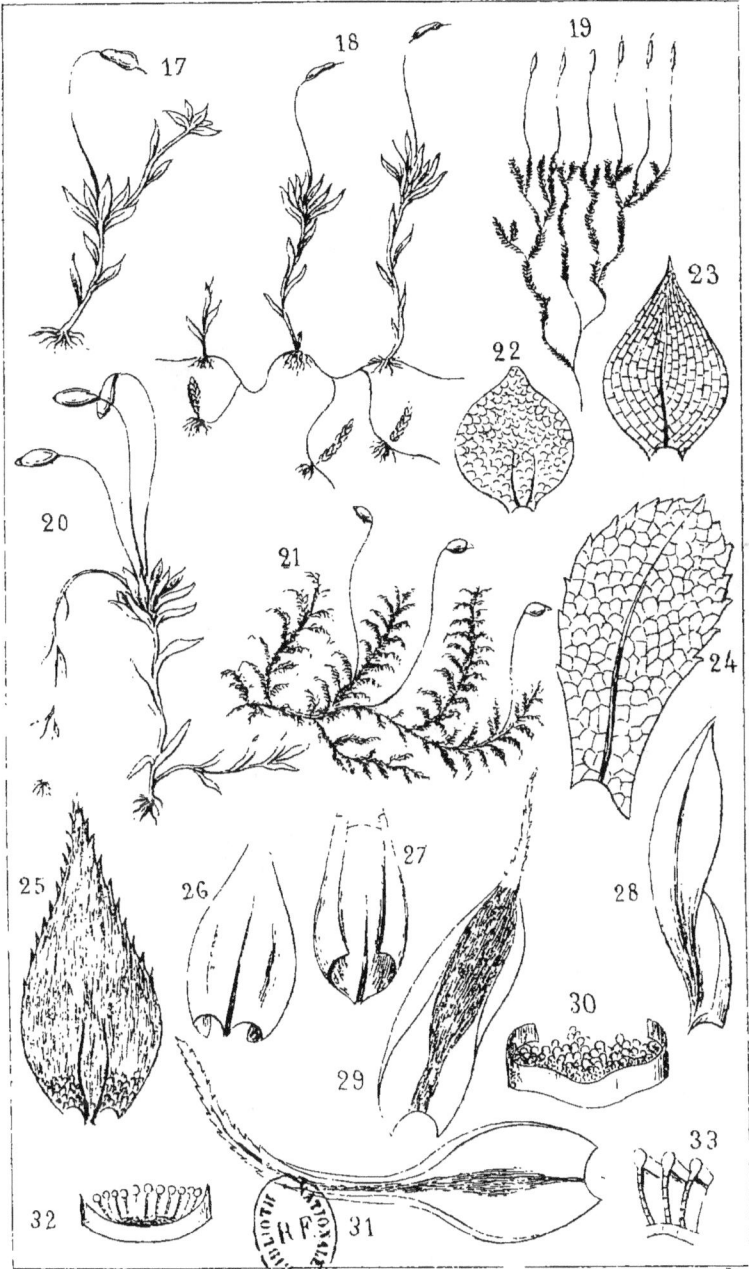

Organisation des Mousses.

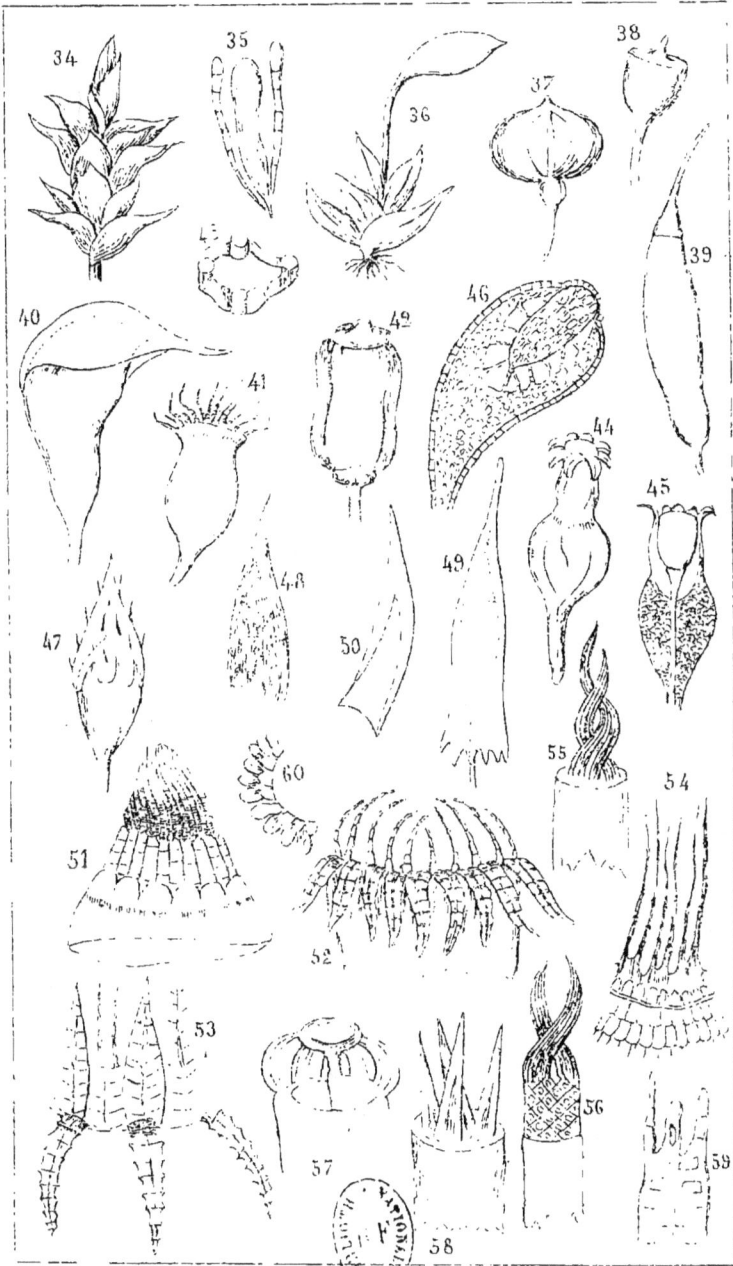

PLANCHE 3.

Organisation des Mousses.

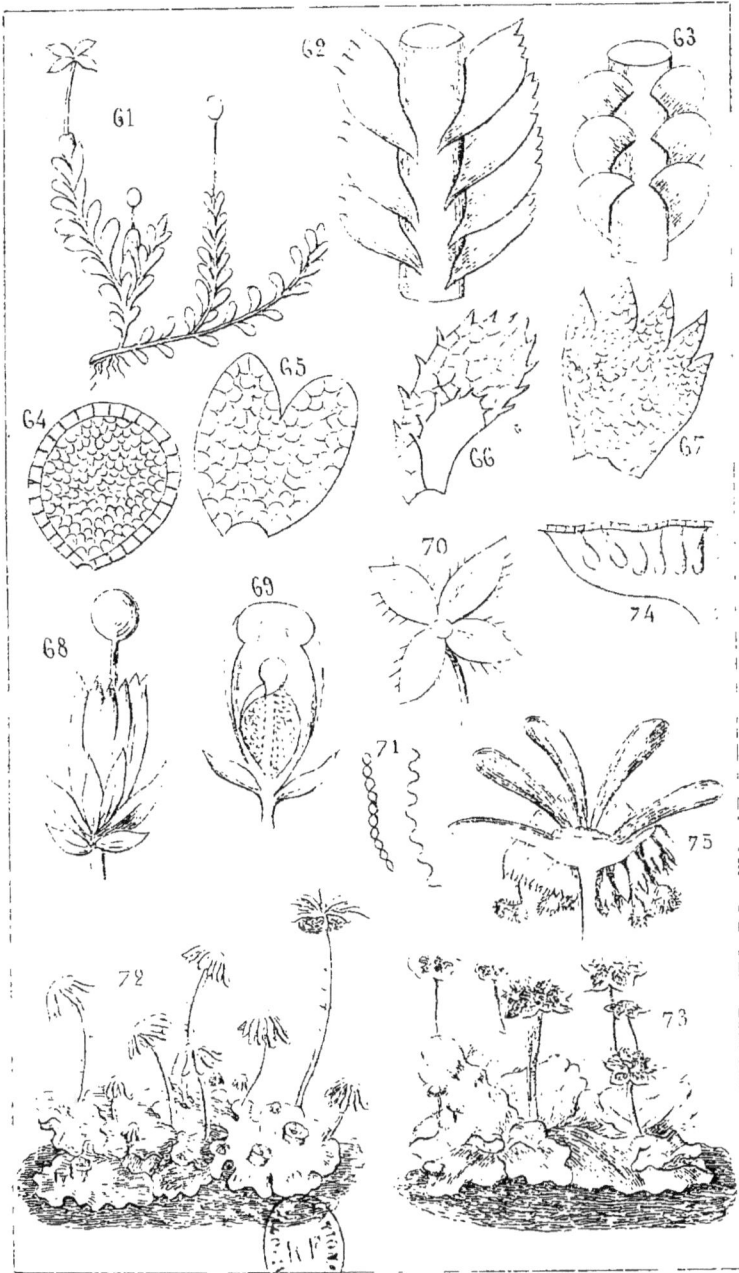

Organisation des Hépatiques.

www.ingramcontent.com/pod-product-compliance
Lightning Source LLC
Chambersburg PA
CBHW070234200326
41518CB00010B/1561